Illustrator CC 2018
基础与实战教程（全彩版）

麓山文化 编著

人民邮电出版社
北 京

图书在版编目（CIP）数据

Illustrator CC 2018 基础与实战教程：全彩版 / 麓山文化编著. -- 北京：人民邮电出版社，2020.7（2024.7重印）
ISBN 978-7-115-52358-7

Ⅰ．①I… Ⅱ．①麓… Ⅲ．①图形软件－教材 Ⅳ．①TP391.412

中国版本图书馆CIP数据核字(2019)第230259号

内 容 提 要

本书是为初学者量身定做的一本 Illustrator CC 2018 学习手册。全书采用"教程+实例"的形式编写，共分为 4 篇：入门篇、提高篇、进阶篇和实战篇，在这 4 篇的基础上又细分为了 13 章内容，系统且全面地讲解了 Illustrator CC 2018 的各项功能和使用技巧，从图形图像的基本概念讲起，逐步深入到绘图、填充上色、图形编辑、文本、图层、符号、图表、打印等软件核心功能及应用方法。

通过本书，读者不但可以学习到 Illustrator CC 2018 各项功能的使用，还可以学习大量精美实例的制作，拓展设计思路，掌握 Illustrator CC 2018 在各个行业的应用方法和技巧，轻松完成各类商业设计工作。

本书提供学习资源，包括实战案例的素材文件和最终效果源文件，以及在线教学视频，方便读者操作练习，达到轻松学习的目的。

本书适用于广大 Illustrator 初学者，可以作为高等院校相关专业和各类培训班的教材，也可供有意向从事平面设计、插画设计、包装设计、网页制作、动画设计、影视广告设计等工作的读者自学使用。

- ◆ 编　著　麓山文化
　　责任编辑　张丹阳
　　责任印制　马振武
- ◆ 人民邮电出版社出版发行　北京市丰台区成寿寺路 11 号
　　邮编　100164　电子邮件　315@ptpress.com.cn
　　网址　https://www.ptpress.com.cn
　　涿州市般润文化传播有限公司印刷
- ◆ 开本：787×1092　1/16
　　印张：14　　　　　　　　2020 年 7 月第 1 版
　　字数：464 千字　　　　　2024 年 7 月河北第 11 次印刷

定价：59.00 元

读者服务热线：(010)81055410　印装质量热线：(010)81055316
反盗版热线：(010)81055315
广告经营许可证：京东市监广登字 20170147 号

前 言

Illustrator CC 2018 是 Adobe 公司推出的矢量图形编辑软件，是众多从事平面设计、网页设计、UI 设计、插画设计、动画制作等专业人士必不可少的工具。本书作为一本适用于初学者的学习手册，从实用角度出发，全面且系统地讲解了 Illustrator CC 2018 的工具、面板、菜单命令和应用功能等。

一、编写目的

本书采用基础讲解 + 实战练习的形式，将 Illustrator CC 2018 的基础学习与具体使用完美结合，在讲解基础内容的同时，精心安排了与知识点相对应的实例，意在帮助读者边学边练，快速掌握 Illustrator CC 2018 的使用方法及应用技巧，让学习的过程变得更加轻松和顺畅。

二、本书内容安排

本书分为入门篇、提高篇、进阶篇和实战篇。在这 4 篇的基础上细分为 13 章内容，从最基础的 Illustrator CC 2018 入门基础讲起，以循序渐进的方式详细解读了 Illustrator CC 2018 的工作界面、文档操作，以及绘图、填充、线条、文字、图层、蒙版、图形样式、符号、图表、导出和打印等软件功能，最后通过两个综合实例展现了 Illustrator CC 2018 在行业领域的具体应用。

篇 名	内 容 安 排
第 1 篇 入门篇 （第 01 章 ~ 第 03 章）	本篇详细讲解了 Illustrator CC 2018 的基本概念、工作界面、绘图方法及一些基本工具的使用技巧等，能帮助读者快速完成入门阶段的学习，具体章节介绍如下。 第 01 章：初识 Illustrator CC 2018 第 02 章：绘制图形对象 第 03 章：填充与线条
第 2 篇 提高篇 （第 04 章 ~ 第 07 章）	本篇在入门篇内容的基础上，深入讲解了图形对象的基本操作与绘制，各种文本形式的创建和编辑方式，以及图层、混合和蒙版等图形对象的组合方式。 第 04 章：编辑图形对象 第 05 章：文本的创建与编辑 第 06 章：图层与蒙版 第 07 章：图形对象的特殊效果
第 3 篇 进阶篇 （第 08 章 ~ 第 11 章）	本篇主要介绍了 Illustrator CC 2018 中的一些高级功能，包括符号、图表、任务自动化、Web 图形与动画、图形对象的各种输出方式，以及打印与 PDF 文件的创建方法。 第 08 章：符号与图表 第 09 章：任务自动化 第 10 章：Web 图形与动画 第 11 章：Illustrator 导出与打印
第 4 篇 实战篇 （第 12 章和第 13 章）	本篇由两个综合性案例构成，通过清晰且详细的步骤讲解，帮助用户巩固前面所学的基础知识，并将所学技巧灵活融入实操之中。 第 12 章：荷塘锦鲤插画 第 13 章：2.5D 场景活动海报

三、版本说明

为了达到让读者轻松学习并深入了解软件功能的目的，本书专门设计了"实战""知识链接""延伸讲解""综合实战""课后习题"等项目，简要介绍如下。

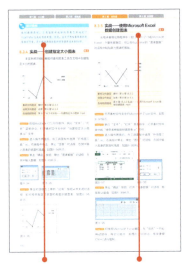
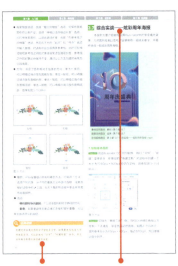
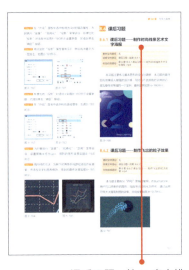

知识链接：该板块列出了当前操作与之前学习的软件命令之间的联系，可以让读者温故而知新。

实战：每个实战案例均提供素材文件和效果源文件，以及在线教学视频。

延伸讲解：基础部分的相关内容进行扩展知识讲解，帮助读者理解和加深认识。

综合实战：书中提供了多个涉及海报、图标、插画、图表、文字等方面的设计综合实战案例。

课后习题：前 11 章安排有课后习题，读者可以实际动手操作，快速掌握软件使用方法。

四、本书写作特色

本书以通俗易懂的语言，结合精美的创意实例，全面、深入地讲解了 Illustrator CC 2018 这一功能强大、应用广泛的矢量图形软件。总的来说，本书有以下特点。

■ 从零起步，由浅入深

本书站在初学者的角度，由浅入深地对 Illustrator CC 2018 的常用工具、功能、技术要点进行了详细、全面的讲解。书中前 10 章基础知识和基本操作内容均通过基础讲解 + 实战练习的方式来讲解，保证读者轻松入门，快速学会。

■ 知识全面，轻松自学

本书从最基础的 Illustrator CC 2018 软件界面认识开始讲起，以循序渐进的方式详细解读绘图、上色、变形、文字、图层、效果、符号、图表、Web、文件格式和打印等核心、实用的功能。另外，作者还将平时工作中积累的各方面的实战技巧、设计经验毫无保留地奉献给读者，让读者在学习的同时掌握实战技巧和经验，轻松应对复杂多变的工作需求。

■ 重点划分，进阶突破

本书的编写特别考虑了初学者的感受，因此对于内容有所区分。

- **重点**：带有 重点 的章节为重点内容，是 Illustrator 实际应用较广的命令，需重点掌握。
- **难点**：带有 难点 的章节为进阶内容，有一定的难度，适合学有余力的读者深入钻研。

■ 实例精美，激发灵感

为了激发读者的兴趣和引爆创意灵感，全书很多插图和示例构思巧妙，创意新颖。书中案例涵盖 Illustrator 的多个设计应用领域，如 UI、插画、文字、海报等，力求使读者在学习技术的同时也能够扩展设计视野与思维，轻松完成各类平面设计工作。

麓山文化
2020 年 3 月

资源与支持

本书由"数艺设"出品,"数艺设"社区平台(www.shuyishe.com)为您提供后续服务。

■ 配套资源

书中实战案例、综合实例的素材文件和效果源文件。
全书配备了多媒体在线教学视频,专业教师全程语音讲解。

■ 资源获取请扫码

"数艺设"社区平台,为艺术设计从业者提供专业的教育产品。

■ 与我们联系

我们的联系邮箱是 szys@ptpress.com.cn。如果您对本书有任何疑问或建议,请您发邮件给我们,并请在邮件标题中注明本书书名及 ISBN,以便我们更高效地做出反馈。

如果您有兴趣出版图书、录制教学课程,或者参与技术审校等工作,可以发邮件给我们;有意出版图书的作者也可以到"数艺设"社区平台在线投稿(直接访问 www.shuyishe.com 即可)。如果学校、培训机构或企业想批量购买本书或"数艺设"出版的其他图书,也可以发邮件联系我们。

如果您在网上发现针对"数艺设"出品图书的各种形式的盗版行为,包括对图书全部或部分内容的非授权传播,请您将怀疑有侵权行为的链接通过邮件发给我们。您的这一举动是对作者权益的保护,也是我们持续为您提供有价值的内容的动力之源。

■ 关于"数艺设"

人民邮电出版社有限公司旗下品牌"数艺设",专注于专业艺术设计类图书出版,为艺术设计从业者提供专业的图书、U 书、课程等教育产品。出版领域涉及平面、三维、影视、摄影与后期等数字艺术门类,字体设计、品牌设计、色彩设计等设计理论与应用门类,UI 设计、电商设计、新媒体设计、游戏设计、交互设计、原型设计等互联网设计门类,环艺设计手绘、插画设计手绘、工业设计手绘等设计手绘门类。更多服务请访问"数艺设"社区平台 www.shuyishe.com。我们将提供及时、准确、专业的学习服务。

目 录

第1篇 入门篇

第01章 初识Illustrator CC 2018
视频讲解 8分钟

- 1.1 图像基础知识 10
  - 重点 1.1.1 图像的种类 10
  - 重点 1.1.2 色彩基础知识 11
  - 重点 1.1.3 颜色模式 11
- 1.2 Illustrator软件概述 13
  - 重点 1.2.1 新增功能 13
  - 重点 1.2.2 配置要求 13
- 重点 1.3 认识工作界面 14
- 1.4 Illustrator CC 2018的基本操作 14
  - 1.4.1 新建空白文档 14
  - 难点 1.4.2 实战——从模板创建文档 16
  - 重点 1.4.3 文件操作 16
  - 难点 1.4.4 实战——打开Photoshop文件 17
  - 难点 1.4.5 实战——与Photoshop交换智能对象 18
- 1.5 查看图稿 19
  - 1.5.1 还原与重做 20
  - 重点 1.5.2 使用辅助工具 20
- 1.6 置入文件 21
  - 1.6.1 置入文件 21
  - 重点 1.6.2 实战——在Illustrator中置入文件 22
  - 1.6.3 链接图稿与嵌入图稿的区别 22
- 1.7 Illustrator的应用领域 23
  - 1.7.1 VI设计 23
  - 1.7.2 UI设计 23
  - 1.7.3 插画设计 23
  - 1.7.4 产品设计 23
  - 1.7.5 网页和动画设计 23
- 1.8 课后习题 24
  - 1.8.1 课后习题——打开Illustrator预设模板文件 24
  - 1.8.2 课后习题——置入多个文件 24

第02章 绘制图形对象
视频讲解 50分钟

- 2.1 关于路径 25
  - 2.1.1 锚点与路径 25
  - 2.1.2 方向线和方向点 25
  - 重点 2.1.3 路径的填充与描边色设定 26
- 2.2 基本常用图形 26
  - 2.2.1 线条图形 26
  - 重点 2.2.2 几何图形 28
  - 难点 2.2.3 实战——几何图形绘制樱花 29
- 2.3 自由图形 31
  - 2.3.1 铅笔工具 31
  - 重点 2.3.2 钢笔工具 31
  - 2.3.3 平滑工具 32
- 2.4 编辑路径 32
  - 重点 2.4.1 基本调整 32
  - 2.4.2 添加与删除锚点 33
  - 2.4.3 平均分布锚点 33
  - 2.4.4 改变路径形状 33
  - 重点 2.4.5 偏移路径 34
  - 2.4.6 简化路径 34
  - 2.4.7 裁剪路径 34
  - 2.4.8 分割下方对象 35
  - 2.4.9 擦除路径 35
  - 难点 2.4.10 实战——绘制一艘潜水艇 35
- 2.5 图像临摹 37
  - 2.5.1 预设图像描摹 37
  - 重点 2.5.2 图像描摹面板 39
  - 难点 2.5.3 实战——使用色板描摹图像 39
  - 难点 2.5.4 实战——自定义色板描摹图像 40
  - 2.5.5 修改对象的显示状态 41
  - 2.5.6 将描摹对象转换为矢量图形 41
  - 2.5.7 释放描摹对象 42
- 2.6 透视网格 42
  - 重点 2.6.1 启用透视网格 42
  - 2.6.2 透视网格组件和平面构件 42
  - 难点 2.6.3 实战——调整透视网格 43
  - 2.6.4 将对象附加到透视 44
  - 2.6.5 移动平面以匹配对象 44
  - 2.6.6 释放透视中的对象 44
  - 2.6.7 定义透视网格预设 44
  - 2.6.8 透视网格的其他设置 45
  - 重点 2.6.9 实战——在透视中绘制图形对象 45
  - 2.6.10 实战——在透视中引入对象 46
- 2.7 综合实战——深蓝海洋插画 47
- 2.8 课后习题 49
  - 2.8.1 课后习题——绘制剪影图形 49
  - 2.8.2 课后习题——在图像中绘制光晕 49

第03章 填充与线条
视频讲解 46分钟

- 3.1 单色填充 50
  - 重点 3.1.1 颜色面板 50
  - 3.1.2 色板面板 51
  - 3.1.3 实战——秘密花园风格填色 51
- 3.2 实时上色 52
  - 3.2.1 关于实时上色 52
  - 3.2.2 创建实时上色组 53
  - 重点 3.2.3 编辑实时上色组 53
  - 难点 3.2.4 实战——在实时上色组中调整路径 54
- 3.3 渐变填充 55
  - 重点 3.3.1 创建渐变填充 55
  - 3.3.2 调整渐变效果 57
  - 3.3.3 网格渐变填充 58

3.3.4 实战——绘制星空小插画 60
3.4 图案填充 62
重点 3.4.1 填充预设图案 63
难点 3.4.2 创建图案色板 63
3.4.3 实战——制作清新小碎花壁纸 64
3.5 图形对象描边 65
重点 3.5.1 描边面板 65
3.5.2 描边样式 66
3.5.3 改变描边宽度 66
3.5.4 实战——双重描边文字 66
3.6 画笔应用 68
3.6.1 画笔工具 68
重点 3.6.2 画笔面板 68
3.6.3 调整"画笔"面板的显示方式 69
难点 3.6.4 实战——为文字添加画笔描边 70
3.6.5 创建画笔 71
3.7 综合实战——炫彩周年海报 74
3.8 课后习题 77
3.8.1 课后习题——网格渐变制作炫彩球体 77
3.8.2 课后习题——绘制弯曲画笔 77

第 2 篇 提高篇

第 04 章 编辑图形对象
视频讲解 82 分钟

4.1 变换对象 78
重点 4.1.1 定界框、中心点与控制点 78
4.1.2 分别变换命令 78
4.1.3 变换面板 78
4.1.4 再次变换命令 79
4.1.5 重置定界框 79
难点 4.1.6 实战——利用选择工具进行变换操作 79
重点 4.1.7 实战——使用自由变换工具 80
4.2 复制与缩放对象 81
4.2.1 复制和剪切 81
重点 4.2.2 粘贴 81
重点 4.2.3 缩放对象 81
4.2.4 实战——绘制海浪插画 82
4.3 旋转与镜像对象 84
重点 4.3.1 旋转对象 84
重点 4.3.2 镜像对象 84
4.4 倾斜与整形对象 84
4.4.1 倾斜对象 84
4.4.2 整形对象 84
4.5 液化工具组 84
4.5.1 液化类工具 84
4.5.2 液化类工具选项 85
难点 4.5.3 实战——绘制时尚波浪发型 85
4.6 封套扭曲 86
重点 4.6.1 用变形建立封套扭曲 86
难点 4.6.2 实战——用网格建立封套扭曲 87
4.6.3 编辑封套 88

4.7 路径形状 88
重点 4.7.1 路径查找器 88
4.7.2 复合对象 90
4.7.3 形状生成器 90
难点 4.7.4 实战——绘制一条鲸鱼 91
4.8 对齐与排列图形对象 92
重点 4.8.1 排列图形对象 92
4.8.2 对齐与分布对象 93
难点 4.8.3 实战——对齐分布矢量图标 93
4.9 综合实战——扁平化星球海报 94
4.10 课后习题 97
4.10.1 课后习题——绘制心电图效果 97
4.10.2 课后习题——绘制分割色块背景 97

第 05 章 文本的创建与编辑
视频讲解 34 分钟

5.1 创建文字 98
5.1.1 认识文字工具 98
难点 5.1.2 实战——创建点文字 98
5.1.3 实战——创建区域文字 99
5.1.4 设置区域文字选项 99
重点 5.1.5 设置路径文字选项 100
重点 5.1.6 置入文本 101
5.1.7 导出文字 101
5.2 设置文本格式 101
5.2.1 选择文字 101
5.2.2 设置文字 102
5.2.3 特殊字符 102
难点 5.2.4 实战——创建并编辑字符样式 103
5.3 设置段落格式 104
重点 5.3.1 段落的对齐方式与间距 104
5.3.2 缩进和悬挂标点 105
5.3.3 创建段落样式 105
5.4 制表符 105
重点 5.4.1 创建制表符 105
5.4.2 编辑制表符 106
5.5 修饰文本 106
5.5.1 添加填充效果 106
重点 5.5.2 转换文本为路径 106
5.5.3 文本显示位置 107
难点 5.5.4 实战——串接文本 107
5.6 高级文字功能 109
5.6.1 避头尾法则设置 109
5.6.2 标点挤压设置 109
重点 5.6.3 智能标点 110
重点 5.6.4 将文字与对象对齐 110
5.6.5 视觉边距对齐方式 111
5.6.6 修改文字方向 111
重点 5.6.7 转换文字类型 111
重点 5.6.8 更改大小写 111
5.6.9 显示或隐藏非打印字符 111
5.6.10 更新旧版文字 111
重点 5.6.11 拼写检查 111

5.6.12 编辑自定词典 111
重点 5.6.13 将文字转换为轮廓 112
重点 5.6.14 实战——查找和替换文本 112
5.7 综合实战——石刻文字 112
5.8 课后习题 116
5.8.1 课后习题——查找和替换文字 116
5.8.2 课后习题——选区与路径文字制作字母T ... 116

第 06 章 图层与蒙版
视频讲解 54分钟

6.1 图层的基本操作 117
重点 6.1.1 图层面板 117
重点 6.1.2 创建图层 117
重点 6.1.3 通过面板查看图层 118
重点 6.1.4 移动与合并图层 119
6.1.5 粘贴时记住图层 120
6.1.6 删除图层 121
6.1.7 实战——绘制可爱冰淇淋图标 121
6.2 混合对象 123
重点 6.2.1 创建混合对象 123
6.2.2 编辑混合对象 123
6.2.3 实战——霓虹渐变立体文字海报 ... 125
6.3 剪切蒙版 125
重点 6.3.1 创建剪切蒙版 126
6.3.2 在剪切组中添加或删除对象 126
重点 6.3.3 释放剪切蒙版 126
难点 6.3.4 实战——编辑剪切蒙版 126
难点 6.3.5 实战——利用文字创建剪切蒙版 127
6.4 透明度效果 128
6.4.1 认识透明度面板 128
重点 6.4.2 混合模式 128
6.4.3 创建不透明度蒙版 130
重点 6.4.4 编辑不透明度 131
难点 6.4.5 实战——炫彩花纹背景 132
6.5 综合实战——扁平风渐变风景插画 134
6.6 课后习题 137
6.6.1 课后习题——剪切蒙版制作纹理 137
6.6.2 课后习题——绘制透视空间 137

第 07 章 图形对象的特殊效果
视频讲解 34分钟

7.1 矢量效果 138
重点 7.1.1 变形 138
重点 7.1.2 扭曲和变换 138
重点 7.1.3 转换为形状 140
重点 7.1.4 风格化 140
7.1.5 实战——制作毛球小怪物 142
7.2 位图效果 144
7.2.1 扭曲效果 144
重点 7.2.2 模糊效果 144
7.2.3 纹理效果 146
重点 7.2.4 艺术化效果 147

7.3 3D效果 149
7.3.1 创建凸出和斜角效果 149
难点 7.3.2 创建绕转效果 150
难点 7.3.3 创建旋转效果 150
7.3.4 设置表面 151
重点 7.3.5 设置贴图 152
难点 7.3.6 实战——制作三维立体图形 153
7.4 外观属性 154
重点 7.4.1 外观面板 154
7.4.2 调整外观堆栈顺序 154
7.4.3 实战——为图层和组设置外观 155
7.5 综合实战——3D剪影球体艺术海报 155
7.6 课后习题 157
7.6.1 课后习题——3D绕转绘制游泳圈 ... 157
7.6.2 课后习题——绘制3D图形元素 157

第 3 篇 进阶篇

第 08 章 符号与图表
视频讲解 62分钟

8.1 认识符号 158
重点 8.1.1 符号面板 158
8.1.2 符号库面板 158
8.2 符号的创建及管理 159
重点 8.2.1 定义符号样本 159
重点 8.2.2 符号工具 159
8.2.3 实战——使用符号工具 160
难点 8.2.4 实战——编辑符号样本 164
8.3 认识图表 166
8.3.1 图表的种类 166
重点 8.3.2 创建图表 168
8.3.3 实战——创建任意大小图表 169
难点 8.3.4 实战——创建指定大小图表 170
重点 8.3.5 实战——使用Microsoft Excel数据创建图表 ... 170
8.3.6 实战——使用文本中的数据创建图表 ... 171
8.4 改变图表的表现形式 172
重点 8.4.1 设置图表选项 172
8.4.2 设置图表轴格式 176
8.4.3 实战——修改图表数据 176
难点 8.4.4 实战——修改图表图形及文字 177
难点 8.4.5 实战——用符号图案替换图表 178
8.5 综合实战——制作简约商务图表 179
8.6 课后习题 181
8.6.1 课后习题——制作时尚线条艺术文字海报 ... 181
8.6.2 课后习题——制作飞出的粒子效果 ... 181

第 09 章 任务自动化
视频讲解 20分钟

9.1 动作 182
重点 9.1.1 动作面板 182
难点 9.1.2 实战——动作的录制 182

9.1.3 实战——对文件播放动作 183
重点 9.1.4 实战——批处理 184
9.2 编辑动作 185
  9.2.1 插入停止 185
  重点 9.2.2 播放动作时修改设置 185
  9.2.3 指定回放速度 185
  重点 9.2.4 编辑和重新记录动作 186
  9.2.5 从动作中排除命令 186
  难点 9.2.6 实战——在动作中插入不可记录的任务 186
9.3 脚本 187
  9.3.1 运行脚本 187
  9.3.2 安装脚本 187
9.4 数据驱动图形 187
  9.4.1 数据驱动图形的应用 187
  重点 9.4.2 变量面板 187
  9.4.3 创建变量 187
  9.4.4 使用数据组 188
9.5 课后习题 188
  9.5.1 课后习题——批处理命令为图片制作封套 188
  9.5.2 课后习题——在动作中插入不可记录的任务 188

第 10 章　Web图形与动画
视频讲解 27分钟

10.1 Web图形概述 189
  10.1.1 Web安全颜色 189
  10.1.2 像素预览模式 189
  重点 10.1.3 查看和提取CSS代码 189
10.2 切片与图像映射 190
  10.2.1 关于切片 190
  重点 10.2.2 实战——创建切片 190
  难点 10.2.3 实战——选择和编辑切片 191
  10.2.4 设置切片选项 192
  10.2.5 划分切片 192
  10.2.6 组合切片 193
  重点 10.2.7 显示与隐藏切片 193
  10.2.8 锁定切片 193
  重点 10.2.9 释放与删除切片 193
10.3 优化与输出设置 193
  重点 10.3.1 存储为Web所用对话框 193
  10.3.2 选择最佳的文件格式 194
  10.3.3 自定义颜色表 194
  10.3.4 调整图稿大小 195
重点 10.4 创建动画 195
10.5 综合实战——快速生成PNG元素图标 195
10.6 课后习题 197
  10.6.1 课后习题——创建并保存动画效果 197
  10.6.2 课后习题——制作变形动画 197

第 11 章　Illustrator导出与打印
视频讲解 8分钟

11.1 导出Illustrator文件 198
  重点 11.1.1 导出图像格式 198
  重点 11.1.2 导出AutoCAD格式 199
  11.1.3 导出SWF-Flash格式 200
11.2 创建Web文件 200
  难点 11.2.1 创建切片 201
  重点 11.2.2 编辑切片 201
  11.2.3 导出切片图像 202
11.3 打印Illustrator文件 202
  重点 11.3.1 打印 202
  11.3.2 叠印 205
  11.3.3 陷印 205
11.4 创建Adobe PDF文件 205
  11.4.1 PDF兼容性级别 205
  11.4.2 PDF的压缩和缩减像素采样选项 206
  11.4.3 PDF安全性 206
11.5 课后习题 206
  11.5.1 课后习题——导出PSD格式文件 206
  11.5.2 课后习题——存储Web所用格式 207

第 4 篇　实战篇

第 12 章　荷塘锦鲤插画
视频讲解 79分钟

12.1 绘制锦鲤 208
12.2 绘制荷花及荷叶 210
  12.2.1 绘制荷叶 210
  12.2.2 绘制荷花 211
12.3 营造颗粒感 212
  12.3.1 为选区内容绘制颗粒 212
  12.3.2 添加纹理细节 213

第 13 章　2.5D 场景活动海报
视频讲解 112分钟

13.1 绘制主体图形 215
  13.1.1 绘制立方体 215
  13.1.2 绘制窗户 216
  13.1.3 绘制楼梯 216
13.2 基本装饰图形绘制 217
  13.2.1 绘制楼房 217
  13.2.2 绘制电脑 217
  13.2.3 绘制底座 217
  13.2.4 绘制出租车 218
  13.2.5 绘制手机 218
  13.2.6 绘制糖果 219
  13.2.7 绘制云朵 219
  13.2.8 绘制彩带 219
13.3 添加文字及云雾 220

附　录

Illustrator CC 2018快捷键总览 222

第1篇 入门篇

第01章 初识Illustrator CC 2018

Adobe Illustrator，简称Ai，是美国Adobe公司于1986年推出的一款基于矢量的图形制作软件，具有即时色彩、控制面板、橡皮擦、裁切区域、分离模式和Flash符号等功能。该软件一经问世，便因其强大的功能和人性化的界面受到了大量设计爱好者的追捧，并迅速占据了全球矢量插图软件市场的大部分份额。时至今日，Illustrator已广泛应用于出版、多媒体和在线图像等领域。

随着版本的不断升级，Illustrator的功能越来越强大和完善。Adobe Illustrator CC 2018版本，在继承之前版本优秀功能的基础上，更进一步地优化了用户体验。

学习要点

- 矢量图和位图的概念　10页
- 色彩基础知识　11页
- Illustrator CC 2018的基本操作　14页
- 置入外部文件　22页

1.1 图像基础知识

计算机中的图形和图像是以数学的方式记录、处理和存储的，按照用途可分为两类，一类是位图图像，另一类是矢量图形。Illustrator是典型的矢量图形软件，但同时它也具备处理位图图像的能力。

1.1.1 图像的种类 【重点】

计算机能以矢量图或位图格式显示图像，理解它们的区别能够帮助用户提高工作效率，下面分别对二者进行介绍。

1. 矢量图

矢量图，也称矢量形状或矢量对象，是由称作矢量的数学对象定义的直线和曲线构成的，它的基本单位是锚点和路径。

矢量图最大的优点是可以任意旋转和缩放图形而不会影响图形的清晰度和光滑性，如图1-1所示，并且占用的存储空间也很小。但其缺点是无法表现细微的颜色变化和细腻的色调过渡效果，而只能表示由规律线条组成的图形，如工程图、三维造型或艺术字等。由无规律的像素点组成的图像，如风景、人物和山水等，难以用数学形式表达，不宜使用矢量图格式。其次，矢量图不容易制成色彩丰富的图像，绘制的图像很不真实，并且在不同的软件之间交换数据也不太方便。

2. 位图

位图在技术上被称为栅格图像，它的基本单位是像素。计算机屏幕上的图是由屏幕上的发光点（像素）构成的，每个点用二进制数据来描述其颜色与亮度等信息，这些点是离散的，类似于点阵，因此又可以称位图为像素图或点阵图。

将位图放大到一定限度时会发现它是由一个个小方格组成的，这些小方格被称为像素点，一个像素是图像中最小的图像元素。在处理位图图像时，所编辑的是像素，而不是对象或形状，它的大小和质量取决于图像中像素点的多少，每平方英寸中所含像素越多，图像越清晰，颜色之间的混合也越平滑。计算机存储位图图像实际上是存储图像的各个像素的位置和颜色数据等信息，所以越是清晰的图像，代表着它的像素越多，相应的存储容量也会越大。

位图的主要优点在于表现力强、细腻、层次多、细节多，相比矢量图像可以十分容易地模拟出像照片一样的真实效果。由于其是对图像中的像素进行编辑，所以在对图像进行拉伸、放大或缩小等处理时，清晰度和光滑度会受到影响，相对矢量图来说会更容易产生锯齿，如图1-2所示。

矢量原图
图 1-1

放大至500%

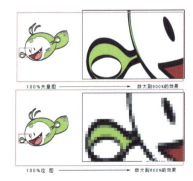
图 1-2

1.1.2 色彩基础知识 重点

现代色彩学按照全面、系统的观点，将色彩分为有彩色和无彩色两大类。有彩色是指红、橙、黄、绿、蓝、紫这六个最基本的色相，以及由它们混合所得到的所有色彩。无彩色是指黑色、白色和各种纯度的灰色。无彩色只有明度变化，但在色彩学中，无彩色也是一种色彩。

1.色相

色相是指色彩的相貌。不同波长的光给人的感觉是不同的，将这些感受赋予名称，也就有了红色、黄色、蓝色这些色彩，光谱中的红、橙、黄、绿、蓝和紫为基本色相。色彩学家将它们以环形排列，再加上光谱中没有的红紫色，形成一个封闭的圆环，就构成了色相环。色相环一般以5、6、8种主要色相为基础，求出中间色，分别可做出10、12、16、18、24色的色相环，图1-3所示为12色和24色的色相环。

图1-3

> **延伸讲解**
>
> 色相环虽然建立了色彩在色相关系上的表示方法，但二维的平面无法同时表达色相、明度和纯度这三种属性。色彩学家发明了色立体，构成了三维立体色彩体系。孟塞尔色立体是由美国教育家、色彩学家、美术家孟塞尔创立的色彩表示法，它是一个三维的、类似球体的控件模型，如图1-4所示。

图1-4

2.明度

明度是指色彩的明暗程度，也可以称作色彩的亮度或深浅。无彩色中明度最高的是白色，明度最低的是黑色。有彩色中，黄色明度最高，它处于光谱中心；紫色明度最低，处于光谱的边缘。当有彩色中加入白色时，会提高明度，加入黑色则降低明度。即便是一个色相，也有自己的明度变化，如深绿、中绿、浅绿。观察图1-5所示的色环，可以发现由圆心向外延伸的过程清晰展示了同一颜色的明暗和深浅，越靠近外围，颜色的明度越低；越靠近中心，颜色的明度越高。

图1-5

3.饱和度

饱和度是指色彩的鲜艳程度，也可称为纯度。人类眼睛能够辨认的有色相的色彩都具有一定的鲜艳度。例如，绿色，当它混入白色时，它的鲜艳程度就会降低，但明度提高了，成为浅绿色；当它混入黑色时，鲜艳度降低了，明度也降低了，成为墨绿色；当混入与绿色明度相似的中性灰色时，它的明度没有改变，但鲜艳度降低了，成为灰绿色。效果对比如图1-6所示。

混入白色　　　混入黑色　　　混入灰色

图1-6

> **延伸讲解**
>
> 色彩的纯度、明度不能成正比，纯度高不等于明度高。明度的变化和纯度的变化是不一致的，任何一种色彩加入黑、白、灰后，纯度都会降低。

1.1.3 颜色模式 重点

颜色模式指的是将某种颜色表现为数字形式的模型，或者说是一种记录图像颜色的方式。Illustrator支持的颜色模式主要包括了RGB、CMYK、HSB和灰度模式。不同的颜色模式拥有特定的颜色模型，有其不同的作用和优势。

1.RGB模式

红、绿、蓝常称为光的三原色，绝大多数可视光谱可用红色、绿色和蓝色（RGB）三色光的不同比例和强度混合来产生。在这三种颜色的重叠处产生青色、洋红、黄色和白色，如图1-7所示。RGB颜色合成可以产生白色，因此也称它们为加色模式。加色模式用于光照、视频和显示器。

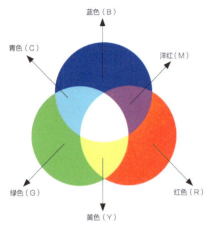

图 1-7

RGB模式为彩色图像中每个像素的RGB分量指定一个介于0（黑色）到255（白色）之间的强度值。例如，亮红色可能R值为246，G值为20，而B值为50。当所有这3个分量的值相等时，结果是中性灰色；当所有分量的值均为255时，结果是纯白色，如图1-8所示；当该值均为0时，结果是纯黑色，如图1-9所示。RGB图像通过3种颜色或通道，可以在屏幕上重新生成多达16777216（256×256×256）种颜色，屏幕上的任何一个颜色都可以用一组RGB值来记录和表达，这3个通道可转换为每像素24（8×3）位的颜色信息。

 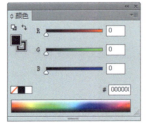

图 1-8　　　　　　图 1-9

2.CMYK模式

CMYK颜色模式是一种减色混合模式，它是指本身不能发光，但能吸收一部分光，将剩余的光反射出去的色料混合，所以CMYK模式的原理不是增加光线，而是减去光线，如图1-10所示。

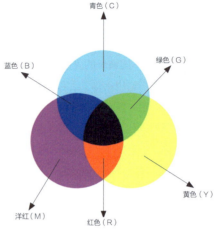

图 1-10

CMYK这4个字母分别指青色（Cyan）、洋红色（Magenta）、黄色（Yellow）、黑色（Black），在印刷中代表4种颜色的油墨。每种油墨可以使用从0至100%的值。低油墨百分比接近于白色，如图1-11所示；高油墨百分比则更接近于黑色，如图1-12所示。这些油墨混合重现颜色的过程称为四色印刷。

图 1-11　　　　　　图 1-12

🔍 延伸讲解

理论情况下，青色（C）、洋红色（M）、黄色（Y）油墨按照相同的比例混合可以生成黑色，但是在实际印刷中，只能产生纯度很低的一种深灰色，因此需借助黑色油墨（K）才能印刷出黑色。

3.HSB模式

HSB模式以人类对颜色的感觉为基础，描述了颜色的3种基本特性，其中H代表色相，S代表纯度，B代表明度，如图1-13所示。在HSB模式中，S和B呈现的数值越高，纯度和明度越高，页面色彩越艳丽。

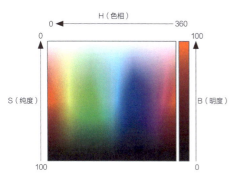

图 1-13

> **延伸讲解**
>
> 关于色相（H）、纯度（S）和明度（B）的详细介绍请参考本章"1.1.2 色彩基础知识"中的内容。

4.灰度模式

灰度模式用单一的黑色色调来表现图像，每个灰度对象都具有0（白色）~100%（黑色）范围内的亮度值。灰度模式可以将彩色图稿转换为黑白图稿，如图1-14所示。将灰度对象转换为RGB模式时，每个对象的颜色值代表之前的灰度值。

图 1-14

1.2 Illustrator软件概述

Illustrator能够绘制出不同风格的矢量图形。熟悉Illustrator的工作环境、Illustrator支持的各类文件格式以及Illustrator CC 2018中的新增功能，能够帮助我们更加熟练地运用Illustrator创造出更多完美的作品。

1.2.1 新增功能 `重点`

Illustrator CC 2018进一步优化了用户界面，可以简化完成任务所需要的步骤；新增了强大的性能系统，可以提高处理大型、复杂文件的精确度、速度和稳定性，给用户提供了更加快速、流畅的创作体验。

1.属性面板

Illustrator提供了新的智能"属性"面板用于访问所有控件以提高工作效率，且仅会在用户需要时显示所需控件。

2.操控变形

Illustrator允许用户自行控制锚点、手柄和定界框的大小。在使用高分辨率显示屏工作或创建复杂图稿时，可以增加它们的大小，以使其更清晰可见和更易控制。使用"操控变形"工具 ，无须调整各路径或各个锚点，即可快速创建或修改某个图形，如图1-15所示。

图 1-15

3.更多画板

使用Illustrator可以在画布上创建高达1000个画板，故而用户可以在一个文档中处理更多内容。

4.风格组合

可以将预定义的备选字形应用于整个文本块，而无须逐一选择和更改每个字形。

5.更轻松地整理画板

一次选择多个画板，然后只需单击一下，即可在画布上自动将它们对齐并进行整理。锁定到某个画板的对象会随画板移动。

6.SVG彩色字体

受益于Illustrator对SVG Open Type字体的支持，用户可以使用包括多种颜色、渐变效果和透明度的字体进行设计。

7.可变字体

Illustrator支持Open Type可变字体，因此用户可以通过修改字体的粗细、宽度和其他属性，创建自己所需的图层样式，同时确保字体仍然忠于原始设计。

1.2.2 配置要求 `重点`

Illustrator CC 2018可以在Windows系统和mac OS系统上运行，这两种操作系统存在差异，因此Illustrator CC 2018的安装要求也有所不同。

1.Windows系统要求

◆ 最低Intel Pentium 4或AMD Athlon 64处理器。

◆ Microsoft Windows 7（带有Service Pack 1）、Windows 8.1或Windows 10。

- 32位版本需要1GB内存（推荐3GB），64位版本需要2GB内存（推荐8GB）。
- 安装需要2GB可用硬盘空间，安装过程中需要额外的可用空间（不能在可移动闪存设备上安装）。
- 分辨率为1024px×768px的显示器（推荐1280px×800px）。
- 要以HiDPI模式查看Illustrator，显示器必须支持1920px×1080px或更高的分辨率。
- 显卡支持OpenGL 4.x。
- 要使用Illustrator中新增的"触摸"工作区，用户必须拥有运行Windows 8.1或Windows 10并启用了触控屏幕的平板电脑/显示器。
- 可选：要充分发挥GPU性能，必须具备中高端的Intel、NVIDIA或AMD显示适配器，1GB VRAM（推荐2GB），以及可提供最佳性能的最新驱动程序。

2. mac OS系统要求

- Intel多核处理器（支持64位）。
- mac OS 10.13（High Sierra）、mac OS 10.12（Sierra）或mac OS X 10.11（EL Capitan）。
- 2GB内存（推荐8GB）。
- 安装需要2GB可用硬盘空间，安装过程中需要额外的可用空间（不能在使用区分大小写的文件系统的卷或可移动闪存设备上安装）。
- 分辨率为1024px×768px的显示器（推荐1280px×800px）。
- 可选：要充分发挥GPU性能，显卡应该至少具有1GB VRAM（建议2GB），并且必须支持OpenGL 4.0或更高版本。

1.3 认识工作界面　重点

Illustrator软件的工作界面典雅而实用，工具的选取、面板的访问以及工作区的切换等都十分方便。不仅如此，用户还可以自定义工作面板，调整工作界面的亮度，以便突显图稿。诸多设计的不断改进，为用户提供了更加流畅和高效的编辑体验。

启动Adobe Illustrator CC 2018软件，执行"文件"|"打开"命令，打开.ai图形文件。进入操作界面后，可以看到Illustrator CC 2018的工作界面是由标题栏、菜单栏、工具面板、绘画区、面板组、图层面板和控制面板等组件组成，如图1-16所示。

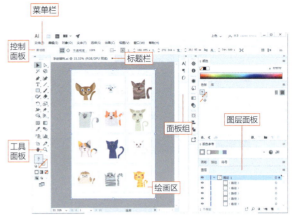

图1-16

界面区域介绍如下。

- 标题栏：显示了当前文档的名称、视图比例和颜色模式等信息。
- 菜单栏：用于组织菜单内的命令。Illustrator有9个主菜单，每一个菜单中都包含不同类型的命令。
- 工具面板：包含用于创建和编辑图像、图稿和页面元素的工具。
- 控制面板：显示了与当前所选工具有关的选项，会随着所选工具的不同而改变选项。
- 面板组：用于配合编辑图稿、设置工具参数和选项。很多面板都有菜单，包含针对该面板的选项。面板可以编组、堆叠和停放。
- 绘画区：编辑和显示图稿的区域。
- 图层面板：该面板中显示了当前项目的所有图层。

1.4 Illustrator CC 2018的基本操作

在Illustrator中绘制任何图形对象之前，首先要对该软件的基本操作有所了解，比如文件的新建、打开与保存，以及查看图稿等操作。

1.4.1 新建空白文档

执行"文件"|"新建"命令，或按快捷键Ctrl+N，将弹出图1-17所示的"新建文档"对话框。在其中输入文件的名称，设置大小和颜色模式等选项，单击"创建"按钮，即可创建一个空白文档。

如果要制作名片、小册子、标签、证书、明信片和贺卡等，可执行"文件"|"从模板新建"菜单命令，打开"从模板新建"对话框，如图1-18所示。在对话框中

选择Illustrator提供的模板文件，该模板中的字体、段落、样式、符号、裁剪标记和参考线等都会加载到新建的文档中。

图 1-17

- 配置文件/大小："配置文件"下拉列表中包含了不同输出类型的文档配置文件，如图1-20所示，每一个配置文件都预先设置了大小、颜色模式、单位、方向、透明度和分辨率等参数。例如，如果要创建一个可以在平板电脑中使用的文档，可以选择"移动设备"选项，然后在"大小"下拉列表中选择对应选项，如图1-21所示。

图 1-20

图 1-18

如果想对自定义文档进行更多设置，可以在"新建文档"对话框中单击"更多设置"选项，将弹出图1-19所示的"更多设置"对话框。

图 1-21

图 1-19

"更多设置"对话框中各属性说明如下。

- 名称：可以输入文档的名称，也可以使用默认的文件名称，如"未标题-1"。创建文档后，名称会显示在文档窗口的标题栏中。保存文件时，文档名称会自动显示在存储文件的对话框内。

- 画板数量/间距：可以指定文档中的画板数量。如果要创建多个画板，还可以指定它们在屏幕上的排列顺序，以及画板之间的默认间距。该选项组中包含几个按钮，其中，"按行设置网格"可在指定数目的行中排列多个画板；"按列设置网格"可在指定数目的列中排列多个画板；"按行排列"可将画板排列成一个直行；"按列排列"可将画板排列成一个直列；"更改为从右至左的版面"可按指定的行或列格式排列多个画板，并按从右到左的顺序显示它们。

- 宽度/高度/单位/取向：可以输入文档的宽度、高度和单位，从而创建自定义大小的文档。单击"取向"选项中的纵向按钮和横向按钮，可以设置文档的方向。

- 出血：可以指定画板每一侧的出血位置。如果要对不同的方向使用不同的值，可单击锁定图标，再输入数值。

- 颜色模式：可以设置文档的颜色模式。
- 栅格效果：可以为文档中的栅格效果指定分辨率。准备以较高分辨率输出到高端打印机时，应将此选项设置为"高"。
- 预览模式：可以为文档设置默认的预览模式。选择"默认值"，可在矢量视图中以彩色显示文档中创建的图稿，放大或缩小时将保持曲线的平滑度；选择"像素"，可显示具有栅格化（像素化）外观的图稿，它不会对内容进行栅格化，而是显示模拟的栅格化预览效果；选择"叠印"，可提供"油墨预览"，它模拟混合、透明和叠印在分色输出中的显示效果。

1.4.2 实战——从模板创建文档 `难点`

在Illustrator中，用户不仅可以按照自己的需求定义文档尺寸、画板和颜色模式等，还可以从Illustrator提供的预设模板中创建文档。为方便用户操作，Illustrator提供了许多实用性比较强的预设模板文件，如信纸、名片、信封、小册子、标签、证书、明信片、贺卡和网站等。

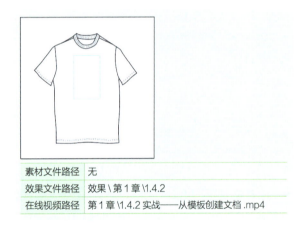

素材文件路径	无
效果文件路径	效果\第1章\1.4.2
在线视频路径	第1章\1.4.2 实战——从模板创建文档.mp4

`Step 01` 启动Illustrator CC 2018，执行"文件"|"从模板新建"菜单命令，打开"从模板新建"对话框，双击"空白模板"文件夹，如图1-22所示。

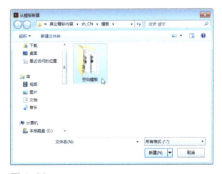

图1-22

`Step 02` 进入该文件夹后，单击窗口右上角的"显示预览窗口"按钮切换文件预览模式，选择一个模板文件，如图1-23所示。

图1-23

`Step 03` 单击"新建"按钮，即可基于此模板创建一个文档，模板中的图形、字体、段落、样式、符号、裁剪标记和参考线等都会加载到新建的文档中，如图1-24所示。

图1-24

1.4.3 文件操作 `重点`

1.打开文件

如果要打开一个文件，可以执行"文件"|"打开"菜单命令，或按快捷键Ctrl+O，在弹出的"打开"对话框中选择文件，如图1-25所示，单击"打开"按钮或按Enter键即可将其打开。

图1-25

2.打开最近文件

执行"文件"|"最近打开文件"菜单命令，其子

菜单中包含了用户最近在Illustrator CC 2018中使用过的20个文件。单击任意一个文件的名称，可直接将其打开。

3.保存文件

在Illustrator中绘图时，应该养成随时保存文件的良好习惯，以免因为一些突发情况造成文件丢失。在Illustrator中保存文件的方法大致有以下几种。

- 保存文件：在编辑过程中，可随时执行"文件"|"存储"命令，或按快捷键Ctrl+S保存对文件所做的修改。如果是新建的文档，则会弹出"存储为"对话框，在该对话框中可以为文件输入名称，选择文件格式和保存位置。
- 另存文件：如果要将当前文档以另外一个名称、另一种格式保存，或者保存在其他位置，可使用"文件"|"存储为"命令来另存文件。
- 存储副本：如果不想保存对当前文档所做的修改，可以执行"文件"|"存储副本"菜单命令，基于当前编辑效果保存一个副本文件，再将原文档关闭即可。
- 保存为模板：执行"文件"|"存储为模板"命令，可以将当前文档保存为模板。文档中设定的尺寸、颜色模式、辅助线、网格、字符与段落属性、画笔、符号、透明度和外观等都可以存储在模板中。

1.4.4 实战——打开Photoshop文件 难点

使用"打开""置入"和"粘贴"命令，以及拖动功能都可以将PSD文件从Photoshop中引入Illustrator中。PSD是分层文件格式，可以包含图层复合、图层、文本和路径，Illustrator支持大部分Photoshop数据，因此在这两个软件中交换文件时，可以保留和继续编辑上述内容。

素材文件路径	素材\第1章\1.4.4
效果文件路径	效果\第1章\1.4.4
在线视频路径	第1章\1.4.4 实战——打开 Photoshop 文件 .mp4

Step 01 启动Photoshop（本书所使用版本为Photoshop CC 2018），按快捷键Ctrl+O打开素材文件夹下的"笑脸.psd"文件，如图1-26所示。

图 1-26

Step 02 使用"横排文字工具" 在画面中单击输入文字"Smile"，效果如图1-27所示。

图 1-27

Step 03 执行"文件"|"存储为"菜单命令，弹出"另存为"对话框，在"保存类型"下拉列表中选择PSD格式，如图1-28所示，单击"保存"按钮保存文件。

图 1-28

Step 04 启动Illustrator CC 2018软件，按快捷Ctrl+O，打开上一步保存的PSD文件，在弹出的"Photoshop导入选项"对话框中，勾选"显示预览"选项，然后选择"将图层转换为对象"选项，如图1-29所示。

图 1-29

Step 05 单击"确定"按钮,即可在Illustrator中打开该PSD文件。在Illustrator的图层面板中可以看到当前的文件也是分层的,如图1-30所示。

图 1-30

Step 06 使用"选择工具"▶选中文字对象,打开"颜色"面板,修改文字颜色为黑色,效果如图1-31所示。

图 1-31

"Photoshop导入选项"对话框中各属性说明如下。

◆ 图层复合/显示预览/注释:如果Photoshop文件包含图层复合,则可以指定要导入的图像版本。勾选"显示预览"可以显示所选图层复合的预览。"注释"文本框中显示了来自Photoshop文件的注释。

◆ 更新链接时:更新包含图层复合的链接Photoshop文件时,可以指定如何处理图层的可视性。在该下拉列表中,选择"保持图层可视性优先"选项,即可在最初置入文件时,根据图层复合中的图层可视性状态更新链接图像;选择"使用Photoshop的图层可视性",即可根

据Photoshop文件中图层可视性的当前状态更新链接的图像。

◆ 将图层转换为对象尽可能保留文本的可编辑性:选择该选项,能够尽可能多地保留图层结构和文本的可编辑性,而不破坏外观。但如果文件中包含Illustrator不支持的功能,Illustrator会通过合并和栅格化图层来保留图稿的外观。

◆ 将图层拼合为单个图像保留文本外观:选择该选项,可以将文件作为单个位图图像导入,转换的文件不保留各个对象。不透明度将作为主图像的一部分保留,但不能编辑。

◆ 导入隐藏图层:导入Photoshop文件中的所有图层,也包括隐藏的图层。当导入链接Photoshop文件时,该选项不可用。

◆ 导入切片:保留Photoshop文件中包含的切片。

1.4.5 实战——与Photoshop交换智能对象 `难点`

在Illustrator中绘制的图形对象,可以使用"选择工具"▶将其直接拖动至Photoshop中,具体操作如下。

素材文件路径	无
效果文件路径	效果\第1章\1.4.5
在线视频路径	第1章\1.4.5 实战——与 Photoshop 交换智能对象 .mp4

Step 01 启动Photoshop软件,执行"文件"|"新建"菜单命令,或按快捷键Ctrl+N,新建一个大小为800px×600px的白色背景文档,如图1-32所示。

Step 02 启动Illustrator CC 2018,执行"文件"|"新建"菜单命令,创建一个同等大小的文档。

Step 03 在Illustrator中,使用"星形工具"☆,在画板中绘制一个填充为黄色(#ffe94d),且无描边的五角星形,如图1-33所示。

示位置，大致可以使用以下几种方法。

1.使用缩放工具

在文件打开的情况下，使用"缩放工具" 在画面中单击可放大视图的显示比例，如图1-35所示。

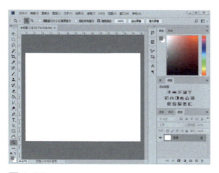

图1-32

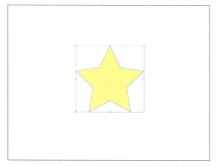

图1-33

Step 04 使用"选择工具" 选中星形，将鼠标指针放置在定界框内，按住鼠标左键并拖动鼠标，将图形拖至Photoshop窗口，如图1-34所示。

图1-35

此外，在"缩放工具" 状态下按住鼠标左键并拖动图稿，同样可以将文稿进行缩放。如果要缩小窗口的显示比例，可以按住Alt键并单击。

2.使用抓手工具

放大或缩小视图比例后，使用"抓手工具" 在窗口按住鼠标左键并拖动可以移动画面，让对象的不同区域显示在画面的中心，如图1-36所示。

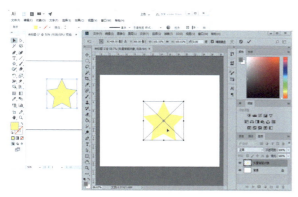

图1-34

> **延伸讲解**
>
> 智能对象是嵌入Photoshop图像中的文件，它与Illustrator中的源文件保持链接关系。在Photoshop中执行"图层"|"智能对象"|"编辑内容"命令时，可以在Illustrator中打开源文件。如果在Illustrator中修改源文件并保存，则Photoshop中的智能对象会自动更新到与之相同的状态。

1.5 查看图稿

在绘图或编辑对象时，为了更好地观察和处理对象的细节，需要经常放大或缩小视图，调整对象在窗口中的显

图1-36

> **延伸讲解**
>
> 使用绝大多数工具时，按住空格键可以快速切换为"抓手工具"。

3.使用导航器面板

编辑对象细节时，使用"导航器"面板可以帮助用户快速定位画面位置，只需在该面板的对象缩览图上单击，就可以将点定位到画面的中心，如图1-37所示。此外，移动面板中的三角形滑块，或在数值栏中输入数值并按Enter键，可以对视图进行缩放。

图 1-37

> **延伸讲解**
>
> "视图"菜单中包含窗口缩放命令。其中"画板适合窗口大小"命令可以将画板缩放至适合窗口显示的大小；"实际大小"命令可将画面显示为实际的大小，即缩放比例为100%。这些命令都可以通过快捷键来实现，这要比直接使用缩放工具和抓手工具更加方便。例如，可以按快捷键Ctrl++或Ctrl+-调整窗口比例，然后按住空格键移动画面。

4.切换屏幕模式

单击工具面板底部的 按钮，可以显示一组用于切换屏幕模式的命令，如图1-38所示。也可以按F键，在各个屏幕模式之间循环切换。

图 1-38

1.5.1 还原与重做

在编辑图稿的过程中，如果操作出现了失误，或对创建的效果不满意，可以执行"编辑"|"还原"菜单命令，或按快捷键Ctrl+Z撤销最后一步操作。连续按快捷键Ctrl+Z可连续撤销操作。如果要恢复被撤销的操作，可以执行"编辑"|"重做"菜单命令，或按快捷键Shift+Ctrl+Z。

1.5.2 使用辅助工具　　`重点`

标尺、参考线和网格是Illustrator提供的辅助工具，在进行精确绘图时，可以借助这些工具来准确定位和对齐对象，或进行测量操作。

1.标尺

标尺可以帮助用户精确定位和测量画板中的对象。执行"视图"|"标尺"|"显示标尺"菜单命令，或按快捷键Ctrl+R，窗口顶部和左侧将显示标尺，如图1-39所示。标尺上的0点位置称为原点，在原点位置按住左键并拖动鼠标可以拖出参考线。如果要将原点恢复到默认位置，将参考线朝标尺方向拖回即可。

图 1-39

2.参考线

参考线可以帮助用户对齐文本和图形。显示标尺后，将鼠标指针放在水平或垂直标尺上，按住鼠标左键并向画面中拖动鼠标，即可拖出水平或垂直参考线，如图1-40所示。

图 1-40

图 1-42

按住Shift键并拖动鼠标,可以使参考线与标尺上的刻度对齐。此外,在标尺上双击可在标尺的特定位置创建一个参考线,按住Shift键双击,则在该处创建的参考线会自动与标尺上最接近的刻度线对齐。

执行"视图"|"智能参考线"菜单命令,或按快捷键Ctrl+U,可以启动智能参考线。当进行移动、旋转、缩放等操作时,它便会自动出现,并显示变换操作的相关数据。

3.网格

对称布置图形时,网格非常有用。打开一个文件,执行"视图"|"显示网格"菜单命令,可以在图形后面显示网格,如图1-41所示。显示网格后,可执行"视图"|"对齐网格"菜单命令,来启用对齐功能,此后创建图形或进行移动、旋转、缩放等操作时,对象的边界会自动对齐到网格点上。

图 1-41

如果要查看对象中是否包含透明区域,以及透明程度如何,可以执行"视图"|"显示透明网格"命令,将对象放在透明度网格上观察,如图1-42所示。

> **延伸讲解**
>
> 再次按命令相对应的快捷键可以取消显示。

1.6 置入文件

使用"置入"命令可以将外部文件导入Illustrator文档中。该命令为文件格式、置入选项和颜色等提供了最高级别的支持,并且置入文件后,还可以使用"链接"面板识别、选择、键控和更新文件。

1.6.1 置入文件

在Illustrator中新建或打开一个文件之后,执行"文件"|"置入"命令,或按快捷键Shift+Ctrl+P,即可打开"置入"对话框,如图1-43所示。选择其他程序创建的文件或位图图像,单击"置入"按钮,然后在画板中按住鼠标左键并拖动,即可将其置入现有的文档中,如图1-44所示。

图 1-43

图 1-44

"置入"对话框中各属性参数说明如下。

◆ 链接:勾选该选项后,被置入的图稿同源文件保持链接关系。如果源文件的存储位置发生改变,或文件被删除,则置入的图稿也会从Illustrator文件中消失。取消勾选时,图稿将嵌入到文档中。

- 模板：将置入的文件转换为模板文件。
- 替换：如果当前文档中已经包含了一个置入的对象，并且处于选择状态，则"替换"选项可用。勾选该选项后，新置入的对象会替换文档中被选择的对象。
- 显示导入选项：勾选该选项，然后单击"置入"按钮，会显示"导入选项"对话框。
- 文件名：选择置入的文件后，该选项中会显示文件的名称。
- 文件格式：在"文件名"右侧的下拉列表中可以选择文件格式。默认为"所有格式"。选择某一格式后，"置入"对话框中将只显示该格式的文件。

> **延伸讲解**
>
> 在Illustrator中置入文件后，可以使用"链接"面板查看和管理所有链接或嵌入的图稿。执行"窗口"|"链接"命令，打开"链接"面板。面板中显示了图稿的小缩览图，并用图标标识了图稿的状态。

1.6.2 实战——在Illustrator中置入文件 重点

本实例详细介绍如何在Illustrator中置入多个文件。

素材文件路径	素材\第1章\1.6.2
效果文件路径	效果\第1章\1.6.2
在线视频路径	第1章\1.6.2 实战——在 Illustrator 中置入文件.mp4

Step 01 启动Illustrator CC 2018，执行"文件"|"新建"菜单命令，创建一个大小为800px×600px的空白文档。

Step 02 创建好文档后，执行"文件"|"置入"命令，在弹出的"置入"对话框中，打开素材文件夹，选中两个需要的文件，如图1-45所示。

Step 03 单击"置入"按钮，鼠标指针旁边会出现图稿的缩览图，如图1-46所示。

图 1-45

图 1-46

Step 04 移动鼠标指针至画板处，单击鼠标左键即可以原始尺寸置入图稿，如图1-47所示。

Step 05 在Illustrator中可以自由调整图稿的大小及摆放顺序，最终调整完成效果如图1-48所示。

图 1-47　　　　　　　图 1-48

1.6.3 链接图稿与嵌入图稿的区别

通过"文件"|"置入"命令置入图稿时，勾选"置入"对话框中的"链接"选项，可以将图稿与文档建立链接。未勾选该选项，则可将图稿嵌入文档。

链接的图稿与文档各自独立，因而不会显著增加文档占用的存储空间。使用变换工具可以修改链接的图稿，但不能选择和编辑图稿中的单个组件。文档中链接的图形可多次使用，也可以一次更新所有链接。当导出或打印时，将检索原始图形，并按照原始图形的分辨率创建最终输出效果。

嵌入图稿后，可根据需要随时更新文档。嵌入的图稿将按照全分辨率复制到文档中，因而得到的文档较大。

如果要确定图稿是链接还是嵌入的，或将图稿从一种状态更改为另一种状态，可以使用"链接"面板进行操作。

如果嵌入的图稿包含多个组件，可以分别编辑这些组件。例如，如果图稿中包含矢量数据，Illustrator可将其转换为路径，然后用Illustrator中的工具和命令来修改。对于从特定文件格式嵌入的图稿，Illustrator还会保留其对象层次（如组件和图层）。

1.7 Illustrator的应用领域

Illustrator被广泛应用于印刷出版、专业插画、多媒体图像处理和互联网页面的制作等领域，也可以为线稿提供较高的精度和控制，适合生产任何小型设计及大型复杂项目。内置专业的图形设计工具，提供了丰富的像素描绘功能以及顺畅灵活的矢量图编辑功能。

1.7.1 VI设计

VI是Visual Identity的缩写，即视觉识别系统，是以标志、标准字、标准色为核心展开的完整且系统的视觉表达体系，主要包括企业标志、企业造型、产品造型、广告招牌、包装系统以及印刷出版物等的设计，如图1-49所示。

图 1-49

1.7.2 UI设计

UI是User Interface的缩写，即用户界面，UI设计是一门结合了计算机科学、美学、心理学、行为学等学科的综合性艺术，一般包括图标制作、网页UI设计、App UI设计、用户体验设计、交互原型设计等，如图1-50所示。

图 1-50

1.7.3 插画设计

插画的应用领域主要包括书籍插画、商业插画、影视插画、公益插画等，是一种重要的视觉传达形式。Illustrator是绘制矢量插画的常用软件，用它绘制的插画颜色鲜明且线条干净利落，非常适合展现企业风貌，如图1-51所示。

图 1-51

1.7.4 产品设计

通过产品造型设计可以将产品的功能、结构、材料和生成手段、使用方式统一起来，创造出具有较高质量和审美的产品形象，如图1-52所示。

图 1-52

1.7.5 网页和动画设计

网页设计包括版面设计、色彩、动画效果以及图标设计等。在Illustrator中，可以使用切片工具来定义图稿中不同的Web元素的边界，对不同的切片进行优化，使文件变小，Web服务器便能够更加高效地存储和传输图像。同时Illustrator强大的绘图功能也为动画制作提供了非常便利的条件。图1-53所示为网页设计，图1-54所示为动画角色设计。

图 1-53

图 1-54

1.8 课后习题

1.8.1 课后习题——打开Illustrator预设模板文件

素材文件路径	无
效果文件路径	课后习题 \ 效果 \ 1.8.1
在线视频路径	第 1 章 \1.8.1 课后习题——打开 Illustrator 预设模板文件 .mp4

本习题主要练习如何使用Illustrator CC 2018提供的预设模板文件。通过"从模板中新建"命令，可以快速地在Illustrator中打开所需要的模板文件，极大地满足了用户的绘图需求。完成效果如图 1-55所示。

图 1-55

1.8.2 课后习题——置入多个文件

素材文件路径	课后习题 \ 素材 \ 1.8.2
效果文件路径	课后习题 \ 效果 \ 1.8.2
在线视频路径	第 1 章 \1.8.2 课后习题——置入多个文件 .mp4

本习题主要练习如何在Illustrator CC 2018中置入多个文件。通过"置入"命令，可以将外部文件导入Illustrator文档，该命令为文件格式、置入选项和颜色提供了最高级别的支持，并且支持置入多个文件。完成效果如图 1-56所示。

图 1-56

第 02 章 绘制图形对象

Illustrator最强大的功能便是绘制和编辑矢量图形，Illustrator CC 2018不仅提供了各种几何图形的绘制工具，还提供了可以绘制任意形状的直线或曲线图形的钢笔工具。灵活、熟练地使用这些图形绘制工具，是每一个Illustrator用户必须掌握的基本技能。

学习要点

- 路径的基本概念 25页
- 钢笔工具的应用 31页
- 几何工具的应用 28页

2.1 关于路径

矢量图形是由称作矢量的数学对象定义的直线和曲线构成的，每一段直线和曲线都是一条路径，所有的路径都是通过锚点来连接的。

2.1.1 锚点与路径

路径是一个很广泛的概念，它既可以是一条单独的路径段，也可以包含多个路径段；既可以是直线，也可以是曲线；既可以是开放式的路径段，如图2-1所示，也可以是闭合的矢量图形，如图2-2所示。Illustrator中的绘图工具，如钢笔工具、铅笔工具、画笔工具、直线段工具、矩形工具等都可以用来创建路径。

锚点用来连接路径段，曲线上的锚点包含方向线和方向点，如图2-3所示，移动它们的位置和方向可以调整曲线的形状。

图 2-1　　　　图 2-2

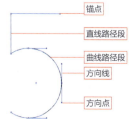

图 2-3

锚点分为平滑点和角点。其中平滑的曲线由平滑点连接而成，如图2-4所示；直线和转角曲线由角点连接而成，如图2-5和图2-6所示。

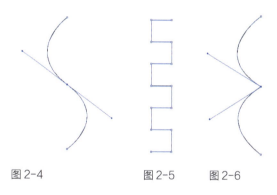

图 2-4　　　　图 2-5　　　　图 2-6

2.1.2 方向线和方向点

使用"直接选择工具"或"转换锚点工具"选择曲线路径上的锚点，会显示方向线和方向点（也称手柄），如图2-7所示，拖动方向点可以调整方向线的方向和长度，如图2-8和图2-9所示。

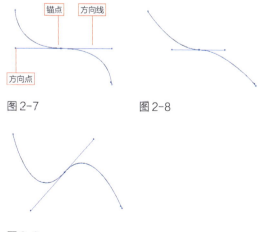

图 2-7　　　　图 2-8

图 2-9

2.1.3 路径的填充与描边色设定 重点

在Illustrator中选中一个图形对象之后，工具箱底部的"填色"和"描边"色块将会显示该对象的填充颜色和描边颜色，如图2-10所示，双击任意一个色块，打开"拾色器"对话框，如图2-11所示，可以改变对应的颜色。

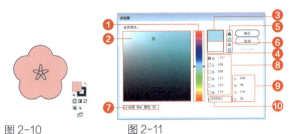

图 2-10　　　　图 2-11

"拾色器"对话框中各标号所代表的含义如下。

❶色谱/颜色滑块：在色谱中单击或拖动颜色滑块可以定义色相。

❷色域：定义色相后，在色域中拖动圆形标记可以调整当前颜色的深浅。

❸当前设置的颜色：显示了当前选择的颜色。

❹上一次使用的颜色：显示了上一次使用的颜色，即打开"拾色器"对话框前原有的颜色。如果要使用前一个颜色，可单击该色块。

❺超出色域警告：如果当前设置的颜色无法用油墨准确打印出来（如霓虹色），就会出现超出色域警告按钮▲。单击该图标或它下面的颜色块（Illustrator提供的与当前颜色最为接近的CMYK颜色），可将其替换为印刷色。

❻超出Web颜色警告：Web安全颜色是浏览器使用的216种颜色。如果当前选择的颜色不能在网上准确显示，就会出现超出Web颜色警告按钮⬚。单击警告图标或它下面的颜色块，可以用颜色块中的颜色（Illustrator提供的与当前颜色最为接近的Web安全颜色）替换当前颜色。

❼仅限Web颜色：勾选该复选框后，色域中只显示Web安全色，如图2-12所示，此时选择的任何颜色都是Web安全颜色。如果图稿要用于网络，可以在这种状态下调整颜色。

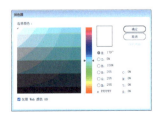

图 2-12

❽HSB颜色/RGB颜色值：选择不同单选选项，可以显示不同的色谱，也可以通过直接输入颜色值来精确定义颜色。

❾CMYK颜色值：可以输入印刷色的颜色值。

❿十六进制颜色值：可以输入一个十六进制值来定义颜色。

> **延伸讲解**
>
> 选中一个图形对象后，工具箱中的"填充"与"描边"色块会显示该图形对象的颜色属性。此时按D键，工具箱中的"填充"与"描边"将恢复为默认颜色，被选中对象的颜色也会随之改变。

> **知识链接**
>
> 关于填充与描边的其他操作，请参阅本书第3章。

2.2 基本常用图形

Illustrator中包含了各种图形绘制工具，如矩形工具、椭圆工具、多边形工具和星形工具等都属于最基本的绘图工具。这些工具的使用方法非常简单，选择图形工具后，只需在画板中按住鼠标左键并拖动鼠标，即可绘制出对应的图形。如果想要按照指定的参数绘制图形，可在画板中单击，然后在弹出的对话框中进行设定。掌握这几款看似简单的几何图形工具，可以绘制出各种复杂的图形。

2.2.1 线条图形

直线段工具、弧线工具和螺旋线工具可以绘制直线段、弧线以及各式各样的线条组合，掌握Illustrator的操作技巧，可以令这些线条组合成各种有趣的图形。本节将选取几款常用的线条图形工具进行详细讲解。

1.直线段工具

工具箱中的"直线段工具"╱用于创建直线。在画板中按住鼠标左键并拖动，设定直线的起点和终点即可创建一条直线，如图2-13所示。在绘制的过程中，若按住Shift键，可以创建水平、垂直或以45°角方向为增量的直线；若按住Alt键，可以创建以起点为中心向两侧延伸的直线；若要创建指定长度和角度的直线，可以在画板中单击，打开"直线段工具选项"对话框，设置精确的参数，如图2-14所示，单击"确定"按钮，完成直线的绘制，如图2-15所示。

图 2-13   图 2-14   图 2-15

- 类型：该下拉列表中包含"开放"与"闭合"两个选项，用来设置创建开放式弧线或者闭合式弧线。
- 基线轴：该下拉列表中包含"X轴"与"Y轴"两个选项，若选择"X轴"，可以沿水平方向绘制；若选择"Y轴"，则会沿垂直方向绘制。
- 斜率：用来指定弧线的斜率方向，可输入数值或拖动滑块来调整参数。
- 弧线填色：勾选该复选框后，会用当前的填充颜色为弧线围合的区域填色。

🔍 延伸讲解

当选择"直线段工具" 后，在控制面板中会显示该工具的各种选项，其中"描边粗细"选项可以设置直线段图形的宽度。

2.弧线工具

工具箱中的"弧形工具" 可以用来创建弧线。弧线的绘制方法与直线的绘制基本相同，在画板中按住鼠标左键并拖动，设定弧线的起点和终点即可创建一条弧线，如图2-16所示。在绘制的过程中，若按X键，可以切换弧线的凹凸方向，如图2-17所示；若按C键，可以在开放式图形与闭合图形之间切换，图2-18所示为闭合图形；若按住Shift键，可以保持固定的角度；若按键盘中的↑、↓、←、→方向键可以调整弧线的斜率。

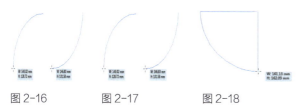

图 2-16   图 2-17   图 2-18

若要创建精确的弧线，可以使用"弧形工具" 在画板中单击，打开"弧线段工具选项"对话框，设置精确的参数，如图2-19所示，绘制完成后的效果如图2-20所示。

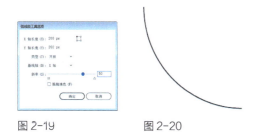

图 2-19   图 2-20

下面对"弧线段工具选项"对话框中的属性进行详细介绍。

- 参考点定位器：单击参考点定位器上的4个空心方块，可以指定绘制弧线时的参考点。
- x轴长度/y轴长度：用来设置弧线的长度和高度。

3.螺旋线工具

工具箱中的"螺旋线工具" 可以创建螺旋线，使用该工具在画板中按住鼠标左键并拖动即可绘制螺旋线，如图2-21所示，在拖动鼠标的过程中可以同时旋转螺旋线；若按R键，可以调整螺旋线的方向，如图2-22所示；若按住Ctrl键拖动鼠标，可以调整螺旋线的紧密程度，如图2-23所示；若按↑方向键，可以增加螺旋，如图2-24所示；若按↓方向键，则会减少螺旋。

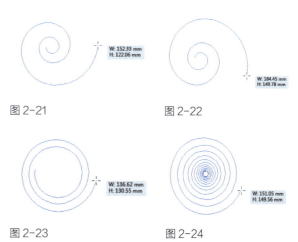

图 2-21   图 2-22

图 2-23   图 2-24

若要创建精确的螺旋线，可以使用"螺旋线工具" 在画板中单击，打开"螺旋线"对话框，设置精确的参数，如图2-25所示，绘制完成后的效果如图2-26所示。

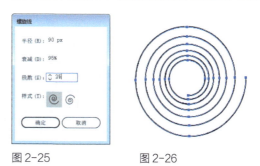

图 2-25   图 2-26

下面对"螺旋线"对话框中的属性进行详细介绍。

- 半径：用来设置从中心到螺旋线最外侧结束点的距离，

该值越高，螺旋线的范围越大。
- 衰减：用来设置螺旋线的每一螺旋相对于上一螺旋应减少的量，该值越小，螺旋的间距越小，不同衰减量的螺旋效果如图2-27所示。

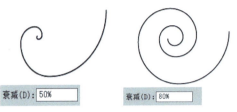

图 2-27

- 段数：用来设置螺旋线路径段的数量，如图2-28所示。

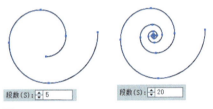

图 2-28

- 样式：用来设置螺旋线的方向。

2.2.2 几何图形 重点

本节将详细讲解几款常用的几何图形工具。

1.矩形工具

使用"矩形工具" ▭，可以创建矩形和正方形。选择该工具后，在画板中按住鼠标左键并拖动可以创建任意大小的矩形，如图2-29所示；在操作时，若按住Alt键，鼠标指针将变为❊形状，此时可以起点为中心向外绘制矩形；若按住Shift键，可绘制正方形，如图2-30所示；若按住快捷键Shift+Alt，可以单击点为中心向外绘制正方形。

如果要创建一个指定大小的矩形，可以在画板中单击，打开"矩形"对话框，在对话框中设置相应参数，如图2-31所示。

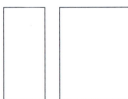 

图 2-29　　图 2-30　　　　图 2-31

2.圆角矩形工具

使用"圆角矩形工具" ▢,可以创建圆角矩形，如图

2-32所示。它的使用方式及快捷键与"矩形工具"相同。不同的是，在绘制过程中，若按↑方向键，可以增加圆角半径直至成为圆形；若按↓方向键，可以减少圆角半径直至成为方形；若按←方向键或者→方向键，可以在方形与圆形之间切换。

如果要创建一个指定大小的圆角矩形，可以在画板中单击，打开"圆角矩形"对话框，在对话框中设置相应参数，如图2-33所示。

图 2-32　　　　　　　图 2-33

3.椭圆工具

使用"椭圆工具" ⬭,可以创建圆形和椭圆形，如图2-34所示。选择该工具后，在画板中按住鼠标左键并拖动可以绘制任意大小的椭圆形；在操作时，若按住Shift键，可以创建圆形，如图2-35所示；若按住Alt键，可以起点为中心向外绘制椭圆形；若按快捷键Shift+Alt，则可以起点为中心向外绘制圆形。

如果要创建一个指定大小的圆形或者椭圆形，可以在画板中单击，打开"椭圆"对话框，在对话框中设置相应参数，如图2-36所示。

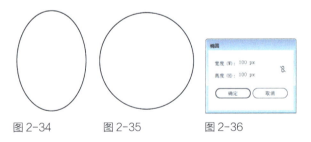

图 2-34　　　　图 2-35　　　　图 2-36

4.多边形工具

使用"多边形工具" ⬠,可以创建三边或者三边以上的多边形，如图2-37和图2-38所示。在绘制过程中，若按↑方向键或↓方向键，可增加或减少多边形的边数；若按住鼠标左键并拖动可以旋转多边形；若按住Shift键，可以锁定一个不变的角度。

如果要创建一个指定半径和边数的多边形，可以在画板中单击确定一个中心点，打开"多边形"对话框，在对话框中设置相应参数，如图2-39所示。

图 2-37　　　图 2-38　　　图 2-39

5.星形工具

使用"星形工具" ☆,可以创建各种形状的星形,如图 2-40所示。在绘制过程中,若按↑方向键或者↓方向键,可以增加或减少星形的角点数;若按住鼠标左键并拖动可以旋转星形;若按住Shift键,可以保持不变的角度;若按Alt键,可以调整星形拐角的角度。

如果要更加精确地绘制星形,可以使用"星形工具"在画板中单击确定一个中心点,打开"星形"对话框,如图2-41所示,在对话框中设置相应参数即可精确绘制星形。其中,"半径1"选项用来指定从星形中心到星形最内点的距离;"半径2"用来指定从星形中心到星形最外点的距离,具体如图2-42所示;"角点数"用来指定星形具有的点数。

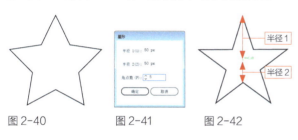

图 2-40　　图 2-41　　图 2-42

6.光晕工具

使用"光晕工具" ,可以创建由射线、光晕、闪光中心和环形等组件组成的光晕图形,如图2-43所示。光晕图形是矢量图形,它包含中央手柄和末端手柄,手柄可以定位光晕和光环,中央手柄是光晕的明亮中心,光晕路径从该点开始。

双击工具箱中的"光晕工具" 按钮,可以打开"光晕工具选项"对话框,如图2-44所示,在对话框中可以设置光晕的相关参数。

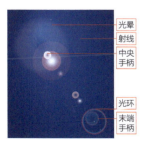

图 2-43　　　　图 2-44

下面对"光晕工具选项"对话框中的属性进行详细介绍。

- ◆ "居中"选项组:用来设置光晕中心的整体直径、不透明度和亮度。
- ◆ "光晕"选项组:"增大"选项用来设置光晕大小的百分比,"模糊度"选项用来设置光晕的模糊程度(0为锐利,100%为模糊)。
- ◆ "射线"选项组:用来设置射线的数量、最长的射线和射线的模糊度。
- ◆ "环形"选项组:用来设置光晕中心点与末端光晕之间的路径距离、光环数量和最大的光环,以及光环的方向或角度。

2.2.3 实战——几何图形绘制樱花　难点

本实战将通过绘制樱花图形来练习Illustrator线条工具和几何工具的使用。操作较为简单,具体绘制过程如下。

素材文件路径	无
效果文件路径	效果\第2章\2.2.3
在线视频路径	第2章\2.2.3 实战——几何图形绘制樱花 .mp4

Step 01 启动Illustrator CC 2018软件,执行"文件"|"新建"菜单命令,在弹出的"新建文档"对话框中创建一个大小为800px×800px的空白文档,具体如图2-45所示。

图 2-45

Step 02 进入操作界面后使用"椭圆工具" ◎ 绘制一个渐变色填充且无描边的椭圆形，具体如图2-46所示。

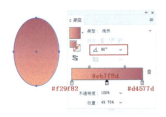

图 2-46

Step 03 切换为"多边形工具" ◎，在椭圆形上方绘制一个黑色填充且无描边的三角形，效果如图2-47所示。

Step 04 同时选中椭圆形和三角形，执行"窗口"|"路径查找器"菜单命令，在弹出的"路径查找器"面板中单击"减去顶层"按钮 ◎，如图2-48所示。

图 2-47　　　　　图 2-48

知识链接

关于"路径查找器"面板中各项工具的具体使用，请参阅本书第4章。

Step 05 完成上述操作后，上层的三角形将消失，并且椭圆形顶部出现缺角，效果如图2-49所示。

Step 06 保持图形选中状态，切换为"旋转工具" ◎，按住Alt键的同时单击图形下方锚点，在弹出的"旋转"对话框中设置"角度"为72°，然后单击"复制"按钮，如图2-50所示。

图 2-49　　　　　图 2-50

Step 07 完成旋转复制操作后，将得到图2-51所示的图形效果。

Step 08 连续按三次快捷键Ctrl+D，图形将会绕锚点进行连续复制，得到的图形效果如图2-52所示。

图 2-51　　　　　图 2-52

Step 09 切换为"椭圆工具" ◎，在图形上方再次绘制一个粉色（#ffcad5）且无描边的椭圆形，如图2-53所示。

Step 10 用同样的方法对粉色椭圆形进行旋转复制，得到的效果如图2-54所示。

图 2-53　　　　　图 2-54

Step 11 使用"椭圆工具" ◎ 和"圆角矩形工具" ◎，在图形上方绘制花蕊部分，同样可以使用旋转复制的方法来快速得到图形，效果如图2-55所示。

Step 12 在项目中绘制渐变背景，并复制更多的樱花填充画面，得到的最终效果如图2-56所示。

图 2-55　　　　　图 2-56

延伸讲解

在进行旋转复制时，一定要提前确立旋转中心，这样图形才会绕确立的锚点中心旋转。

2.3 自由图形

使用几何工具虽然能够绘制各种几何图形，但是对于较为复杂的图形，绘制步骤会比较烦琐。为了提升工作效率，我们可以使用Illustrator中的一些自由绘制工具灵活地绘制所需的复杂图形。

2.3.1 铅笔工具

使用"铅笔工具" ✎ 可以绘制比较随意的图形，就像用铅笔在画纸上绘图一样，它能够帮助用户快速创建素描效果或者手绘效果。"铅笔工具" ✎ 适合绘制比较随意的路径，不能创建精确的直线和曲线。

使用"铅笔工具" ✎，在画板上按住鼠标左键并拖动即可绘制路径，如图2-57所示；拖动到路径的起点处释放鼠标，则可闭合路径，如图2-58所示；拖动鼠标时按住Alt键，可以绘制出直线和以45°角为增量的斜线。双击"铅笔工具" ✎ 图标，打开"铅笔工具选项"对话框，在该对话框中勾选"编辑所选路径"复选框，如图2-59所示，之后便可以使用"铅笔工具" ✎ 修改路径。

图 2-57　　　　　　图 2-58

图 2-59

使用"铅笔工具" ✎ 修改路径的方法大致有以下3种。

◆ 改变路径形状：选择一条开放式路径，将"铅笔工具" ✎ 放在路径上，按住鼠标左键并拖动鼠标可以改变路径的形状。

◆ 延长与封闭路径：在路径的端点上按住鼠标左键并拖动，可延长该段路径。如果拖至路径的另一个端点上，则可封闭路径。

◆ 连接路径：选择两条开放式路径，使用"铅笔工具" ✎ 单击一条路径上的端点，然后拖动鼠标至另一条路径的端点上，即可将两条路径连接在一起。

> **延伸讲解**
>
> 使用铅笔、画笔、钢笔等绘图工具时，大部分工具的鼠标指针在画板中都有两种显示状态，一种是显示为工具的形状，另一种是显示为"×"状态。按键盘中的Caps Lock键可在这两种显示状态之间自由切换。

2.3.2 钢笔工具　　　重点

在Illustrator中绘制矢量图形时，钢笔工具是最核心的工具，使用该工具可以绘制直线、曲线以及任意图形，并且可以对已有路径进行编辑。熟练掌握钢笔工具能够帮助用户创造出更加丰富的造型。

1.绘制直线段

使用"钢笔工具" ✎，在画板上单击（不要拖动鼠标）创建一个锚点，然后拖动鼠标在另一处位置单击，即可创建直线路径，如图2-60所示。若按住Shift键单击可以将直线的角度限定为45°的倍数。在其他位置单击，可继续绘制直线，如图2-61所示。如果要闭合路径，可以将鼠标指针移至第一个锚点上，此时鼠标指针将会变为 ✎。状，此时单击即可闭合路径，如图2-62所示。

图 2-60　　　图 2-61　　　图 2-62

> **延伸讲解**
>
> 在使用"钢笔工具" ✎ 创建锚点时，按住鼠标左键不释放，再按住键盘中的空格键并拖动鼠标，可以重新定位锚点的位置。

2.绘制曲线

使用"钢笔工具" ✎，在画板上按住鼠标左键并拖动，可以创建一个平滑点，如图2-63所示。移动鼠标指针至另一处按住鼠标左键并拖动即可创建曲线，若向前一条方向线的相同方向拖动鼠标，可以创建"S"形曲线，如图2-64所示。若向前一条方向线的相反方向拖动鼠标，可以创建"C"形曲线，如图2-65所示。绘制曲线时，锚点越少，曲线越平滑。

图 2-63   图 2-64   图 2-65

> **延伸讲解**
> 如果要结束开放式路径的绘制，可按住Ctrl键，此时将切换为"选择工具"▶，在远离对象的位置单击即可结束绘制。也可以在至工具面板中选择切换到其他工具。

3.绘制转角曲线

如果要绘制与上一段曲线之间出现转折的曲线，首先需要在创建新的锚点前改变方向线的方向。使用"钢笔工具"✏️绘制一段曲线，再将鼠标指针移至方向点上，如图2-66所示，按住鼠标左键和Alt键向反方向拖动鼠标，如图2-67所示。释放Alt键和鼠标左键，移动鼠标指针至另一处并拖动鼠标创建一个新的平滑点，即可创建转角曲线，如图2-68所示。通过拆分方向的方式将平滑点转换成角点，方向线的长度决定下一条曲线的弧度。

图 2-66   图 2-67   图 2-68

4. 直线后绘制曲线

使用"钢笔工具"✏️绘制一段直线路径，将鼠标指针放在该路径的最后一个锚点上，此时鼠标指针将会变为▶，状，如图2-69所示，拖出一条方向线，将该角点转换为平滑点，如图2-70所示。在其他位置按住鼠标左键并拖动，即可在直线后面绘制曲线，如图2-71所示。

图 2-69   图 2-70   图 2-71

5.曲线后绘制直线

使用"钢笔工具"✏️绘制一段曲线路径，将鼠标指针放在该路径的最后一个锚点上，此时鼠标指针将会变为▶，

状，如图2-72所示，单击该平滑点将其转换为角点，如图2-73所示。在其他位置单击，即可在曲线后面绘制直线，如图2-74所示。

图 2-72   图 2-73   图 2-74

2.3.3 平滑工具

"平滑工具"✏️可以用来平滑任何工具绘制的路径外观，也可以删除多余的锚点来简化路径。首先选择需要编辑的路径，如图2-75所示，使用"平滑工具"✏️在选定的路径上反复拖动鼠标，可以平滑线条，如图2-76所示。也可以双击"平滑工具"✏️图标，打开"平滑工具选项"对话框，在该对话框中设置平滑工具的参数，如图2-77所示。

图 2-75   图 2-76

图 2-77

2.4 编辑路径

在Illustrator中绘制路径后，如果要编辑对象，无论是基本图形对象，还是自由图形对象，首先都需要将其选中，再使用不同的路径调整工具对路径进行编辑，绘制更多形状各异的对象。

2.4.1 基本调整

无论是编辑对象，还是锚点，都需要先将其选中。Illustrator中提供了许多不同的选择工具和命令，针对不同的图形对象，使用的选择工具也会有所不同。

1.选择与移动锚点

使用"直接选择工具" ▷ ,可以选中锚点。将该工具放置在锚点上方,鼠标指针会变为 ▷ 状,如图2-78所示。此时单击即可选择锚点(选中的锚点为实心方块,未选中的锚点为空心方块),如图2-79所示。按住鼠标左键拖出一个矩形选框,可以选中选框内的所有锚点。在锚点上单击以后,按住鼠标左键拖动即可移动锚点,如图2-80所示。

图 2-83　　　　　图 2-84

图 2-78　　图 2-79　　　图 2-80

图 2-85

延伸讲解

如果需要选择的锚点不在一个矩形区域内,则可以使用"套索工具" ⌇ 按住鼠标左键拖出一个不规则选框,将选框内的锚点选中。使用"直接选择工具" ▷ 和"套索工具" ⌇ 时,如果要添加选择其他锚点,可以按住Shift键单击它们("套索工具" ⌇ 为绘制选框)。按住Shift键再次单击(绘制选框)选中的锚点,则可取消对其的选择。

延伸讲解

使用"添加锚点工具" ⌇ 在路径上单击,可添加锚点;使用"删除锚点工具" ⌇ 单击锚点,可以快速删除锚点。如果要在所有路径段的中间位置添加锚点,可以执行"对象" | "路径" | "添加锚点"命令。

2.4.3 平均分布锚点

选择多个锚点,执行"对象"|"路径"|"平均"菜单命令,打开"平均"对话框,如图2-86所示。

图 2-86

2.选择与移动路径

使用"直接选择工具" ▷ 在路径上单击,即可选择路径段,如图2-81所示。在路径段上按住鼠标左键并拖动鼠标,可以移动路径,如图2-82所示。

下面对"平均"对话框中的属性进行详细介绍。
- 水平:选择该项,锚点会沿同一水平轴均匀分布。
- 垂直:选择该项,锚点会沿同一垂直轴均匀分布。
- 两者兼有:选择该项,锚点会集中到同一个点上。

图 2-81　　　　图 2-82

2.4.4 改变路径形状

选择曲线上的锚点时,会显示方向线和方向点,拖动方向点可以调整方向线的方向和长度。方向线的方向决定了曲线的形状,如图2-87所示。

2.4.2 添加与删除锚点

选择一条路径,如图2-83所示,使用"钢笔工具" ✒ 在路径上单击即可添加一个锚点。如果这是一段直线路径,则添加的锚点是角点,如图2-84所示;如果是曲线路径,则添加的是平滑点,如图2-85所示。使用"钢笔工具" ✒ 单击锚点,可删除锚点。

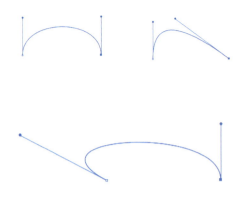

图 2-87

方向线的长度则决定了曲线的弧度。方向线越短，曲线的弧度越小，如图2-88所示；方向线越长，曲线的弧度越大，如图2-89所示。

图 2-88　　　　　图 2-89

使用"直接选择工具"移动平滑点中的一条方向线时，会同时调整该点两侧的路径段，如图2-90和图2-91所示；使用"锚点工具"移动方向线时，只调整与该方向线同侧的路径段，如图2-92所示。

图 2-90　　　图 2-91　　　图 2-92

> **延伸讲解**
>
> 平滑点始终有两条方向线，而角点可以有两条、一条或没有方向线，具体取决于它分别连接两条、一条，还是没有连接曲线段。角点的方向线无论是用"直接选择工具"，还是"锚点工具"调整，都只影响与该方向线同侧的路径段。

2.4.5 偏移路径　**重点**

选择一条路径，为其执行"对象"|"路径"|"偏移路径"菜单命令，即可基于它偏移出一条新的路径，当需要创建同心圆或制作相互之间保持固定间距的多个对象时，偏移路径十分方便，图2-93所示为"偏移路径"对话框，其中"连接"选项用来设置拐角的连接方式，"斜接限制"用来设置拐角的变化范围。

图 2-93

2.4.6 简化路径

当锚点数量过多时，曲线会变得不够光滑，会给选择与编辑带来不便。选择此类路径，为其执行"对象"|"路径"|"简化"菜单命令，打开"简化"对话框，如图2-94所示。在对话框中调整"曲线精度"值，可以对锚点进行简化。调整时，还可勾选"显示原路径"复选框，在简化的路径背后显示原始路径，以便于观察图形的变化幅度。

图 2-94

2.4.7 裁剪路径

使用"剪刀工具"在路径上单击可以剪断路径，如图2-95所示。用"直接选择工具"将锚点移开，可观察到路径的分割效果，如图2-96所示。

图 2-95　　　　　图 2-96

使用"刻刀工具"在图形上按住鼠标左键并拖动，可以将图形裁切开。如果是开放式的路径，裁切后会成为闭合式路径，如图2-97所示。

图 2-97

> **延伸讲解**
>
> 在所选锚点处剪切路径，需使用"直接选择工具"选择锚点，单击控制面板中的按钮，可在当前锚点处剪断

路径，原锚点会变为两个，其中的一个位于另一个的正上方。

2.4.8 分割下方对象

选择一个图形，如图2-98所示，为其执行"对象"|"路径"|"分割下方对象"菜单命令，可以用该图形分割它下方的图形，如图2-99所示。这种方法与"刻刀工具"产生的效果相同，但比"刻刀工具"更容易控制形状。

图 2-98

图 2-99

2.4.9 擦除路径

选择一个图形，使用"路径橡皮擦工具"在路径上涂抹即可擦除路径，如图2-100所示。完成操作后所涂抹的区域将会消失，效果如图2-101所示。如果要将擦除的部分限定为一个路径段，可以先选择该路径段，然后再使用"路径橡皮擦工具"擦除。

图 2-100

图 2-101

> **延伸讲解**
>
> 使用"橡皮擦工具"在图形上涂抹可擦除对象；按住Shift键操作，可以将擦除方向限制为水平、垂直或对角线方向；按住Alt键操作，可以绘制一个矩形区域，并擦除该区域内的图形。

2.4.10 实战——绘制一艘潜水艇 难点

本实例主要讲解Illustrator钢笔工具组的具体应用，以及图形路径编辑的具体方法。

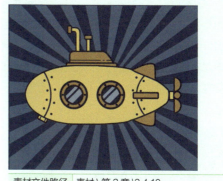

素材文件路径	素材\第2章\2.4.10
效果文件路径	效果\第2章\2.4.10
在线视频路径	第2章\2.4.10 实战——绘制一艘潜水艇.mp4

1.绘制图形主体

Step 01 启动Illustrator CC 2018软件，执行"文件"|"打开"菜单命令，在弹出的"打开"对话框中找到素材文件夹中的"背景.ai"文件打开，背景效果如图2-102所示。

Step 02 切换为"钢笔工具"，在画板上方绘制潜水艇舱身，如图2-103所示。舱身描边为黑色，描边大小为5px，CMYK颜色参考值为C11%、M25%、Y84%、K0。

图 2-102

图 2-103

Step 03 使用"钢笔工具"，在舱身上绘制两段弧线（之后不做强调的图形描边统一设置为5px黑色描边），然后切换为"椭圆工具"，两边各绘制8个无描边的黑色小圆，效果如图2-104所示。

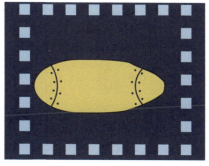
图 2-104

Step 04 使用"椭圆工具"◯绘制圆形,然后为圆形执行"对象"|"路径"|"偏移路径"菜单命令,在弹出的"偏移路径"对话框中设置"位移"参数为-15px,单击"确定"按钮应用偏移,将得到同心圆。分别设置圆形的"填充"为(C38%、M55%、Y98%、K0)和(C96%、M86%、Y60%、K35%),效果如图2-105所示。

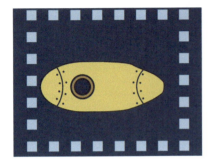

图 2-105

Step 05 使用"椭圆工具"◯绘制6个黑色小圆,效果如图2-106所示。

图 2-106

Step 06 切换为"矩形工具"▭,绘制两个灰色(C53%、M38%、Y30%、K0)无描边的矩形,然后旋转45°,得到的图形效果如图2-107所示。

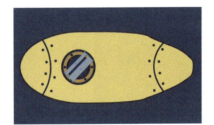

图 2-107

Step 07 在"椭圆工具"◯选中状态下,移动鼠标指针至同心圆的中心点上,按快捷键Shift+Alt进行圆形绘制,效果如图2-108所示。

Step 08 切换为"选择工具"▶,按住Shift键的同时选中矩形和圆形,然后按快捷键Ctrl+7创建剪切蒙版,此时得到的图形效果如图2-109所示。

图 2-108   图 2-109

Step 09 完成窗户的绘制后,选择对象,按快捷键Ctrl+G进行图形编组,同时复制一组窗户,效果如图2-110所示。

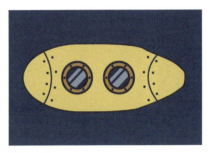

图 2-110

2.绘制修饰元素

Step 01 切换为"圆角矩形工具"▢,绘制一个"圆角半径"为10px的黄色(C38%、M55%、Y98%、K0)圆角矩形,将其放置在舱身后方,效果如图2-111所示。

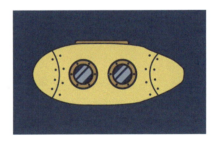

图 2-111

Step 02 使用"圆角矩形工具"▢,绘制一个"圆角半径"为20px的同色圆角矩形,使用"删除锚点工具"删除下方的锚点,并使用"锚点工具"将下方的两个平滑点转换为角点,调整路径形状,效果如图2-112所示。

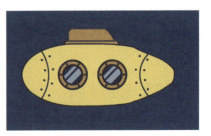

图 2-112

Step 03 用同样的方法，结合使用几何图形工具和钢笔工具，绘制潜望镜、舱翼、螺旋桨和探照灯等元素，并对潜水艇的所有部件进行编组和锁定，效果如图2-113所示。

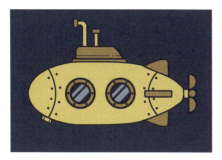

图 2-113

Step 04 使用"套索工具" 或者"直接选择工具" ，选中背景中所有正方形在内侧的锚点，如图2-114所示。

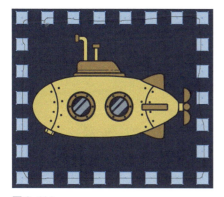

图 2-114

Step 05 执行"对象"|"路径"|"平均"菜单命令，在弹出的"平均"对话框中勾选"两者皆有"选项，单击"确定"按钮，应用平均操作后得到的图形效果如图2-115所示。

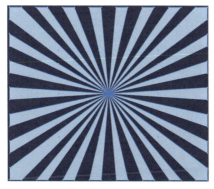

图 2-115

Step 06 在控制面板中适当降低图形的"不透明度"，得到的最终效果如图2-116所示。

图 2-116

2.5 图像临摹

Illustrator中的图像描摹功能，可快速准确地将照片、扫描图像或其他位图图像转换为可编辑的矢量图形。

2.5.1 预设图像描摹

在Illustrator中打开或置入一张位图图像，使用"选择工具" 将其选中，如图2-117所示。单击控制面板中的"图像描摹"按钮 图像描摹 右侧的下拉按钮 ，展开图2-118所示的下拉列表，在其中选择不同的描摹选项，即可得到相应的描摹效果。

图 2-117

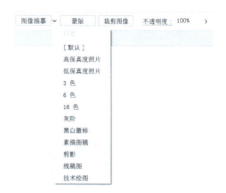

图 2-118

应用不同临摹效果后的图像效果如图2-119到图2-130所示。

图 2-119 默认

图 2-120 高保真度照片

图 2-121 低保真度照片

图 2-122 3 色

图 2-123 6 色

图 2-124 16 色

图 2-125 灰阶

图 2-126 黑白徽标

图 2-127 素描图稿

图 2-128 剪影

图 2-129 线稿图

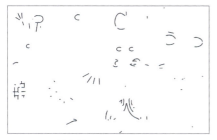

图 2-130 技术绘图

2.5.2 图像描摹面板 `重点`

选中一张图像后，如图 2-131 所示，执行"窗口"|"图像描摹"命令，可以打开"图像描摹"面板，如图 2-132 所示，在该面板中可以设置描摹的样式、程度和效果，设置完成之后单击面板底部的"描摹"按钮即可应用描摹。

象，然后在该下拉列表中选择相应的选项。单击该选项右侧的眼睛图标，即可显示原始图像。

- 模式/阈值：用来设置描摹结果的颜色模式，包括"彩色""灰度"和"黑白"。选择"黑白"时，可以指定一个"阈值"，所有比该值亮的像素会转换为白色，比该值暗的像素会转换为黑色。
- 调板：设置"模式"为"彩色"或"灰度"时，才会显示该选项，可以指定用来从原始图像生成彩色或灰度描摹的调板。
- 颜色：设置"模式"为彩色时，才会显示该选项，用来指定在颜色描摹结果中使用的颜色数。
- 路径：用来控制描摹形状和原始像素形状间的差异。该值较低时，创建较紧密的路径拟和，该值较高时，创建较疏松的路径拟和。
- 边角：用来指定侧重角点。该值越大，角点越多。
- 杂色：用来指定描摹时忽略的区域（以像素为单位）。该值越大，杂色越少。
- 方法：用来指定描摹方法。单击"邻接"按钮，可创建木刻路径；单击"重叠"按钮，则可创建堆积路径。
- 填色/描边：勾选"填色"选项，可在描摹结果中创建填色区域。勾选"描边"选项并在下方的选项中设置描边宽度值，可在描摹结果中创建描边路径。
- 将曲线与线条对齐：用来指定略微弯曲的曲线是否被替换为直线。
- 忽略白色：用来指定白色填充区域是否被替换为无填充。

图 2-131   图 2-132

"图像描摹"面板中各属性说明如下。

- 预设：该选项中包括"默认""高保真度照片""低保真度照片""3色"等描摹预设，与控制面板中的描摹样式相同，单击该选项右侧的"管理预设"按钮，可以将当前的设置参数保存为一个描摹预设，方便以后使用。
- 视图：如果想要查看矢量轮廓或者源图像，可以选择对

2.5.3 实战——使用色板描摹图像 `难点`

本实例主要介绍使用色板库中的色板对图像进行描摹操作，为图像添加特殊风格。

素材文件路径	素材\第2章\2.5.3
效果文件路径	效果\第2章\2.5.3
在线视频路径	第2章\2.5.3 实战——使用色板描摹图像.mp4

Step 01 启动Illustrator CC 2018软件，执行"文件"|"打开"菜单命令，将素材文件夹中的"描摹图像.ai"项目文件打开，效果如图2-133所示。

Step 02 使用"选择工具"▶选中图像，然后执行"窗口"|"色板库"|"艺术史"|"印象派风格"命令，打开"印象派风格"色板面板，如图2-134所示。

图 2-133　　　　　　　　图 2-134

Step 03 执行"窗口"|"图像描摹"命令，打开"图像描摹"面板，在该面板的"模式"下拉列表中选择"彩色"选项，在"调板"下拉列表中选择"印象派风格"色板库，如图2-135所示。

Step 04 单击面板下方的"描摹"按钮，即可将上述色板库中的颜色应用到图像描摹中，最终效果如图2-136所示。

图 2-135　　　　　　　　图 2-136

2.5.4 实战——自定义色板描摹图像 难点

本实例主要介绍如何在Illustrator中自定义色板库，并使用自定义色板库对图像进行描摹操作。

素材文件路径	素材\第2章\2.5.4
效果文件路径	效果\第2章\2.5.4
在线视频路径	第2章\2.5.4 实战——自定义色板描摹图像.mp4

Step 01 启动Illustrator CC 2018软件，执行"文件"|"打开"菜单命令，将素材文件夹中的"自定义色板.ai"项目文件打开，效果如图2-137所示。

Step 02 单击"色板"面板底部的按钮，打开"新建色板"对话框，拖动滑块调整颜色，如图2-138所示。

图 2-137　　　　　　　　图 2-138

Step 03 调整完成后，单击"确定"按钮，创建一个色板，如图2-139所示。

Step 04 单击"色板"面板中的按钮，用上述同样的方法继续创建一些其他颜色的色板，如图2-140所示。

图 2-139　　　　　　　　图 2-140

Step 05 单击"色板"面板右上角的按钮≡，在弹出的菜单中选择"将色板库存储为ASE"命令，如图2-141所示，将该色板保存至计算机文件夹中。

Step 06 执行"窗口"|"色板库"|"其他库"命令，打开上述保存在计算机文件夹中的自定义色板库，如图2-142所示。

图 2-141

图 2-142

Step 07 完成自定义画板的导入后,使用"选择工具"选中图像,然后打开"图像描摹"面板,设置"模式"为"彩色",设置"调色板"为"自定义画板(完成)",如图2-143所示。

Step 08 单击面板下方的"描摹"按钮,即可将自定义的颜色应用到图像描摹中,最终效果如图2-144所示。

图 2-143　　　　　图 2-144

图 2-148　轮廓

2.5.5 修改对象的显示状态

图像描摹对象由原始图像(位图图像)和描摹结果(矢量图稿)两部分组成。在默认状态下,只能看描摹结果,如图2-145所示。如果要修改显示状态,可以选择描摹对象,在控制面板中单击"视图"选项右侧的 ⌄ 按钮,打开下拉列表选择相应的显示选项,如图2-146所示。

图 2-149　轮廓(带源图像)

图 2-145　　　　　图 2-146

其他显示选项效果如图2-147到图2-150所示。

图 2-150　源图像

2.5.6 将描摹对象转换为矢量图形

对位图进行描摹后,如图2-151所示,保持对象的选取状态,执行"对象"|"图像描摹"|"扩展"命令,或单击控制面板中的"扩展"按钮,可以将其转换为路径,如图2-152所示。如果要在描摹的同时转换为路径,可以执行"对象"|"图像描摹"|"建立并扩建"命令。

图 2-147　描摹结果(带轮廓)

图 2-151

图 2-152

2.5.7 释放描摹对象

对位图进行描摹后，如果希望放弃描摹，但保留置入的原始图像，可以选择描摹对象，执行"对象"|"图像描摹"|"释放"命令。

2.6 透视网格

用户可以在Illustrator中的透视模式下绘制图稿，通过透视网格的限定，可以在平面上呈现立体场景。例如，可以使道路看上去像在视线中相交或消失一般，或者将现有的对象置入透视图中，在透视状态下进行变换和复制操作。

2.6.1 启用透视网格 **重点**

执行"视图"|"透视网格"菜单命令，在展开的下拉菜单中可以选择启用一种透视网格，如图2-153所示。

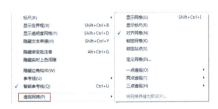

图 2-153

Illustrator提供了预设的一点、两点和三点透视网格，如图2-154到图 2-156所示。如果要隐藏透视网格，可以执行"视图"|"透视网格"|"隐藏网格"命令。

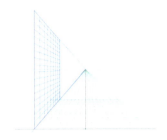

图 2-154 一点透视

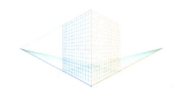

图 2-155 两点透视

图 2-156 三点视图

2.6.2 透视网格组件和平面构件

透视网格中所包含的组件如图2-157所示。

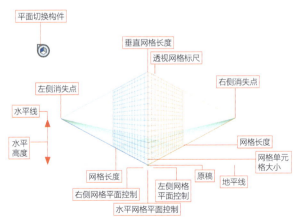

图 2-157

画板左上角是一个平面切换构件，如图2-158所示。如果想要在哪个透视平面绘图，需要先单击该构件对应的网格平面。使用键盘快捷键1（左平面）、2（水平面）和3（右平面）可以切换活动平面。此外，平面切换构件可以移动到屏幕四个角中的任意一角。如果要修改它的位置，可双击"透视网格工具"按钮，在打开的对话框中设定。

图 2-158

2.6.3 实战——调整透视网格 难点

选择透视网格工具后，可以在画板上移动网格，调整消失点、网格平面、水平高度、网格单元格大小和网格范围。

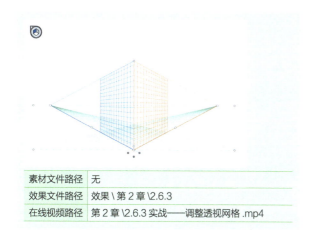

素材文件路径	无
效果文件路径	效果\第2章\2.6.3
在线视频路径	第2章\2.6.3 实战——调整透视网格.mp4

Step 01 启动Illustrator CC 2018软件，执行"文件"|"新建"菜单命令，在弹出的"新建文档"对话框中创建一个大小为800mm×600mm的空白文档。

Step 02 执行"视图"|"隐藏画板"命令将画板暂时隐藏，可以方便我们更直观地观察网格透视图。在工具面板单击"透视网格工具"按钮，画板中会显示透视网格，在"透视网格工具"按钮选中状态下，按住鼠标左键并拖动图2-159所示的控件可以移动整个透视网格。

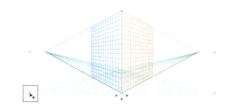

图 2-159

Step 03 按住鼠标左键并拖动图2-160所示的控件可以移动消失点。如果执行"视图"|"透视网格"|"锁定站点"命令锁定站点，然后再进行移动，则两个消失点会一起移动。

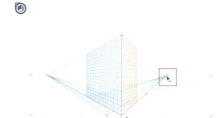

图 2-160

Step 04 按住鼠标左键并拖动图2-161所示的控件可以移动水平线。

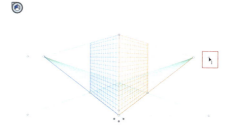

图 2-161

Step 05 按住鼠标左键并拖动图2-162所示的控件可以调整左、右和水平网格平面。按住Shift键操作，可以使移动限制在单元格大小范围内。

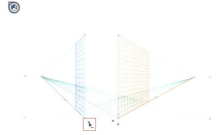

图 2-162

Step 06 按住鼠标左键并拖动图2-163和图2-164所示的控件可以调整平面上的网格范围。

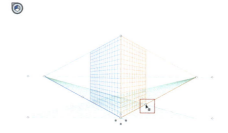

图 2-163

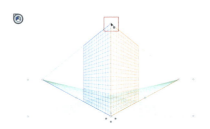

图 2-164

Step 07 按住鼠标左键并拖动图2-165所示的控件可以调整单元格大小。增大网格单元格大小时,网格单元格的数量会减少。

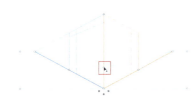

图 2-165

🔍 **延伸讲解**

鼠标指针在消失点上方时会显示为↖状态,在水平线上方时会显示为↖状态,在网格平面控件上方时会显示为↖和↖状态,在网格范围控件上方时会显示为↖状态,在网格单元格大小构件上方时会显示为↖状态。

2.6.4 将对象附加到透视

创建对象后,可将其附加到透视网格的活动平面上。操作方法是使用1、2、3快捷键或通过单击"透视网格构件"中立方体的一个面,选择要置入对象的活动平面后,执行"对象"|"透视"|"附加到现用平面"命令。该命令不会影响对象的外观。

2.6.5 移动平面以匹配对象

如果要在透视中绘制或加入与现有对象具有相同高度或深度的对象,可以在透视中选择现有的对象,执行"对象"|"透视"|"移动平面以匹配对象"命令,使网格达到相应的高度和深度。

2.6.6 释放透视中的对象

如果要释放待透视视图的对象,可以选择对象,执行"对象"|"透视"|"通过透视释放"命令,所选对象就会从相关的透视平面中释放,并可作为正常图稿使用。该命令不会影响对象的外观。

2.6.7 定义透视网格预设

如果要修改网格设置,可以执行"视图"|"透视网格"|"定义网格"命令,打开"定义透视网格"对话框进行操作,如图2-166所示。

图 2-166

"定义透视网格"对话框中各属性说明如下。

◆ 预设:修改网格设置后,如果要存储新预设,可以在该下拉列表中选择"自定"选项。
◆ 类型:可以选择预设类型,包括一点透视、两点透视和三点透视。
◆ 单位:可以选择测量网格大小的单位,包括厘米、英寸、像素和磅。
◆ 缩放:可以选择查看的网格比例,也可自行设置画板与真实世界之间的度量比例。如果要自定义比例,可在该选项的下拉列表中选择"自定"选项,然后在弹出的"自定缩放"对话框中指定"画板"与"真实世界"之间的比例。
◆ 网格线间隔:可以设置网格单元格大小。
◆ 视角:视角决定了观察者的左侧消失点和右侧消失点的位置。45°视角意味着两个消失点与观察者视线的距离相等。如果视角大于45°,则右侧消失点离视线近,左侧消失点离视线远,反之亦然。
◆ 视距:可以调整观察者与场景之间的距离。
◆ 水平高度:可以为预设指定水平高度(观察者的视线高度)。水平线离地平线的高度将会在智能引导读出器中显示。
◆ 第三个消失点:选择三点透视时可以启用该选项。此时可在"X"和"Y"框中为预设指定x坐标和y坐标。
◆ "网格颜色和不透明度"选项组:可以设置左侧、右侧和水平网格的颜色和不透明度。

2.6.8 透视网格的其他设置

在"视图"|"透视网格"子菜单中还包含几个与透视网格设置相关的命令,如图2-167所示。

图 2-167

网格命令功能说明如下。

- 显示网格:执行该命令,可以选择在文档中显示或隐藏透视网格。
- 显示标尺:显示沿真实高度线的标尺刻度,网格线决定了标尺刻度。
- 对齐网格:选择该命令后,在透视中加入对象以及移动、缩放和绘制透视中的对象时,可以将对象对齐到网格。
- 锁定网格:选择该命令后,使用"透视网格工具"移动网格和进行其他网格编辑时,仅可以更改可见性和平面位置。
- 锁定站点:选择该命令后,移动一个消失点时会带动其他消失点同步移动。如果未选中该命令,则此类移动操作互不影响,站点也会移动。

2.6.9 实战——在透视中绘制图形对象 重点

在Illustrator中,利用透视网格线可以快速地绘制出符合透视原理的透视图形,具体绘制方法如下。

素材文件路径	无
效果文件路径	效果\第2章\2.6.9
在线视频路径	第2章\2.6.9 实战——在透视中绘制图形对象.mp4

Step 01 启动Illustrator CC 2018软件,执行"文件"|"新建"菜单命令,在弹出的"新建文档"对话框中创建一个大小为800mm×600mm的空白文档。

Step 02 在工具面板中单击"透视网格工具"按钮,画板中会显示透视网格。拖动控件调整左、右网格平面,如图2-168和图2-169所示。

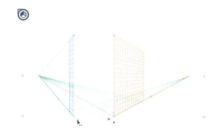

图 2-168

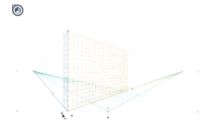

图 2-169

Step 03 在画板左上角的是平面切换构件,单击其右侧网格界面,如图2-170所示。

图 2-170

Step 04 使用"圆角矩形工具",在网格线上绘制一个圆角矩形,按键盘中的↑方向键和↓方向键可以调整圆角大小,设置描边颜色为红色(#ad3131),设置描边粗细为1pt,效果如图2-171所示。

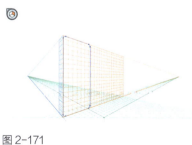

图 2-171

Step 05 使用"矩形工具",在网格线上绘制一个填充为黑色且无描边的矩形,效果如图2-172所示。

Step 06 使用"椭圆工具"和"圆角矩形工具",在网格线上绘制其他图形元素,如图2-173所示。

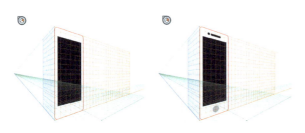

图 2-172　　　　　图 2-173

Step 07 执行"视图"|"透视网格"|"隐藏网格"命令，将网格线隐藏，此时得到图形效果如图2-174所示。

Step 08 使用"圆角矩形工具" 绘制对象的侧面图形，为其填充红色（#ad3131），去除描边，将图形放置在最底层，并使用"直接选择工具"对锚点进行修整，使图形完美契合，最终效果如图2-175所示。

图 2-174　　　　　图 2-175

2.6.10 实战——在透视中引入对象

在开启透视网格后，使用"透视选区工具" 可以将已经绘制好的图形对象拖入网格线中，并使其产生透视变化，具体操作方法如下。

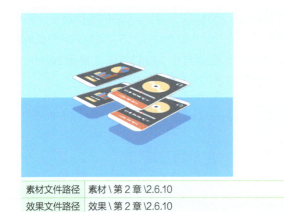

素材文件路径	素材\第2章\2.6.10
效果文件路径	效果\第2章\2.6.10
在线视频路径	第2章\2.6.10 实战——在透视中引入对象.mp4

Step 01 启动Illustrator CC 2018软件，执行"文件"|"打开"菜单命令，在弹出的"打开"对话框中找到素材文件夹中的"界面.ai"文件打开，效果如图2-176所示。

Step 02 执行"视图"|"透视网格"|"显示网格"命令，显示透视网格。在工具面板切换为"透视选区工具" ，然后单击水平网格平面，如图2-177所示。

图 2-176　　　　　图 2-177

Step 03 选中图2-178所示的图形对象，将其拖动到水平网格平面上，对象的外观和大小会依据透视网格发生变化，效果如图2-179所示。

图 2-178　　　　　图 2-179

Step 04 用同样的方法将另一个图形也拖动到水平网格平面上，如图2-180所示。

图 2-180

Step 05 执行"视图"|"透视网格"|"隐藏网格"菜单命令，将网格线隐藏。使用"选择工具" 同时选中两个图形对象，如图2-181所示。

图 2-181

Step 06 按住Alt键向上进行拖动复制,将得到第2层复制图形,效果如图2-182所示。

Step 07 在文档中为对象添加投影和背景,得到的最终效果如图2-183所示。

图 2-182　　　　　图 2-183

延伸讲解

启动透视网格以后,不能在透视平面中直接创建文字和符号内容。如果要添加这些对象,参照上述案例,先在正常模式下创建对象,再使用"透视选区工具"将对象拖入透视网格中。

2.7 综合实战——深蓝海洋插画

本实例综合使用几何工具、选择工具等多种工具和绘图方法,绘制一幅海洋插画。灵活使用Illustrator中的各项工具能帮助我们创作出多种组合图形。

素材文件路径	素材\第2章\2.7
效果文件路径	效果\第2章\2.7
在线视频路径	第2章\2.7.综合实战——深蓝海洋插画.mp4

1.图形工具的基本使用

Step 01 启动Illustrator CC 2018软件,执行"文件"|"新建"菜单命令,在弹出的"新建文档"对话框中创建一个大小为1600mm×960mm的空白文档,具体如图2-184所示。

图 2-184

Step 02 进入操作界面后使用"矩形工具",绘制一个与画板大小一致的渐变色无描边矩形,方便素材显示,如图2-185所示。

图 2-185

Step 03 使用"矩形工具",绘制一个渐变色无描边的矩形,如图2-186所示。

图 2-186

Step 04 切换为"钢笔工具",在矩形路径上添加锚点,然后使用"直接选择工具",单独选中每一个锚点进行形状调整,效果如图2-187所示。

图 2-187

> **延伸讲解**
>
> 使用"直接选择工具" ▷ 选中锚点时，在控制面板单击"将所选锚点转换为平滑"按钮 將锚点平滑后，调节手柄改变形状。

Step 05 使用"椭圆工具" ◯ 在上述图形的下方绘制一个深蓝色圆形，如图2-188所示。

Step 06 切换为"选择工具" ▶，选中绘制的圆形进行复制，并将复制出的圆形全选，按快捷键Ctrl+G成组，效果如图2-189所示。

图 2-188　　　　　图 2-189

Step 07 使用"弧形工具" ╭ 在图形上方绘制一条白色描边无填充的弧线，并在"描边"面板中设置弧线"粗细"为10pt，设置"端点"为"圆头端点"，如图2-190所示。

图 2-190

Step 08 切换为"椭圆工具" ◯ 在画面中绘制一个白色填充无描边的圆形作为高光，绘制两个深色填充无描边的圆形作为水母的眼睛，最后绘制一个深色描边无填充的圆形作为嘴巴，效果如图2-191所示。

Step 09 切换为"直接选择工具" ▷ 选中代表嘴巴的圆形的最上端锚点，如图2-192所示，按Delete键将其删除。

图 2-191　　　　　图 2-192

Step 10 删除锚点后在"描边"面板中设置"端点"为"圆头端点"，此时得到的图形效果如图2-193所示。

Step 11 使用"椭圆工具" ◯ 绘制两个粉色椭圆形作为水母的红晕，如图2-194所示。

图 2-193　　　　　图 2-194

Step 12 切换为"直线段工具" ╱ 绘制一条渐变色描边无填充的直线段，放置在最底层，并在"描边"面板中设置"端点"为"圆头端点"，如图2-195所示。

图 2-195

2.特殊效果的应用与组合

Step 01 用"选择工具" ▶ 选中直线段，执行"效果"|"扭曲和变换"|"波纹效果"菜单命令，在弹出的对话框中根据需求调节大小和隆起数，如图2-196所示。

Step 02 调整完成后单击"确定"按钮保存设置，然后对波纹线段进行复制并成组，效果如图2-197所示。

图 2-196　　　　　图 2-197

Step 03 同时选中水母的头和下排圆形组，执行"对象"|"路径"|"偏移路径"菜单命令，在弹出的"偏移路径"对话框中调整"位移"参数，具体如图2-198所示。

Step 04 调整好后单击"确定"按钮保存设置,选择偏移路径后所得图形进行联集,如图2-199所示。

图 2-198

图 2-199

Step 05 选中合并后的图形,在"透明度"窗口设置"混合模式"为"叠加",设置"不透明度"为50%,得到的图形效果如图2-200所示。

图 2-200

Step 06 使用形状工具继续绘制其他的海洋元素,由于篇幅有限,这里就不再多做演示,读者可以打开素材文件夹将已经绘制好的素材添加至画面中组合,最终效果如图2-201所示。

图 2-201

2.8 课后习题

2.8.1 课后习题——绘制剪影图形

素材文件路径	课后习题\素材\2.8.1
效果文件路径	课后习题\效果\2.8.1
在线视频路径	第2章\2.8.1课后习题——绘制剪影图形.mp4

本习题主要练习"直线段工具"的使用。首先通过"直线段工具"绘制出基本图形,再通过镜像操作生成完整的图形对象。完成效果如图 2-202所示。

图 2-202

2.8.2 课后习题——在图像中绘制光晕

素材文件路径	课后习题\素材\2.8.2
效果文件路径	课后习题\效果\2.8.2
在线视频路径	第2章\2.8.2课后习题——在图像中绘制光晕.mp4

本习题主要练习光晕工具的使用方法。光晕工具是一个比较特殊的工具,它可以通过在图像中添加矢量对象来模拟光斑效果,绘制出的对象比较复杂,但制作过程却非常简单。完成效果如图 2-203所示。

图 2-203

第 03 章 填充与线条

填充与线条是构成图形的基本元素。填充是指在路径或者矢量图形内部填充颜色、图案或渐变；线条是指路径的轮廓，具有粗细、颜色和虚实变化。本章将详细讨论填充和描边的方法，以及画笔工具在绘制矢量图形时的具体应用技巧。

学习要点
- 填充的三种方式 50页
- 实时上色的方式 52页
- 描边的设置方法 65页
- 画笔工具的应用 68页

3.1 单色填充

在Illustrator 中，可通过在"颜色""色板"和"渐变"面板中设置相关颜色参数，来为矢量图形填充颜色。

3.1.1 颜色面板　　　　　　　　　　重点

执行"窗口"|"颜色"命令，打开"颜色"面板，如图3-1所示。单击面板右上角的"面板选项"按钮 ≡，弹出的下拉菜单中包含"显示（隐藏）选项""反相""补色"和"创建新色板"命令，以及各种颜色模式，如图3-2所示。

图3-1

图3-2

> **延伸讲解**
> 如果Illustrator使用的是"上色"模式，那么"颜色"面板通常会自动排列在界面右侧。

一般情况下，默认的颜色模式为RGB模式，这也是填充颜色时应用最多的一种模式。RGB模式下的"颜色"面板效果如图3-3所示。

图3-3

面板参数说明如下。

❶ "默认填色和描边"按钮：单击该按钮，可以切换填充颜色和描边的默认值。

❷ "互换填色和描边"按钮：单击该按钮，可以交换填充颜色和描边设置的数值。

❸ "填色"按钮：默认状态下，该按钮位于上方，处于选中状态时，可以调整颜色参数，设置颜色值。双击该按钮即可弹出"拾色器"对话框。

❹ "描边"按钮：单击该按钮，将其选中，使其位于上方，即可设置"描边"颜色值，双击该按钮，同样可打开"拾色器"对话框。

❺ "超出Web颜色警告"按钮：若所设置的颜色值超出Web颜色范围，则会显示 ◎ 按钮，单击即可校正颜色；若所设置的颜色值超出所选颜色模式的色域，则会显示 ▲ 按钮，单击即可校正颜色。

❻ "快速定义颜色"按钮：包括"无""黑色"和"白色"三个按钮，单击任意一个即可设置为相应的颜色。

❼ 颜色值文本框：可以在文本框中输入对应的颜色值。

❽ 颜色值滑块：可以通过拖动滑块设置对应颜色值。

❾ "十六进制颜色值"文本框：可以在文本框中直

接输入十六进制RGB数值，在CMYK模式下不存在此文本框。

❿色谱：将鼠标指针移至此处，其变成吸管状态，在任意颜色处单击即可吸取颜色，颜色值也随之变化。

> **延伸讲解**
>
> 在"面板菜单"中选择的颜色模式只是改变颜色的调整方式，不会改变图像的颜色模式。若要更改图像的颜色模式，可执行"文件"|"文档颜色模式"子菜单中的命令来进行更改。

3.1.2 色板面板

"色板"面板中提供了Illustrator预设颜色、渐变和图案，统称为"色板"。单击任意色板，即可将其应用到所选对象的颜色或描边中。也可将自定义的颜色、渐变或绘制的图案存储至"色板"面板中，方便下次使用。执行"窗口"|"色板"命令，打开"色板"面板，如图3-4所示。

图 3-4

面板常用图标参数说明如下。

- "无颜色\描边"色板：单击该按钮，可以删除图形的颜色和描边设置。
- "套版色"色板：利用它填充或描边的图形可以从PostScript打印机进行分色打印。例如，套准标记使用"套版色"，印刷可以在打印机上精准对齐。该色板是Illustrator内置色板，不能删除。
- "色板库"菜单：单击该按钮，可以在打开的下拉菜单中选择一个色板库。
- "色板类型"菜单：单击该按钮，可以在打开的下拉菜单中选择在面板中显示"颜色""渐变""图案"或"颜色组"。
- "色板选项"按钮：单击该按钮，可以打开"色板选项"对话框，当选中"图案"色板时，该按钮名称为"编辑图案"，单击即可对图案进行编辑。
- "新建颜色组"按钮：按住Ctrl键单击多个色板，再单击该按钮，可以将它们创建到一个颜色组中。

- "新建色板"按钮：单击该按钮，在弹出的"新建色板"对话框中可以设置创建新色板的参数。"颜色类型"下拉列表中包括"印刷色"和"专色"选项，也可以勾选"全局色"复选框定义新色板为全局色色板。
- "删除色板"按钮：选择一个色板，再单击该按钮，可以将其删除。

3.1.3 实战——秘密花园风格填色

下面结合本节知识点，详细讲解如何使用Illustrator色板面板为绘制的线条图形进行填色。

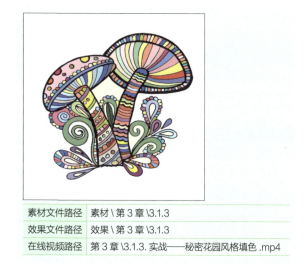

素材文件路径	素材 \ 第 3 章 \3.1.3
效果文件路径	效果 \ 第 3 章 \3.1.3
在线视频路径	第 3 章 \3.1.3. 实战——秘密花园风格填色 .mp4

Step 01 启动Illustrator CC 2018软件，执行"文件"|"打开"菜单命令，在弹出的"打开"对话框中找到素材文件夹下的"色板填色.ai"文件，单击"打开"按钮，如图3-5所示。打开文件后可以在画板上看到描绘好的未填色图形，如图3-6所示。

图 3-5　　　　　　　　图 3-6

Step 02 双击画板中的图形，进入编组。然后执行"窗口"|"色板"命令，打开"色板"面板，如图3-7所示。

Step 03 单击"色板"面板底部的"色板库"按钮，在下拉菜单中选择一个色板库，这里选择的是"花朵"色板，如图3-8所示。

图3-7　　　　图3-8

3.2 实时上色

实时上色是指通过路径将图形分割成多个区域，可以对每一个区域上色，对每一段路径描边，这是Illustrator中一种特殊的上色方式，能对矢量图形进行快速、准确、便捷、直观的上色。

3.2.1 关于实时上色

实时上色是一种更为直观的上色方式，它与通常的上色工具不同，当路径将图形分割成几个区域时，使用普通的填充手段只能对某个对象进行填充，而使用实时上色工具可以自动检测并填充路径相交的区域。

"实时上色工具"按钮 和"实时上色选择工具"按钮 位于侧边工具栏中的"形状生成器工具组"中，如图3-11所示。

> **延伸讲解**
>
> 在打开的"色板库"面板中，单击面板底部的 ◀ 或 ▶ 按钮，即可预览所有预设"色板库"，也可以单击面板底部的"色板库"按钮 进行选择。

Step 04 弹出"花朵"色板后，使用"选择工具" ▶ 选中图像中需要填色的区域（按Shift键可加选区域），然后单击"花朵"色板中的一种颜色，即可为所选区域填充对应色彩，如图3-9所示。

图3-11

双击"实时上色工具"按钮 ，或者"实时上色选择工具" 按钮，将弹出对应的工具选项对话框，在对话框中可以对实时上色的选项及显示进行相应的设置，如图3-12所示。

图3-12

"实时上色工具选项"和"实时上色选择选项"对话框中各选项的含义如下。

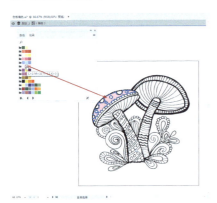

图3-9

Step 05 用同样的方法为剩下的区域填充不同颜色，得到最终效果如图3-10所示。

图3-10

- ◆ "填充上色"复选框：对实时上色组中的各区域上色。
- ◆ "描边上色"复选框：对实时上色组中的各边缘上色。
- ◆ "光标色板预览"复选框：从"色板"面板中选择颜色时显示，勾选该选项，实时上色工具光标会显示3种颜色色板 ；选定填充或描边颜色以及"色板"面板中紧靠该颜色左侧和右侧的颜色，按←方向键或→方向键可以切换相邻的颜色。
- ◆ "突出显示"复选框：勾画出光标当前所在区域或边缘的轮廓，用粗线突出显示表面，细线突出显示边缘。
- ◆ 颜色：设置突出显示线的颜色。可以从菜单中选择颜色，也可以单击上色色板以指定颜色。
- ◆ 宽度：指定突出显示轮廓线的粗细。

3.2.2 创建实时上色组

同时选中多个图形后,执行"对象"|"实时上色"|"建立"命令,即可创建实时上色组,所选对象会自动编组。在实时上色组中,可以为边缘和表面上色。"边缘"是指一条路径与其他路径交叉之后处于交点之间的路径,表面是一条边缘或多条边缘所围成的区域。边缘可以描边,区域可以填充。

使用"选择工具"选中需要创建实时上色组的所有对象,执行"对象"|"实时上色"|"建立"命令,创建实时上色组,如图3-13所示。使用"实时上色工具"可为对象各部分上色,如图3-14所示。若执行"对象"|"实时上色"|"释放"命令,即可将实时上色效果释放,回到原始状态。

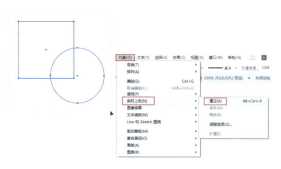

图 3-13

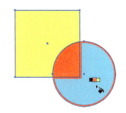

图 3-14

> **延伸讲解**
>
> 如果没有选中任何对象或未创建实时上色组时,就使用"实时上色工具"在画面上单击,系统会弹出提示对话框,勾选"不再显示"选项框后关闭,则不会再出现该提示,如图3-15所示。

图 3-15

3.2.3 编辑实时上色组 **重点**

在实时上色组中,除了可以移动、旋转、删除、编辑路径之外,还可以进行添加新路径、合并、释放、调整间隙、扩展等操作。

1. 合并实时上色组

在创建了一个实时上色组之后,可以在其中添加新的路径,生成新的表面和边缘,然后再对其进行编辑。

2. 封闭实时上色组

实时上色组中的间隙是路径与路径之间未交叉而留下的小空间,若图稿中存在间隙,如图3-16所示,在填充颜色的过程中将无法将颜色填充到指定的区域,存在间隙的路径,颜色会溢出到相邻的区域,如图3-17所示。

图 3-16   图 3-17

针对上述情况,可以按快捷键Ctrl+A全选对象,执行"对象"|"实时上色"|"间隙选项"命令,打开"间隙选项"对话框,在"上色停止在"选项中选择"大间隙",如图3-18所示,即可将画面中路径间的间隙封闭,如图3-19所示。

图 3-18   图 3-19

使用"实时上色工具"为对象填色,则颜色不会再溢出,如图3-20所示。

图 3-20

3.扩展实时上色间隙

选择实时上色组，如图3-21所示，执行"对象"|"实时上色"|"扩展"命令，可以将上色扩展为多个普通图形，然后使用"直接选择工具"▷或者"编组选择工具"▷来选择其中的图形进行编辑。图3-22所示是将实时上色组中所选图形进行移除后的效果。

图3-21

图3-22

3.2.4 实战——在实时上色组中调整路径 难点

创建实时上色之后，可以对实时上色组中的路径进行编辑，并且在移动或改变路径形状的过程中，Illustrator软件会自动将原有的颜色应用于编辑后的路径所形成的新区域中。

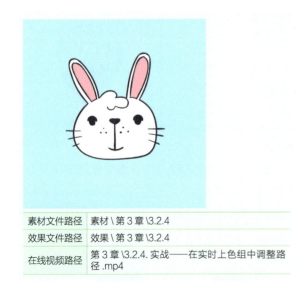

素材文件路径	素材\第3章\3.2.4
效果文件路径	效果\第3章\3.2.4
在线视频路径	第3章\3.2.4.实战——在实时上色组中调整路径.mp4

Step 01 启动Illustrator CC 2018软件，执行"文件"|"打开"菜单命令，在弹出的"打开"对话框中找到素材文件夹下的"兔子.ai"文件，单击"打开"按钮，如图3-23所示。

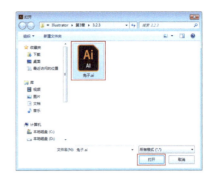

图3-23

Step 02 打开文件后，可以看到提前绘制好的兔子图像，如图3-24所示。

图3-24

Step 03 切换为"选择工具"▷框选绘画区兔子图像，如图3-25所示。

图3-25

Step 04 选中图像后，执行"对象"|"实时上色"|"建立"菜单命令，或按快捷键Alt+Ctrl+X，创建实时上色组，如图3-26所示。

图3-26

Step 05 切换为"实时上色工具"，分别为兔子图像的脸部和耳朵填充白色和粉色（#ffabab），如图3-27所示。

图 3-27

Step 06 切换为"直接选择工具"来对图像路径进行调整。单击兔子图像右边的眼睛，出现锚点和路径后自行拖拉调整，可以改变眼睛形状，如图3-28所示。

图 3-28

延伸讲解

使用"直接选择工具"选中直线路径，移动、旋转或缩放路径，实时上色组中的颜色区域都将自动发生改变。若将路径缩放或移动至不相交的位置，或者将路径删除，则实时上色组中的颜色将会被所占区域较大的颜色所替换。

Step 07 使用同样的方法，在"直接选择工具"状态下单击左边眼睛，出现锚点和路径后调整左眼形状，如图3-29所示。

图 3-29

Step 08 调整完成后的最终效果如图3-30所示。

图 3-30

延伸讲解

如果想将实时上色组中的形状路径调整得更为细致，可以使用"钢笔工具"在路径上添加锚点，再使用"锚点工具"对路径进行编辑完善。

3.3 渐变填充

使用渐变填充可以在任何颜色之间创建平滑的颜色过渡效果。Illustrator提供了大量预设的渐变库，用户也可以将自定义渐变存储为色板，便于将其应用到多个对象。灵活地掌握并运用渐变效果，可以更加方便快捷地表现出对象的空间感和体积感，使作品效果更加丰富。

3.3.1 创建渐变填充　重点

渐变填充可以为所选图形填充两种或者多种颜色，并且能使各颜色之间产生平滑的过渡效果。在为所选对象进行渐变填充时，可使用工具箱中的"渐变工具"进行填充，还可以在"渐变"面板中调整渐变参数。

使用"选择工具"选中一个对象，如图3-31所示，然后单击工具面板底部的"渐变工具"按钮，即可为其填充默认的黑白线性渐变，如图3-32所示。

图 3-31　　　　　图 3-32

1. "渐变"面板

执行"窗口"|"渐变"命令即可打开"渐变"面板，在"渐变"面板中可以为对象选择渐变填充或渐变描边的

类型并设置相应的参数，如图3-33所示。

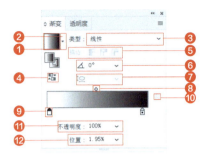

图 3-33

"渐变"面板中各参数介绍如下。

❶"渐变填充框"：可以预览当前设置的渐变颜色，单击即可为所选对象进行渐变填充。

❷"渐变菜单"按钮：单击该按钮，可以在打开的下拉菜单中选择一个预设的渐变，如图3-34所示。

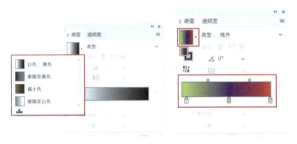

图 3-34

❸类型：单击右侧的下拉按钮，可以在打开的下拉列表中选择渐变类型，包括"线性"和"径向"选项。

❹"反向渐变"按钮：单击该按钮，可以将所设置的填充颜色顺序翻转。

❺"描边"："描边"选项中的三个按钮只有在使用渐变色对路径进行描边时才会显示出来。若单击按钮，可以在描边中应用渐变；若单击按钮，可以沿描边应用渐变；若单击按钮，可以跨描边应用渐变。

❻"角度"：用来设置线性渐变的角度，可以单击右侧的按钮，在打开的下拉列表中选择预设的角度，也可以在文本框中输入指定的数值。

❼"长宽比"：该选项只有在填充"径向"渐变时才会显示出来，用来设置数值创建椭圆渐变，可以单击右侧的按钮，在弹出的下拉列表中选择预设的长宽比例，也可以在文本框中输入指定的数值，同时可以在"角度"文本框中设置数值旋转椭圆。

❽"中点"：相邻的两个滑块之间会自动创建一个中点，用来定义相邻滑块之间颜色的混合位置。

❾"渐变滑块"：渐变滑块用来设置渐变颜色和颜色位置。

❿"删除色标"按钮：选中一个滑块，然后单击该按钮，可以将所选颜色滑块删除。

⓫不透明度：选中一个滑块，该选项即可显示，在文本框中设置"不透明度"值，可以使颜色呈现半透明效果。

⓬位置：选中一个滑块，该选项即可显示，用来定义滑块的位置。

2.打开"渐变库"面板

使用"选择工具"选中一个对象，为其执行"窗口"|"色板"命令，打开"色板"面板，单击"色板"面板底部的"色板库"按钮，打开下拉菜单，单击"渐变"选项，在"渐变"下拉菜单中包含了各种预设的渐变库。

选择其中一个渐变库，即可打开一个单独的面板，如图3-35所示，在该面板中单击任意渐变色板，即可为所选对象应用该渐变。

图 3-35

3.同时为多个对象创建渐变

使用"选择工具"同时选中多个对象，如图3-36所示，然后在"色板"面板中单击选择一个预设的渐变，可以为每一个选中的图形应用所选渐变，如图3-37所示。

若使用"渐变工具"在所选图形上方按住鼠标左键并拖动，可以重新应用渐变，并且这些对象将作为一个整体应用该渐变，如图3-38所示。

图 3-36　　　图 3-37　　　图 3-38

3.3.2 调整渐变效果

"渐变工具"拥有"渐变"面板中的大部分功能，在工具箱中单击"渐变"工具按钮或按快捷键G，即可切换到"渐变工具"为对象添加或编辑渐变。

使用"选择工具"选中一个对象，如图3-39所示。在"渐变"面板中定义要使用的渐变色，再使用"渐变工具"从要应用渐变的开始位置，拖动鼠标至渐变的结束位置上释放鼠标即可应用该渐变，如图3-40所示。

图3-39　　　　　图3-40

> **延伸讲解**
>
> 执行"视图"|"隐藏渐变批注者"命令，可以将渐变批注者隐藏，再次执行即可显示。

1. 调整线性渐变

在"渐变"面板中设置"渐变类型"为"线性"。此时"渐变批注者"左侧的圆形图标代表渐变的原点，拖动它即可水平移动"渐变批注者"，从而调整渐变效果，如图3-41所示。拖动"渐变批注者"右侧的圆形图标可以调整渐变的半径，如图3-42所示。

图3-41　　　　　图3-42

若将鼠标指针移至"渐变批注者"右侧的圆形图标外，鼠标指针将呈现状，此时按住鼠标左键并拖动可以旋转"渐变批注者"，从而调整渐变效果，如图3-43和图3-44所示。

图3-43　　　　　图3-44

若将鼠标指针移至"渐变批注者"下方，将会显示渐变滑块，如图3-45所示。编辑滑块的方式同在"渐变"面板中的一致，将滑块拖动至"渐变批注者"外侧，可以将该滑块删除，如图3-46所示。拖动滑块，可以调整渐变颜色的混合位置，如图3-47所示。

图3-45　　　　　图3-46

图3-47

> **延伸讲解**
>
> 在使用"渐变工具"为所选对象添加渐变时，在画板中按住鼠标左键并拖动可以任意调整渐变方向和位置，直至得到最佳渐变效果。若在拖动鼠标时按住Shift键，即可将渐变的方向控制为水平、垂直或45°角的倍数。

2. 调整径向渐变

在"渐变"面板中设置"渐变类型"为"径向"，如图3-48所示。将鼠标指针移至"渐变批注者"上方，则会显示一个圆形的虚线选框，此时"渐变批注者"左侧的圆形图标代表渐变的原点，拖动它即可移动"渐变批注者"，从而调整渐变效果，如图3-49所示。

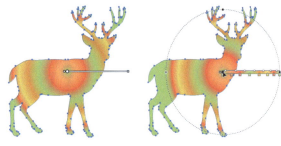

图 3-48　　　　　图 3-49

拖动圆形选框左侧的圆形图标可以调整渐变的覆盖半径，如图3-50所示。拖动圆形选框中间的空心圆形图标，可以同时调整渐变的原点和方向，如图3-51所示。

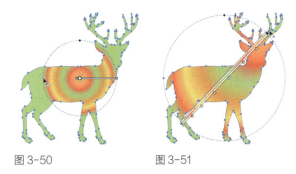

图 3-50　　　　　图 3-51

向上或向下拖动圆形选框上方的实心圆形图标，可以调整渐变的覆盖半径，生成椭圆渐变，如图3-52所示。当鼠标指针呈现 ↻ 状时，按住鼠标左键拖动可以旋转椭圆渐变，从而调整渐变效果，如图3-53所示。

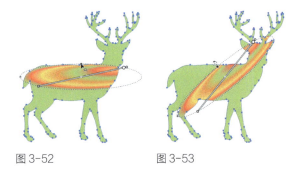

图 3-52　　　　　图 3-53

3.3.3 网格渐变填充

渐变网格由网格点、网格线和网格片构成，如图3-54所示。通过对网格点、网格片着色，来创建颜色之间的平滑过渡效果，常用于制作写实效果的作品。

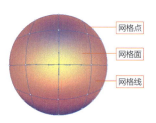

图 3-54

> **延伸讲解**
>
> 渐变网格和渐变填充一样，都能为对象创建各种颜色之间平滑的过渡效果。二者的区别在于渐变填充可以应用于一个或多个对象，但渐变的方向只能是单一的。渐变网格只能应用于一个对象，但却可以在渐变区域内生成多个渐变，并且可以沿不同的方向分布。

1. 创建渐变网格

创建渐变网格的方法大致分为以下两种。

◆ 网格工具创建。使用"网格工具" 在填充了单色的对象上单击即可添加网格，单击一次所添加的网格，包括水平网格线、垂直网格线以及它们相交的网格点；选择网格点并拖动可编辑网格的形态，若拖动填充了颜色的网格点，即可改变该区域的颜色效果。

◆ 命令创建。使用命令创建渐变网格，可以设置指定数量的网格线，首先选择对象，然后执行"对象"|"创建渐变网格"命令，即可打开"创建渐变网格"对话框设置网格的行数和列数，单击"确定"按钮即可将选择对象转换成渐变网格对象。

2. 将渐变图形转换为渐变网格

渐变填充的渐变方向只能是单一的，如图3-55所示，如果想为应用了渐变填充的对象添加更为复杂的渐变效果，可以将其转换成渐变网格对象。使用"网格工具" 单击渐变对象，即可将其转换成渐变网格，但是会丢失原有的渐变颜色，如图3-56所示。

图 3-55　　　　　图 3-56

如果想在原有的渐变效果上进行编辑，可以先选择渐变对象，然后执行"对象"｜"扩展"菜单命令，打开"扩展"对话框，在该对话框中勾选"填充"和"渐变网格"选项，如图3-57所示，单击"确定"按钮关闭对话框之后，再使用"网格工具"单击渐变对象，即可将其转换成渐变网格对象，而且不会丢失原有渐变颜色，如图3-58所示。

图 3-57　　　　　图 3-58

3.编辑网格点

渐变网格中的网格点与锚点的基本属性相同，可以对其进行添加、删除、移动等操作。不同的是网格点具备接受颜色的特性，并且调整网格点上的方向线，可以控制颜色的变化范围。

● 选择网格点

选择"网格工具"，将鼠标指针移至网格点上，此时网格点为空心方块砖，当鼠标指针呈现 状时，如图3-59所示，单击即可将该网格点选中，选中的网格点变为实心方块，如图3-60所示。

图 3-59　　　　　图 3-60

使用"直接选择工具"，在网格点上单击，也可以选中网格点，如图3-61所示。按住Shift键单击其他的网格点，可以同时选中多个网格点进行编辑，如图3-62所示。

图 3-61　　　　　图 3-62

使用"直接选择工具"，在渐变网格对象上拖动出一个矩形选框，即可将选框内的所有网格点选中，如图3-63所示。使用"套索工具"在渐变网格对象上绘制不规则选框，也可将选框内的所有网格点选中，如图3-64所示。

图 3-63　　　　　图 3-64

● 移动网格点

使用"网格工具"或者"直接选择工具"选中网格点之后，按住鼠标左键并拖动即可移动，如图3-65所示。若按住Shift键拖动鼠标，即可将移动范围限制在网格线上，该网格线的形状不会发生改变，如图3-66所示。

图 3-65　　　　　图 3-66

● 调整方向线

调整网格点方向线的方式与调整锚点方向线的方式相同，可以使用"网格工具"或者"直接选择工具"进行移动，移动方向线时，网格线的形状也会随之发生改变，如图3-67所示。若按住Shift键拖动方向线，则该网格点上的所有方向线都会随之移动，如图3-68所示。

图 3-67　　　　　图 3-68

● 添加与删除网格点

使用"网格工具"在网格线或者网格片上单击即可添加网格点。将鼠标指针移至网格点上，按住Alt键，鼠标指针将呈现状，如图3-69所示，单击该网格点即可将其删除，与该点相交的网格也会同时被删除，如图3-70所示。

延伸讲解

为"网格点"着色时，颜色将会以该点为中心向外扩散，如图3-73所示。而为"网格片"着色时，颜色将会以该区域为中心向外扩散，如图3-74所示。

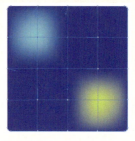
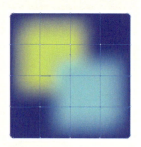

图 3-73　　　　图 3-74

图 3-69　　　　图 3-70

● 为网格点着色

选中网格点后，可以使用以下几种方式为其着色。

◆ 在"颜色"面板中拖动滑块或输入数值调整颜色，即可修改所选网格点的颜色。
◆ 在"色板"面板中单击任意一个色板，可为所选网格点着色。
◆ 将"色板"面板中的色板拖动至网格点上为其着色。
◆ 使用"吸管工具"单击画板中其他对象，即可将吸取的颜色应用到所选网格点上。

3.3.4 实战——绘制星空小插画

本实例结合本节知识点，详细讲解如何使用渐变填充效果来绘制一个唯美星空小场景。

素材文件路径	无
效果文件路径	效果\第3章\3.3.4
在线视频路径	第3章\3.3.4.实战——绘制星空小插画.mp4

延伸讲解

为网格点着色之后，使用"网格工具"在网格对象上方单击添加网格点，此时将生成与着色网格点相同颜色的网格点。若按住Shift键单击，即可添加网格点，而不改变其颜色。

Step 01 启动Illustrator CC 2018软件，执行"文件"|"新建"菜单命令，在弹出的"新建文档"对话框中创建一个大小为1600mm×960mm的空白文档，具体如图3-75所示。

4.编辑网格片

使用"直接选择工具"。在网格片上单击可以将其选中，如图3-71所示，按住鼠标左键并拖动，可以移动网格片，如图3-72所示。选中网格片之后，可以在"颜色"面板和"色板"面板中设置填充颜色，也可以使用"吸管工具"吸取其他对象上方的颜色为网格点着色。

图 3-75

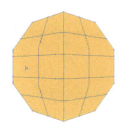
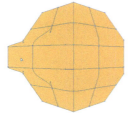

图 3-71　　　　图 3-72

Step 02 进入操作界面后使用"矩形工具"■绘制一个与画板大小一致的矩形,并单击工具面板底部的"渐变"按钮■为其填充默认的黑白线性渐变,效果如图3-76所示。

图3-76

Step 03 执行"窗口"|"渐变"菜单命令,打开"渐变"面板,调整矩形的各项渐变参数,如图3-77所示。完成操作后得到的矩形效果如图3-78所示。

图3-77　　　　　图3-78

Step 04 切换为"椭圆工具"○,在画布中央绘制一个椭圆形渐变,如图3-79所示。

Step 05 打开椭圆形渐变的"渐变"面板,如图3-80所示,重新调整"角度"和渐变参数。

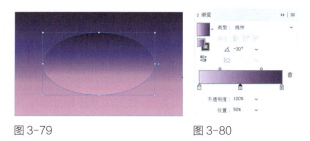

图3-79　　　　　图3-80

Step 06 复制一个椭圆形,然后使用"选择工具"▶和"旋转工具"○,调整两个椭圆形渐变的位置和角度,摆放效果如图3-81所示。

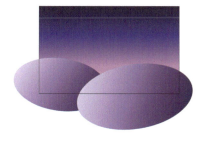

图3-81

Step 07 绘制月亮。使用"椭圆工具"○,绘制一个圆形,然后打开其"渐变"面板,调整渐变参数,如图3-82所示。

图3-82

Step 08 选择圆形的月亮,为其执行"效果"|"风格化"|"外发光"菜单命令,在弹出的"外发光"对话框中如图3-83所示进行参数设置。设置完成后将图形摆放到合适位置,效果如图3-84所示。

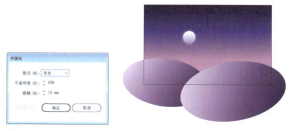

图3-83　　　　　图3-84

Step 09 绘制星星。切换为"直线段工具"/,绘制一条描边色为白色、描边大小为10pt的直线段,具体如图3-85所示。

Step 10 选择上一步创建的直线段,按快捷键Ctrl+C和Ctrl+V进行复制粘贴操作,创建出另外两组大小逐渐递减的星星(描边大小分别为7pt和4pt),如图3-86所示。

图3-85　　　　　图3-86

Step 11 执行"窗口"|"符号"菜单命令,待面板跳出后,使用"选择工具"▶选中第一组星星(按住Shift键加选),将其拖进"符号"面板,如图3-87所示。

Step 12 弹出"符号选项"对话框,设置符号名称为"星星大号",设置"导出类型"为影片剪辑,具体如图3-88所示，设置完成后单击"确定"按钮即可完成自定义符号的创建。接着用同样的方法，将剩下的两组星星创建为自定义符号，并分别命名为"星星中号"和"星星小号"。

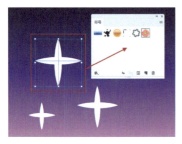 

图 3-87　　　　　　　图 3-88

Step 13 创建完3组星星符号后，在"符号"面板中会相应地生成3组符号，如图3-89所示。

Step 14 将之前绘制的星星图层删除，然后切换为"符号喷枪工具"，依次在"符号"面板中选择不同的星星符号进行随机喷绘，如图3-90所示。

图 3-89　　　　　　　图 3-90

Step 15 执行"文件"|"置入"菜单命令，将素材文件夹中的"树.ai"文件置入项目，并在"选择工具"状态下单击顶栏控制面板中的"嵌入"按钮 嵌入 将素材嵌入，然后调整到合适位置及大小，如图3-91所示。

Step 16 制作投影。复制一组树木，将其颜色更改为黑色，同时将透明度降低到65%，并对图形进行形状变换，倒影效果如图3-92所示。

图 3-91　　　　　　　图 3-92

延伸讲解

素材的置入和直接拖入项目是有区别的。拖入AI的文件，在行业术语内叫"包含"，也就是AI中包含了图片等其他文件，内存相较置入文件会大得多；而置入文件不过是一

个路径，总的文件并不包括它们，所以内存相对会小一些，但如果AI置入文件路径被改变，那打开的时候就会丢失路径下文件（为链接文件执行"嵌入"操作可避免链接丢失的情况）。用户可以根据自己的实际需要选择素材导入的方式，建议按类别建立文件夹，避免因丢失链接而找不到素材文件。

Step 17 用复制粘贴的方法在画面中添加其他树木及投影，适当调整树木与投影之间的透视，效果如图3-93所示。

Step 18 使用"矩形工具"，在顶层绘制一个与画板大小一致的白色矩形，如图3-94所示。

图 3-93　　　　　　图 3-94

Step 19 将上一步绘制的白色矩形的透明度设置为0，然后框选画板中所有图形元素，执行"对象"|"剪切蒙版"|"建立"菜单命令，如图3-95所示。

图 3-95

Step 20 操作完成后，画板以外多余的部分将被剪切掉，得到的最终效果如图3-96所示。

图 3-96

3.4 图案填充

"图案填充"是指运用大量重复图案，以拼贴的方式

填充对象的内部或者边缘，会使对象呈现更丰富的视觉效果。Illustrator 中提供了很多图案预设，用户在"色板"面板和色板库中可以选择需要的预设图案。同时用户还可以创建自定义图案进行填充，创造更加完美的作品。

3.4.1 填充预设图案　`重点`

为对象应用图案填充效果，首先应打开相应的"图案库"，选择预设或者自定义的图案，再将图案应用到对象的填色或者描边。

1.图案库面板

执行"窗口"|"色板库"|"图案"命令，在展开的菜单中选择相应的选项，如图3-97所示，即可打开对应的"图案库"面板，如图3-98所示。

图 3-97　　　　　　图 3-98

> **延伸讲解**
>
> 单击打开的"图案库"面板左下角的"色板库"按钮，可以选择打开其他的"图案库"。单击面板底部的 ◀ 和 ▶ 按钮，可以在所有预设"图案库"中循环切换。

2.变换图案

在为对象填充图案之后，可以使用"选择工具" ▶、"旋转工具" ↻、"镜像工具" ▷◁、"比例缩放工具" ⊞ 和"倾斜工具" ⇙ 等为对象与图案进行变换操作，也可以单独变换图案。

3.调整图案位置

在为对象填充图案之后，可以使用"标尺工具"精确定义图案的起始位置。首先按快捷键Ctrl+R显示标尺，再执行"视图"|"标尺"|"更改为全局标尺"菜单命令，打开"全局标尺"，如图3-99所示。

> **延伸讲解**
>
> 执行"视图"|"标尺"|"更改为全局标尺"菜单命令时，如果出现的是"视图"|"标尺"|"更改为画板标尺"命令，则表示此时"全局标尺"为打开状态。

将鼠标指针放在窗口右上角，按住鼠标左键并拖出一个十字交叉线，拖动其至需要定义图案起点的位置上，即可调整图案的拼贴位置，如图3-100所示。若在窗口左上角水平标尺与垂直标尺的相交处双击，如图3-101所示，即可恢复图案的拼贴位置。

图 3-99　　　　　　图 3-100

图 3-101

3.4.2 创建图案色板　`难点`

在Illustrator中不仅可以使用预设的图案样式，还可以创建新的图案色板。

选中需要定义为图案的图形或者位图，如图3-102所示，执行"对象"|"图案"|"建立"命令，打开"图案选项"面板，如图3-103所示，在该面板中设置对应的参数，即可创建和编辑图案。

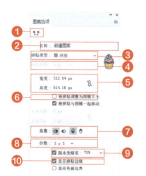

图 3-102　　　　　　图 3-103

"图案选项"面板中各参数说明如下。

❶ **图案拼贴工具**：单击该工具后，选中的基本图案周围会出现定界框，如图3-104所示，拖动定界框上的控制

点可以调整拼贴间距,如图3-105所示。

图 3-104　　　　　图 3-105

❷ 名称:可以为自定义的图案命名。

❸ 拼贴类型:打开下拉菜单可以选择图案的拼贴方式。

❹ 砖形位移:当"拼贴类型"选择为"砖形"时,该选项才会显示,用户可以在下拉菜单中设置图形的位移距离。

❺ 宽度/高度:可以调整拼贴图案的宽度和高度。单击文本框后面的按钮,即可进行等比例缩放操作。

❻ 将拼贴调整为图稿大小:若勾选该复选框,可以将拼贴调整到与所选图形相同的大小。如果要设置拼贴间距的精确数值,可勾选该复选框,然后在"水平间距"和"垂直间距"选项中输入具体数值。

❼ 重叠:若"水平间距"和"垂直间距"为负值,则在拼贴时图案会产生重叠,单击该选项中的按钮,可以设置重叠方式,包括左侧在前、右侧在前、顶部在前、底部在前,可以设置4种组合方式。

❽ 份数:可以设置拼贴数量,包括3×3、5×5和7×7等选项。

❾ 副本变暗至:可以设置图案副本的显示程度,该值越高,副本显示越明显。

❿ 显示拼贴边缘:勾选该复选框,可以显示基本图案的边界框;取消勾选该复选框,则隐藏边界框。

🔍 延伸讲解

执行"对象"|"图案"|"拼贴边缘颜色"菜单命令,可以打开"图案拼贴边缘颜色"对话框修改基本图案边界框的颜色。

3.4.3 实战——制作清新小碎花壁纸

在Illustrator中灵活使用色板填充功能,能够让设计工作事半功倍。接下来,将通过创建图案色板来制作一款清新小碎花壁纸。

素材文件路径	素材\第3章\3.4.3
效果文件路径	效果\第3章\3.4.3
在线视频路径	第3章\3.4.3.实战——制作清新小碎花壁纸.mp4

Step 01 启动Illustrator CC 2018软件,执行"文件"|"打开"菜单命令,在弹出的"打开"对话框中找到素材文件夹下的"花.ai"文件,单击"打开"按钮,如图3-106所示。

图 3-106

Step 02 按快捷键Ctrl+A全选对象,然后执行"对象"|"图案"|"建立"命令,进入"新建图案"工作界面,在打开的"图案选项"面板中设置图案名称为"碎花",设置"拼贴类型"为"砖形(按行)",设置"砖形位移"为3/4,设置"份数"为"5×5",如图3-107所示。

图 3-107

Step 03 设置完成之后，单击文档窗口右上角的"完成"按钮，退出"新建图案"工作界面，如图3-108所示。自定义的图案将会保存至"色板"面板中，如图3-109所示。

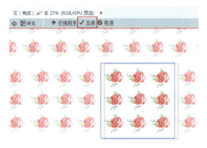

图 3-108

图 3-109

Step 04 新建图层，使用"矩形工具"绘制一个与画板大小一致的矩形，在工具箱底部单击"填色"按钮设置为当前编辑状态，然后在"色板"面板中单击新创建的色板，即可应用该图案填充，如图3-110所示。

图 3-110

Step 05 使用"比例缩放工具"，按住~键拖动图案，可以调整图案填充的数量及大小，如图3-111所示。

图 3-111

3.5 图形对象描边

"描边"是指将路径设置为可见的轮廓，它具备粗细、颜色、虚实等性质。描边可以用于整个对象，也可以应用于实时上色组，为实时上色组中的不同区域应用不同的轮廓线。

3.5.1 描边面板 重点

执行"窗口"|"描边"菜单命令，打开"描边"面板，如图3-112所示。该面板主要用来设置描边粗细、对齐方式、斜接限制、线条连接和线条端点等参数，也可以选择实线描边或者虚线描边。通过选择不同的样式，设置相关参数，可以创作出各种不同的描边效果。

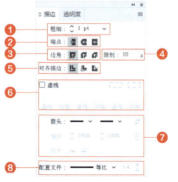

图 3-112

"描边"面板各参数说明如下。

❶ 粗细：用来设置轮廓线的宽度，该值越高，轮廓线越粗，设置范围在0.25pt~1000pt。

❷ 端点：用来设置轮廓线各端点的形状。若单击"平头端点"按钮，路径将会在终点处结束；若单击"圆头

端点"按钮，路径的两段将会呈现半圆形的圆滑效果；若单击"方头端点"按钮，路径将会向外延长1/2描边粗细的距离。

❸边角：用来设置直线拐角处的形状，包括斜接连接、圆角连接和斜角连接。

❹限制：用来设置斜角的大小。

❺对齐描边：用来设置描边与路径的对齐方式，包括描边居中对齐、使描边内侧对齐和使描边外侧对齐。

❻虚线复选框：勾选该复选框，即可显示相关参数的设置选项。

❼箭头：可以为路径的端点添加箭头。

❽配置文件：可以打开下拉列表选择配置样式。

3.5.2 描边样式

在"描边"面板中除了能够设置图形对象描边的基本外观，还可以设置描边的样式。具体的方法为：选中具有描边效果的图形对象后，在"描边"面板中单击"配置文件"选项的下拉按钮，如图3-113所示，选择其中一个样式，即可改变图形对象的描边样式效果。需要注意的是，描边的宽度可能会因此发生改变。

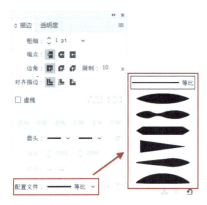

图 3-113

> **延伸讲解**
>
> 在"配置文件"选项右侧有两个控制按钮，分别是"纵向翻转"按钮和"横向翻转"按钮。单击不同的按钮后，图形对象中的描边效果会对应进行翻转，从而改变描边样式效果。

3.5.3 改变描边宽度

在Illustrator中，矢量图形的描边效果不仅可以通过"描边"面板和控制面板设置相应参数，还可以使用"宽度工具"调整描边宽度，让描边产生粗细变化。

1.在"描边"面板改变描边宽度

选中一个对象之后，可以在"描边"面板的"粗细"选项中更改描边粗细，也可以通过在工具选项栏的"描边粗细"选项中设置数值来改变描边粗细。

2.在"外观"面板中改变描边宽度

选择一个应用了描边的对象，执行"窗口"|"外观"菜单命令，打开"外观"面板，在该面板中显示了所选对象应用的所有"填充"与"描边"样式，如图3-114所示。单击其中一个选项即可打开相应的编辑面板，可以在该面板中修改"描边"参数，如图3-115所示。

图 3-114　　　　　　　图 3-115

3.5.4 实战——双重描边文字

为了避免画面中的文字过于单调，可以试着利用Illustrator中的描边功能，为文字添加一些有特色和层次感的描边效果。下面具体讲解如何为文字添加双重描边效果。

素材文件路径	素材\第 3 章\3.5.4
效果文件路径	效果\第 3 章\3.5.4
在线视频路径	第 3 章\3.5.4 实战——双重描边文字 .mp4

Step 01 启动Illustrator CC 2018软件，执行"文件"|"打开"菜单命令，在弹出的"打开"对话框中找到素材文件夹下的"文字.ai"文件，单击"打开"按钮，如图3-116

所示。打开文件后可以在画板上看到绘制好的图像及文字，效果如图3-117所示。

图 3-116

图 3-117

Step 02 使用"文字工具" T，在画板中输入文字"BIRTHDAY"，默认颜色为黑色，字符为"方正胖头鱼简体"，大小为96pt，如图3-118所示。

图 3-118

Step 03 保持文字的选中状态，执行"文字"|"创建轮廓"命令，将文字转换成图形，如图3-119所示。

图 3-119

Step 04 使用"编组选择工具" ▶，单独选择每一个字母，为其填充不同的颜色，效果如图3-120所示。

图 3-120

Step 05 使用"编组选择工具" ▶，选中字母"B"，执行"窗口"|"外观"命令，打开"外观"面板，如图3-121所示，显示所选对象的描边与填充属性。

图 3-121

Step 06 在"外观"面板中单击"描边"选项，为字母设置第一层描边属性，描边色与所选字母颜色一致，大小为6pt，如图3-122所示。

图 3-122

Step 07 单击"外观"面板左下角的"添加新描边"按钮 ，为所选字母对象添加第二层描边，然后设置描边色为白色，大小为2pt，如图3-123所示。

图 3-123

`Step 08` 所选字母对象的描边效果如图3-124所示。

图 3-124

`Step 09` 用同样的方法完成其他字母的描边,最终效果如图3-125所示。

图 3-125

3.6 画笔应用

在Illustrator中可以创建画笔效果,画笔可以为路径的外观添加不同的风格,模拟出类似毛笔、钢笔、油画笔等笔触效果,所有画笔效果都可以通过"画笔工具"和"画笔"面板的设置来实现。

3.6.1 画笔工具

使用"画笔工具" ,可以在画板中自由地绘制各种风格的路径效果。在"画笔"面板中选择一种画笔,在画板中按住鼠标左键并拖动即可绘制路径并且会对其应用相应的画笔描边。双击"画笔工具"按钮 ,可以打开"画笔工具选项"对话框,如图3-126所示,在该对话框中包含了设置画笔工具的各项参数,可以用来控制画笔的绘制效果。

图 3-126

"画笔工具选项"对话框各参数介绍如下。

❶ 保真度:用来控制画笔对线条的不平和不规则控制的程度。该值越高,路径越平滑,锚点越少;该值越低,路径越接近于鼠标指针运行的轨迹,锚点越多。

❷ "填充新画笔描边"复选框:勾选该复选框后,可以在路径围合的区域填充颜色,即使是开放式路径所形成的区域也会填色;若取消勾选,则路径内不会填充任何颜色。

❸ "保持选定"复选框:勾选该复选框,绘制一条路径后,路径将自动处于选中状态;若取消勾选,绘制一条路径之后,则不会选中任何对象。

❹ "编辑所选路径"复选框:可以使用画笔工具对当前选中的路径进行修改。

❺ 范围:勾选"编辑所选路径"复选框之后,该选项才会显示,用来设置鼠标指针与现有路径在多大的距离范围之内,设置完成后才能使用画笔工具编辑路径。

3.6.2 画笔面板 `重点`

使用"画笔工具" ,可以创建出各种不同风格的路径效果,而使用"画笔"面板可以对这些效果进行编辑和管理。在画板中单击一种画笔样式,即可为所选路径对象应用对应的画笔效果。在Illustrator中执行"窗口"|"画笔"菜单命令,可以打开"画笔"面板,如图3-127所示。

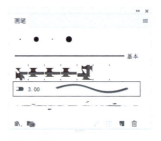

图 3-127

"画笔"面板部分图标说明如下。

- "画笔库菜单"按钮 ⓘⷴ：单击该按钮可以打开下拉列表选择Illustrator预设的画笔库。
- "移去画笔描边"按钮 ✕：单击该按钮可以删除该对象应用的画笔描边，该按钮只有在选中一个对象后才会显示。
- "所选对象的选项"按钮 ▦：该按钮只有在选中一个对象后才会显示，单击该按钮，可以打开对应的"画笔选项"对话框。
- "新建画笔"按钮 ◨：单击该按钮，可以打开"新建画笔"对话框选择新建画笔的类型。若将面板中的一个画板拖至该按钮上，可以复制该画笔。
- "删除画笔"按钮 🗑：选中一个或多个画笔对象，单击该按钮可以将画笔删除。
- "面板菜单"按钮 ≡："画笔"面板中的画笔通常以缩览图视图形式显示，单击面板右上角的"面板菜单"按钮 ≡，可以打开面板菜单。面板菜单中包含可以控制面板的显示状态，以及复制、删除画笔等操作的选项，如图3-128所示。

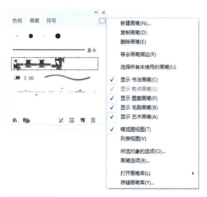

图 3-128

选择所有未使用的画笔：执行该命令可以选中文档中未使用过的画笔样式。

显示画笔类型：包括"显示书法画笔""显示散点画笔""显示图案画笔""显示毛刷画笔"和"显示艺术画笔"，可以勾选需要查看的画笔类型选项，也可以单独选择只显示其中一种类型的画笔。

所选对象的选项：打开所选对象使用的画笔对应的"描边选项"对话框。

画笔选项：打开所选画笔样式对应的"画笔选项"对话框。

打开画笔库：可在下拉列表中选择需要的画笔库。

存储画笔库：将当前的画笔库存储，方便下次使用。

3.6.3 调整"画笔"面板的显示方式

在默认情况下，"画笔"面板中的画笔以列表视图的形式显示，即显示画笔的缩览图，不显示名称，只有将鼠标指针放在一个画笔样本上，才能显示它的名称，如图3-129所示。如果选择面板菜单中的"列表视图"命令，则可同时显示画笔的名称和缩览图，并以图标的形式显示画笔的类型，如图3-130所示。

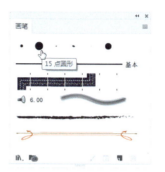

图 3-129

图 3-130

此外，也可以选择面板菜单中的命令，单独显示某一类型的画笔。例如，选择"显示书法画笔"，面板会隐藏除该种画笔以外的其他画笔，如图3-131所示。

图 3-131

3.6.4 实战——为文字添加画笔描边 难点

画笔描边可以应用于任何绘图工具或形状工具创建的线条，如钢笔工具和铅笔工具绘制的路径，矩形和弧形等工具创建的图形，而且同样适用于转换为路径的文字对象。

素材文件路径	素材\第3章\3.6.4
效果文件路径	效果\第3章\3.6.4
在线视频路径	第3章\3.6.4 实战——为文字添加画笔描边 .mp4

Step 01 启动Illustrator CC 2018软件，执行"文件"|"打开"菜单命令，找到素材文件夹下的"水墨.ai"文件，将其打开，如图3-132所示。

图 3-132

Step 02 使用"选择工具"▶选中文档中的文字对象，如图3-133所示。

图 3-133

Step 03 执行"文字"|"创建轮廓"菜单命令，或按快捷键Shift+Ctrl+O，为文字对象创建轮廓，如图3-134所示。

图 3-134

Step 04 在文字选中状态下，单击"画笔"面板中的"炭笔-羽毛"画笔，如图3-135所示。

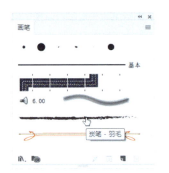

图 3-135

Step 05 上述操作后，选择的新画笔会应用到文字对象中，最终效果如图3-136所示。

图 3-136

延伸讲解

在未选择对象的情况下，将画笔从"画笔"面板中拖动到路径上，可直接为其添加画笔描边。

3.6.5 创建画笔

当Illustrator中提供的画笔不能满足绘制需求时,用户可以根据实际需求来创建自定义的画笔。

1.设置画笔类型

单击"画笔"面板中的"新建画笔"按钮,或执行面板菜单中的"新建画笔"命令,打开图3-137所示的"新建画笔"对话框,在该对话框中可以选择一个画笔类型。选择画笔类型后,单击"确定"按钮,可以打开相应的画笔选项对话框,如图3-138所示。设置好参数,单击"确定"按钮即可完成自定义画笔的创建,画笔会保存到"画笔"面板中。在应用新建的画笔时,可以在"描边"面板或控制面板中调整画笔描边的粗细。

图 3-137　　　图 3-138

如果要创建散点画笔、艺术画笔和图案画笔,则必须先创建要使用的图形,并且该图形不能包含渐变、混合、画笔描边、网格、位图图像、图表、置入的文件和蒙版。此外,如果要创建艺术画笔和图案画笔,那么图稿中不能包含文字。如果要包含文字,可先将文字转换为轮廓,再使用轮廓图形创建画笔。

2.创建书法画笔

如果要创建书法画笔,可以在"新建画笔"对话框中选择"书法画笔"选项,弹出图3-139所示的"书法画笔选项"对话框。

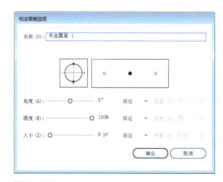

图 3-139

"书法画笔选项"对话框中各属性说明如下。

- ◆ 名称:可输入画笔的名称。
- ◆ 画笔形状编辑器:拖动窗口中的箭头可以调整画笔的角度,如图3-140所示;拖动黑色的圆形调杆可以调整画笔的圆度,如图3-141所示。

图 3-140

图 3-141

- ◆ 画笔效果预览窗:用来观察画笔的调整结果。如果将画笔的角度和圆度的变化方式设置为"随机",并调整"变量"参数,则画笔效果预览窗将出现3个画笔效果,如图3-142所示。中间显示的是修改前的画笔效果,左侧显示的是随机变化最小范围的画笔效果,右侧显示的是随机变化最大范围的画笔效果。

图 3-142

- ◆ 角度/圆度/大小:这3个选项分别用来设置画笔的角度、圆度和直径。在这3个选项右侧的下拉列表中包含了"固定""随机"和"压力"等选项,它们决定了画笔角度、圆度和直径的变化方式。如果选择除"固定"以外的其他选项,则"变量"选项可用,通过设置"变量"可以确定变化范围的最大值和最小值。各选项的具体用途如下。

  固定:创建具有固定角度、圆度或直径的画笔。

  随机:创建角度、圆度或直径含有随机变量的画笔。此时可在"变量"框中输入一个值,指定画笔特征的变化范围。

  压力:当计算机配置有数位板时,该选项可用。此时可根据压感笔的压力,创建不同角度、圆度或直径的画笔。

  光笔轮:根据压感笔的操纵情况,创建具有不同直径的画笔。

  倾斜:根据压感笔的倾斜角度,创建不同角度、圆度或直径的画笔。此选项与"圆度"一起使用时非常有用。

方位：根据钢笔的受力情况（压感笔），创建不同角度、圆度或直径的画笔。

旋转：根据压感笔笔尖的旋转角度，创建不同角度、圆度或直径的画笔。此选项对于控制书法画笔的角度（特别是在使用像平头画笔一样的画笔时）非常有用。

3.创建散点画笔

创建散点画笔之前，先要制作创建画笔时使用的图形，如图3-143所示。选择该图形后，单击"画笔"面板中的"新建画笔"按钮，在弹出的对话框中选择"散点画笔"选项，将弹出图3-144所示的"散点画笔选项"对话框。

图 3-143　　　　　图 3-144

"散点画笔选项"对话框中主要属性说明如下。

- **大小**：用来设置散点图形的大小。
- **间距**：用来设置路径上图形之间的间距，不同间距效果如图3-145所示。

间距 100%　　　　间距 200%

图 3-145

- **分布**：用来设置散点图形偏离路径的距离。该值越高，图形离路径越远，不同分布效果如图3-146所示。

分布 20%　　　　分布 50%

图 3-146

- **旋转**：可基于图形的中心旋转图形。
- **旋转相对于**：在"旋转相对于"下拉列表中选择一个旋转基准目标，可基于该目标旋转图形。
- **方法**：用来设置图形的颜色处理方法，包括"无""色调""淡色和暗色"和"色相转换"。选择"无"选项，表示画笔绘制的颜色与样本图形的颜色一致；选择"色调"选项，表示以浅淡的描边颜色显示画笔描边，图稿的黑色部分会变为描边颜色，不是黑色的部分则会变为浅淡的描边颜色，白色依旧为白色；选择"淡色和暗色"选项，表示以描边颜色的淡色和暗色显示画笔描边，此时会保留黑色和白色，而黑白之间的所有颜色则会变成描边颜色从黑色到白色的混合；选择"色相转换"选项，表示画笔图稿中使用主色（图稿中最突出的颜色）的每个部分会变成描边颜色，画笔图稿中的其他颜色，则会变为与描边色相关的颜色，画笔中的黑色、灰色和白色不变。单击"提示"按钮，在打开的对话框中可查看该选项的具体说明。
- **主色**：用来设置图形中最突出的颜色。如果要修改主色，可以选择对话框中的 🖋 工具，然后在右下角的预览框中单击样本图形，将单击选择的颜色定义为主色。

> 🔍 **延伸讲解**
>
> 在"大小""间距""分布"和"旋转"选项右侧的列表中可以选择画笔的变化方式，包括"固定""随机"和"压力"等，其作用与新建书法画笔时的选项一样。

4.创建毛刷画笔

毛刷画笔可以创建带有毛刷感的自然画笔外观，在"新建画笔"对话框中选择"毛刷画笔"选项，将弹出图3-147所示的"毛刷画笔选项"对话框。

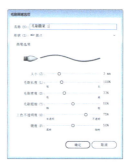

图 3-147

"毛刷画笔选项"对话框中各属性说明如下。

- **形状**：可以从10个不同画笔模型中选择画笔形状，这些模型提供了不同的绘制体验和毛刷画笔路径的外观，如图3-148所示。

图 3-148

- 大小：可设置画笔的直径。如同物理介质画笔，毛刷画笔的直径从毛刷的笔端开始计算。
- 毛刷长度：可设置从画笔与笔杆的接触点到毛刷尖的长度。
- 毛刷密度：可设置毛刷颈部指定区域中的毛刷数。
- 毛刷粗细：可调整毛刷粗细，从精细到粗糙。
- 上色不透明度：可以设置所使用的画图的不透明度。画图的不透明度可以在1%（半透明）到100%（不透明）之间调整。
- 硬度：可设置毛刷的坚硬度。如果设置较低的毛刷硬度值，毛刷会很轻便。当设置一个较高值时，毛刷会变得坚韧。

5.创建图案画笔

图案画笔的创建方法与上述几种画笔的创建有所不同，要用到图案，因此在创建画笔前，先要创建图案，再将其拖入到"色板"面板中，如图3-149所示。然后单击"画笔"面板中的"新建画笔"按钮，在弹出的对话框中选择"图案画笔"选项，将弹出图3-150所示的"图案画笔选项"对话框。

图 3-149

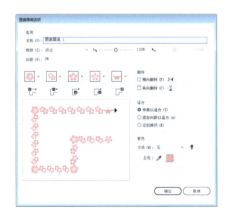

图 3-150

"图案画笔选项"对话框中主要属性说明如下。

- 拼贴按钮：对话框中有5个拼贴选项按钮，依次为外角拼贴、边线拼贴、内角拼贴、起点拼贴和终点拼贴，通过这些按钮可以将图案应用于路径的不同部分。
- 缩放：用来设置图案相对于原始图形的缩放比例。
- 间距：用来设置各个图案之间的间距。
- 翻转：可以改变图案相对于路径的方向。选择"横向翻转"选项，图案将沿路径的水平方向翻转；选择"纵向翻转"选项，图案将沿路径的垂直方向翻转。
- 适合：用来设置图案适合路径的方式。选择"伸展以适合"可自动拉长或缩短图案以适合路径的长度，该选项会生成不均匀的拼贴；选择"添加间距以适合"选项，可增加图案的间距，使其适合路径的长度，以保持图案不变形；选择"近似路径"选项，可以在不改变拼贴的情况下使拼贴适合最近的路径，该选项所应用的图案会向路径内侧或外侧移动，以保持均匀的拼贴，而不是将中心落在路径上。

6.创建艺术画笔

创建艺术画笔前，先要有用作画笔的图形，如图3-151所示。选择该图形，单击"画笔"面板中的"新建画笔"按钮，在弹出的对话框中选择"艺术画笔"选项，将弹出图3-152所示的"艺术画笔选项"对话框。

图 3-151

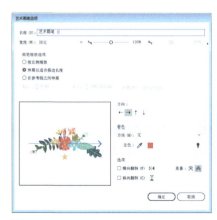

图 3-152

"艺术画笔选项"对话框中主要属性说明如下。

- 宽度：用来设置图形的宽度。

- 画笔缩放选项：选择"按比例缩放"选项，可保持画笔图形的比例不变；选择"伸缩以适合描边长度"选项，可拉伸画笔图形，以适合路径长度；选择"在参考线之间伸展"选项，然后在下方的"起点"和"终点"选项中输入数值，对话框中会出现两条参考线，此时可拉伸或缩短参考线之间的对象使画笔适合路径长度，参考线之外的对象比例保持不变。通过以上方法创建的画笔为分段画笔。
- 方向：决定了图形相对于线条的方向。单击←按钮，可以将描边端点放在图稿左侧；单击→按钮，可以将描边端点放在图稿右侧；单击↑按钮，可以将描边端点放在图稿顶部；单击↓按钮，可以将描边端点放在图稿底部，效果如图3-153所示。

左侧

右侧

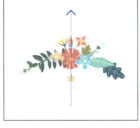
顶部

底部

图 3-153

- 着色：可以设置描边颜色和着色方法。可展开"方法"选项下拉列表，从不同的着色方法中进行选择，或者选择对话框中的 ✏ 工具，在左下角的预览框中单击样本图形拾取颜色。
- 选项

    横向翻转/纵向翻转：可以改变图形相对于路径的方向。

    重叠：如果要避免对象边缘的连接和皱折重叠，可以单击该选项中的按钮。

> **延伸讲解**
>
> 创建艺术画笔的图形中不能包含文字。如果要使用包含文字的画笔描边，可以先执行"文字"|"创建轮廓"命令，将文字转换为轮廓后再创建为画笔。

3.7 综合实战——炫彩周年海报

本实例主要介绍如何运用Illustrator中的渐变填充效果、几何图形绘制以及布尔运算制作一组炫彩数字，并最终合成一款炫彩周年海报。

素材文件路径	素材 \ 第 3 章 \3.7
效果文件路径	效果 \ 第 3 章 \3.7
在线视频路径	第 3 章 \3.7 综合实战——炫彩周年海报 .mp4

1.绘制基本图形

Step 01 启动Illustrator CC 2018软件，执行"文件"|"新建"菜单命令，在弹出的"新建文档"对话框中创建一个大小为1280px×800px的空白文档，具体如图3-154所示。

图 3-154

Step 02 切换为"椭圆工具" ⭕，按住Shift键在画板上方绘制一个无填充、渐变色描边的圆形，如图3-155所示。圆形参考大小为400px×400px，描边为100pt，并且使描边居中对齐。

图 3-155　　　　　　　　　　　　　图 3-160　　　　　图 3-161

Step 03 选择上一步绘制的圆形，分别按快捷键Ctrl+C和Ctrl+F，在原位置复制一层圆形，然后修改渐变填充，如图3-156所示。

2.布尔运算获取图形

Step 01 切换为"选择工具" ▶，同时选中上述绘制的3个圆形和轮廓化的圆头端点图形，执行"窗口"|"路径查找器"命令，在打开的"路径查找器"面板中单击"分割"按钮，将所选对象分割成单独的对象，如图3-162所示。

Step 04 切换为"钢笔工具" ✎，在复制的圆形右下角添加一个锚点，如图3-157所示。

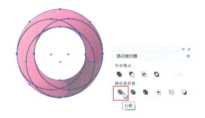

图 3-156　　　　　　　　图 3-157

图 3-162

Step 05 切换为"直接选择工具" ▷，选中添加的锚点，按Delete键将其删除，将得到图3-158所示的图形效果。

Step 06 使用"选择工具" ▶选中对象，然后在"描边"面板中单击"圆头端点"按钮，将得到图3-159所示的图形效果。

Step 02 在分割好的对象上方右击，然后在弹出的下拉列表中选择"取消编组"命令，来取消分割对象的自动编组，如图3-163所示。

图 3-158　　　　　图 3-159

图 3-163

Step 07 保持上述对象为选中状态，执行"对象"|"路径"|"轮廓化描边"菜单命令，得到的图形效果如图3-160所示。

Step 08 使用"椭圆工具" ○绘制3个相同大小、黑色描边且无填充色的圆形，摆放位置如图3-161所示。

Step 03 切换为"选择工具" ▶后，在按住Shift键的同时选中分割后需要重组的图形，如图3-164所示。然后单击"路径查找器"面板中的"联集"按钮，将所选图形进行合并，如图3-165所示。

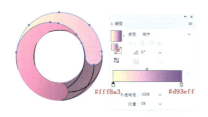

图 3-164　　　　图 3-165

Step 04 修改合并后图形的渐变填充，具体如图3-166所示。

图 3-166

Step 05 使用同样的方法，再次选中另一组分割后需要重组的图形，然后单击"路径查找器"面板中的"联集"按钮，将所选图形进行合并，如图3-167所示。

图 3-167

Step 06 修改合并后图形的渐变填充，具体如图3-168所示。

图 3-168

Step 07 选中第3组分割后需要重组的图形进行合并，如图3-169所示。

图 3-169

Step 08 修改合并后图形的渐变填充，具体如图3-170所示。

Step 09 删除图形中多余的部分，并使用"直接选择工具"，调节锚点契合图形，最终得到的图形效果如图3-171所示。

图 3-170　　　　图 3-171

3.最终修饰

Step 01 使用"直线段工具"绘制一条无填充、渐变色描边的竖直线（直线描边为100pt，并且使描边居中对齐）放置在圆圈图形左侧，如图3-172所示。

Step 02 打开"渐变"面板，为直线描边设置渐变属性，具体如图3-173所示。

图 3-172　　　　图 3-173

Step 03 用同样的线条参数绘制一条短直线放置在图形上方，效果如图3-174所示。

Step 04 用同样的方法，继续绘制两组线条，放置在第一组线条的上方，并调整渐变参数，效果如图3-175所示。

图 3-174　　　　图 3-175

Step 05 切换为"椭圆工具"和"圆角矩形工具"，在图形数字上方绘制一些修饰元素，效果如图3-176所示。

图 3-176

Step 06 完成图形制作后，保存 AI 文件。然后启动 Photoshop 软件打开素材文件夹中的"背景 .psd"文件，将保存的图形文件导入项目，调整到合适位置及大小，得到的最终效果如图 3-177 所示。

图 3-177

3.8 课后习题

3.8.1 课后习题——网格渐变制作炫彩球体

素材文件路径	课后习题\素材\3.8.1
效果文件路径	课后习题\效果\3.8.1
在线视频路径	第 3 章\3.8.1 课后习题——网格渐变制作炫彩球体 .mp4

本习题主要练习如何使用渐变网格工具创建彩色球体。在这个习题中创建的作品是一个多彩的渐变球体，各种色调平滑地融合在了一起，这类充满活力的渐变效果目前非常受欢迎，对于品牌设计、应用界面设计甚至手机背景设计都非常有用。完成效果如图 3-178 所示。

图 3-178

3.8.2 课后习题——绘制弯曲画笔

素材文件路径	无
效果文件路径	课后习题\效果\3.8.2
在线视频路径	第 3 章\3.8.2 课后习题——绘制弯曲画笔 .mp4

本习题主要练习各类绘图工具的使用方法。在绘制基本形状后，通过调整对象锚点、轮廓化描边、分割等操作，完成对象的绘制。完成效果如图 3-179 所示。

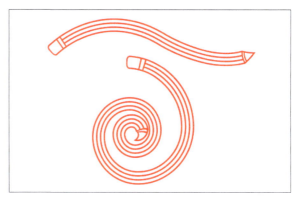

图 3-179

第 2 篇 提高篇

第 04 章　编辑图形对象

Illustrator 作为一款矢量软件，绘制矢量图形自然是它最主要的功能之一。在 Illustrator 中可以对绘制的矢量图形进行各种编辑，通过变换、变形、封套、混合和组合等方法来改变图形形状，从而组合得到各种想要的图形元素。

本章将详细介绍复制、变换、液化工具组和封套扭曲工具的使用方法以及路径形状、对齐与排列对象的操作技巧。

学习要点
- 复制与变换对象的使用　78 页
- 路径形状的应用　88 页
- 对齐与排列图形对象的应用　92 页

4.1 变换对象

在Illustrator中，通过打开"变换"面板或执行"对象"|"变换"菜单命令，可以对图形进行缩放、旋转、镜像和倾斜等一系列变换操作，有助于我们创建出更多复杂的图形对象。

4.1.1 定界框、中心点与控制点　**重点**

在Illustrator中执行"视图"|"显示/隐藏定界框"命令，或按快捷键Shift+Ctrl+B，可以打开或关闭对象定界框。在定界框打开状态下，使用"选择工具" ▶ 单击对象，其周围会出现定界框，定界框四周的小方块是控制点，如图4-1所示。如果选中的对象是一个单独的图形，那么其中心还会出现 ■ 状的中心点。

图 4-1

使用"旋转工具""镜像工具""比例缩放工具"和"倾斜工具"时，中心点上方会出现一个参考点（状图标），此时进行变换操作，对象会以参考点为基准产生变换。

在参考点以外的其他区域单击，可以重新定义参考点，如图4-2所示，此时进行变换操作，对象会以该点为基准变换，如图4-3所示。如果要将中心点重新恢复到对象的中心，可双击旋转、镜像和比例缩放等变换工具，在打开的对话框中单击"取消"按钮。

图 4-2　　　　　图 4-3

延伸讲解

在Illustrator中，定界框可以是红色、黄色和蓝色等不同颜色的，这取决于图形所在图层的颜色。因此在修改图层颜色的同时，定界框的颜色也会随之改变。在图层面板中双击图层，可在弹出的"图层选项"对话框中进行颜色修改。

4.1.2 分别变换命令

选择图形对象后，若要同时应用移动、旋转和缩放，可以通过"分别变换"命令来进行操作。选中对象，执行"对象"|"变换"菜单命令，在下拉菜单栏里选择"分别变换"命令，在弹出的"分别变换"对话框中可进行相应操作。

4.1.3 变换面板

选择图形对象后，执行"窗口"|"变换"菜单命令可打开"变换"面板，如图4-4所示。在"变换"面板的选项中输入数值并按Enter键，可以让对象按照设定的参数进行精确变换。

图 4-4

"变换"面板中各属性参数说明如下。

- "X"/"Y"：分别代表了图形对象在水平和垂直方向上的位置，在这两个选项中输入数值，可精确定位图形对象在画布上的位置。
- 参考点：进行旋转或缩放操作时，对象以参考点为基准变换，默认情况下，参考点为图形对象的中心。如果需要改变它的位置，可单击 上的空心方块调整位置。
- 宽/高：分别代表了对象的宽度和高度，在这两个选项中输入数值，可将图形对象缩放到指定的宽度和高度，如果单击选项右边的 按钮，则可以进行等比缩放。
- 旋转 △：在文本框中可输入对象的旋转角度。
- 倾斜 ：在文本框中可输入对象的倾斜角度。

4.1.4 再次变换命令

进行移动、缩放、旋转、镜像和倾斜操作后，保持对象的选取状态，执行"对象"|"变换"菜单命令，在下拉菜单栏里选择"再次变换"命令，可以重复前一个变换操作。在需要对同一变换操作重复数次，或复制图形对象时，该命令特别有用。

4.1.5 重置定界框

进行旋转操作后，图形对象的定界框也会随之旋转，执行"对象"|"变换"菜单命令，在下拉菜单栏里选择"重置定界框"命令，可以将定界框恢复到水平方向。

4.1.6 实战——利用选择工具进行变换操作

使用"选择工具" 选择对象后，只需拖动定界框上的控制点便可以进行移动、旋转、缩放和复制对象等操作，下面以实例的形式详细讲解该知识点。

素材文件路径	素材\第4章\4.1.6
效果文件路径	效果\第4章\4.1.6
在线视频路径	第4章\4.1.6.实战——利用选择工具进行变换操作.mp4

Step 01 启动Illustrator CC 2018软件，执行"文件"|"打开"命令，将素材文件夹中的"布袋.ai"文件打开，效果如图4-5所示。

Step 02 使用"选择工具" 单击"西瓜"对象，将鼠标指针放置在定界框内，按住鼠标左键并拖动鼠标可以移动对象，如图4-6所示。

图 4-5　　　　　图 4-6

延伸讲解

按住Shift键拖动鼠标，则可以按照水平、垂直或对角线方向移动。在移动时按住Alt键（鼠标指针变为 状态），可以复制对象。

Step 03 按快捷键Ctrl+Z撤销上一步操作，使图形回到原位。将鼠标指针放置在定界框中央的控制点上，如图4-7所示。

Step 04 按住鼠标左键并向图形另一侧拖动可以将对象进行翻转，如图4-8所示。拖动对象时按住Alt键，可进行原位翻转，如图4-9所示。

图 4-7　　　　　图 4-8

图 4-9

Step 05 按快捷键Ctrl+Z撤销操作，使图形复原。将鼠标指针放在控制点上，当鼠标指针变为↔、↕、↘、↙状态时，按住鼠标左键并拖动可以向各个方向拉伸对象，如图4-10所示。

Step 06 按住Shift键操作，可以进行等比缩放，如图4-11所示。

Step 07 将鼠标指针放在定界框外，当鼠标指针变为↻状态时，按住鼠标左键并拖动可以旋转对象，如图4-12所示。按住Shift键操作，可以将旋转角度限制为45°的倍数。

图4-10　　　　　图4-11

图4-12

4.1.7 实战——使用自由变换工具 重点

使用"自由变换工具"进行移动、旋转和缩放操作时，操作方法与定界框调整方式基本相同，不同之处在于其可以进行斜切、扭曲和透视变换操作。

素材文件路径	素材\第4章\4.1.7
效果文件路径	效果\第4章\4.1.7
在线视频路径	第4章\4.1.7.实战——使用自由变换工具.mp4

Step 01 启动Illustrator CC 2018软件，执行"文件"|"打开"命令，将素材文件夹中的"动物.ai"文件打开，效果如图4-13所示，然后使用"选择工具"▶选中图4-14所示对象。

Step 02 切换为"自由变换工具"，在画板中会显示对应的工具面板，包含4个按钮，如图4-15所示。

图4-13　　　图4-14　　　图4-15

Step 03 在"自由变换"按钮选中状态下，拖动位于定界框中央的控制点（鼠标指针会变为↔和↕状态），可以沿水平或垂直方向拉伸对象，如图4-16和图4-17所示。

图4-16　　　　　图4-17

Step 04 拖动边角的控制点（鼠标指针会变为↘和↙状态），可以动态拉伸对象，如图4-18所示。

Step 05 在"限制"按钮选中状态下，拖动边角的控制点，可以进行等比缩放，如图4-19所示。如果同时按住Alt键，还能以中心点为基准进行等比缩放。

图4-18　　　　　图4-19

Step 06 在"透视扭曲"按钮 选中状态下，按住鼠标左键并拖动边角的控制点（鼠标指针会变为 状态），可以进行透视扭曲，如图4-20和图4-21所示。

图4-20

图4-21

Step 07 在"自由扭曲"按钮 选中状态下，按住鼠标左键并拖动边角的控制点（鼠标指针会变为 状态），可以自由扭曲对象，如图4-22所示。如果按住Alt键拖动鼠标，则可以产生对称的倾斜效果，如图4-23所示。

图4-22

图4-23

Step 08 在上述的任意按钮选中状态下，将鼠标指针放在定界框外（鼠标指针会变为 、 、 、 状态），拖动鼠标可以旋转对象，如图4-24所示。

Step 09 将鼠标指针放置在对象内部（鼠标指针会变为 状态），拖动鼠标可以移动对象，如图4-25所示。

图4-24

图4-25

4.2 复制与缩放对象

"复制""剪切""粘贴"和"缩放"都是应用程序中常用的命令，用来完成复制与粘贴任务。与其他程序不同的是，Illustrator还可以对图稿进行特殊的复制与粘贴。

4.2.1 复制和剪切

选中一个图形对象，执行"编辑"|"复制"菜单命令（快捷键Ctrl+C），即可将对象复制到剪贴板中；执行"编辑"|"剪切"菜单命令（快捷键Ctrl+X），则会将所选对象剪切到剪贴板中。

4.2.2 粘贴 重点

执行"复制"或者"剪切"命令之后，再次执行"编辑"|"粘贴"菜单命令（快捷键Ctrl+V），可以将剪贴板中的对象粘贴到指定位置。

在执行"粘贴"操作前，在"编辑"菜单栏中会显示5种粘贴命令。用户可以根据实际需求，选择执行不同的命令来对图稿进行特殊的复制与粘贴。

5种粘贴命令说明如下。

◆ 粘贴：可以将对象粘贴在文档窗口的中心位置。
◆ 贴在前面：如果没有选择任何对象，执行该命令时，粘贴的对象会位于被复制的对象上方，且与之重合。如果选择了一个对象，则粘贴的对象会位于被复制对象的上方。
◆ 贴在后面：如果没有选择任何对象，执行该命令时，粘贴的对象会位于被复制的对象下方，且与之重合。如果选择了一个对象，则粘贴的对象会位于被复制对象的下方。
◆ 就地粘贴：可以将对象粘贴在复制对象时所在的相同位置。
◆ 在所有画板上粘贴：如果文档中创建了多个画板，可以在所有画板的相同位置粘贴对象。

4.2.3 缩放对象 重点

缩放对象是围绕某个参考固定点来调整对象大小的工具，根据参考点和比例选择的不同，所选对象的缩放方式也会不同。

1.缩放命令

单击图形对象，执行"对象"|"变换"菜单命令，在下拉菜单栏里选择"比例缩放"选项，可打开图4-26所示的"比例缩放"对话框，在该对话框中设置相应的参数即

可对对象进行缩放操作。

2.比例缩放工具

使用"比例缩放工具"可以为对象设置参考点，并以该参考点为基础缩放对象。双击工具箱中"比例缩放工具"按钮，可以打开图4-26所示的"比例缩放"对话框，在该对话框输入相应数值即可缩放对象。

图 4-26

> **延伸讲解**
>
> 在"比例缩放"对话框中设置参数时，若勾选"不等比"选项，则可以分别指定"水平"和"垂直"缩放比例，进行不等比缩放。使用"比例缩放工具"单击缩放对象，并拖动鼠标，可自由缩放对象。若在离对象较远的位置拖动鼠标，可以小幅度地缩放对象。

4.2.4 实战——绘制海浪插画

本实例使用Illustrator复制与变换工具绘制一幅以海浪作为主题的插画，具体操作如下。

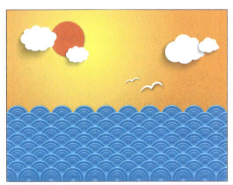

素材文件路径	素材\第4章\4.2.4
效果文件路径	效果\第4章\4.2.4
在线视频路径	第4章\4.2.4.实战——绘制海浪插画.mp4

Step 01 启动Illustrator CC 2018软件，执行"文件"|"新建"菜单命令，在弹出的"新建文档"对话框中创建一个大小为200mm×150mm的空白文档，具体如图4-27所示。

Step 02 进入操作界面后，切换为"椭圆工具"后在画板上方单击，在弹出的"椭圆"对话框中输入椭圆预设值，如图4-28所示。

图 4-27　　　　　　　　　图 4-28

Step 03 打开"渐变"面板，设置圆形填充为渐变，渐变色值为（C0、M0、Y100%、K0），（C0、M50%、Y100%、K0）无描边，具体如图4-29所示。

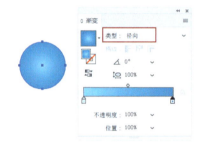

图 4-29

Step 04 切换为"渐变工具"，从上至下拖动鼠标来改变渐变颜色的中心位置，如图4-30所示。

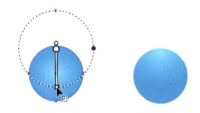

图 4-30

Step 05 选中圆形，执行"对象"|"变换"|"分别变换"菜单命令，在打开的"分别变换"对话框中参照图4-31所示设置参数，然后单击"复制"按钮，复制出一个圆形副本。

Step 06 打开"渐变"面板，将复制出的副本圆形的渐变填充数值修改为（C50%、M0、Y0、K0），（C80%、

M20%、Y0、K15%），如图4-32所示。

图 4-31　　　　　图 4-32

Step 07 同时选中两个圆形，执行"对象"|"变换"|"缩放"菜单命令，在弹出的"比例缩放"对话框中参照图4-33所示设置参数，然后单击"复制"按钮。

Step 08 按快捷键Ctrl+D重复复制缩小的操作，再次复制出两组圆形，效果如图4-34所示。

图 4-33　　　　　图 4-34

Step 09 将圆形进行编组，然后执行"对象"|"变换"|"移动"菜单命令，在弹出的"移动"对话框中参照图4-35所示设置参数，然后单击"复制"按钮应用变换。

Step 10 按快捷键Ctrl+D重复复制移动操作，对所得图形进行编组，并调整其在画板中的位置，效果如图4-36所示。

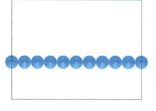

图 4-35　　　　　图 4-36

Step 11 选择编好组的图形对象，再次执行"对象"|"变换"|"移动"菜单命令，在弹出的"移动"对话框中参照图4-37所示设置参数，然后单击"复制"按钮应用变换。再次按快捷键Ctrl+D重复复制移动操作，图形效果如图4-38所示。

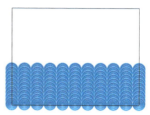

图 4-37　　　　　图 4-38

Step 12 为了让图形更具层次感，选中错开一排的对象，执行"对象"|"变换"|"移动"菜单命令，在弹出的"移动"对话框中参照图4-39所示设置参数，然后单击"确定"按钮应用变换。

Step 13 为其他错开对象执行相同命令操作，效果如图4-40所示。

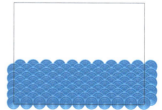

图 4-39　　　　　图 4-40

Step 14 执行"文件"|"打开"菜单命令，打开素材文件夹中的"背景.ai"文件，如图4-41所示。将海浪与背景融合，得到的最终效果如图4-42所示。

图 4-41

图 4-42

4.3 旋转与镜像对象

4.3.1 旋转对象 `重点`

旋转对象指对象围绕某个指定参考固定点进行旋转，默认情况下参考点是对象的中心点，如果选择多个对象，这些对象则围绕同一个参考点旋转。

1. 旋转命令

单击要旋转的对象，执行"对象"|"变换"菜单命令，在下拉菜单里选择"旋转"命令，打开"旋转"对话框，在该对话框中设置相应的参数即可对对象进行旋转。

2. 旋转工具

双击工具箱中的"旋转工具"按钮，打开"旋转"对话框，输入图形对象所要旋转的角度，即可按照指定的角度旋转对象。当旋转角度为正数时，对象沿逆时针方向旋转；当旋转角度为负数时，对象沿顺时针方向旋转。若单击"旋转工具"按钮，再按Alt键单击文档，可以将单击点设置为参考点，同时打开"旋转"对话框；若在拖动鼠标后按住Alt键，则可以复制对象，并旋转图形对象的副本。

4.3.2 镜像对象 `重点`

镜像对象是指以一条不可见轴线为参照或基于参考点来翻转对象。

1. 对称命令

选中对象，执行"对象"|"变换"菜单命令，在下拉菜单里选择"对称"命令，在弹出的"镜像"对话框中设置相应参数即可对所选对象执行"对称"操作。

2. 镜像工具

双击工具箱中的"镜像工具"按钮，可以打开"镜像"对话框。若要镜像对象水平翻转，则勾选"水平"选项；若要镜像对象垂直翻转，则勾选"垂直"选项，并在文本框里输入需要旋转的角度。

选择镜像对象后，使用"镜像工具"，在画布中按住鼠标左键拖动可自由旋转图形对象。按Shift键拖动鼠标，可限制旋转角度为45°的倍数；使用"镜像工具"在画布中单击，指定镜像轴上的一点（不可见），释放鼠标，在另一处位置单击，确定镜像轴的第二个点，所选对象会基于定义的轴翻转。

4.4 倾斜与整形对象

4.4.1 倾斜对象

倾斜对象是指以对象的参考点为基准，将图案对象向各个方向倾斜。

1. 倾斜命令

单击倾斜对象，执行"对象"|"变换"菜单命令，在下拉菜单里选择"倾斜"命令，在弹出的"倾斜"对话框中设置相应的参数即可对所选对象执行倾斜操作。

2. 倾斜工具

双击工具箱中"倾斜工具"按钮，同样可以打开"倾斜"对话框，在对话框中可以设置精确的参数倾斜对象。使用"倾斜工具"时，在画板上按住鼠标左键并向左或向右拖动鼠标，可以沿水平轴倾斜对象；向上或向下拖动鼠标，可以沿垂直轴倾斜对象；若在拖动鼠标时按住Shift键可以以45°的倍数进行倾斜。

4.4.2 整形对象

整形对象是指在保持路径整体细节完整的同时，调整所选锚点的整段路径的形状，但是不能调整整段路径中局部的变化。

选择图形对象的整个路径，单击"整形工具"按钮，将鼠标指针定位在所需要拉伸的锚点或者路径线段上方，然后单击，按住Shift键可选中更多的锚点或者路径线段，拖动突出显示的锚点以调整路径。若单击路径线段，突出显示且周围带有方框的锚点将添加到路径上。

4.5 液化工具组

在Illustrator中，使用液化工具组可以对图形进行变形、扭曲、缩拢、膨胀等操作。液化工具可以处理未选取的图形，但是不能用于链接的文件或包含文本、图形和符号的对象。

4.5.1 液化类工具

Illustrator中的"变形工具"、"旋转扭曲工具"、"缩拢工具"、"膨胀工具"、"扇贝工具"、"晶格化工具"和"褶皱工具"，都属于液化类工具。

使用上述这些工具在对象上按住鼠标左键并拖动即可扭曲对象。按住鼠标按键的时间越长，变形效果越强烈。

4.5.2 液化类工具选项

双击任意一个液化类工具,都可以打开"变形工具选项"对话框,如图4-43所示。

图 4-43

"变形工具选项"对话框中各属性参数说明如下。

❶宽度/高度:用来设置使用工具时画笔的大小。

❷角度:用来设置使用工具时画笔的方向。

❸强度:用来设置扭曲的改变速度,输入的数值越高,扭曲对象的速度越快。

❹细节:用来设置引入对象轮廓的各点之间的距离,数值越高,间距越小。

❺简化:该选项用于变形、旋转扭曲、收缩和膨胀工具,可以减少多余锚点的数量,但不会影响形状的整体外观。

❻显示画笔大小:勾选该复选框,会在画板中显示工具的形状和大小。

❼重置:单击该按钮,可以将对话框中的参数恢复为Illustrator默认状态。

4.5.3 实战——绘制时尚波浪发型 难点

素材文件路径	素材 \ 第 4 章 \4.5.3
效果文件路径	效果 \ 第 4 章 \4.5.3
在线视频路径	第 4 章 \4.5.3. 实战——绘制时尚波浪发型 .mp4

Step 01 启动Illustrator CC 2018软件,执行"文件"|"打开"菜单命令,打开素材文件夹下的"时尚女生.ai"文件,如图4-44所示。

图 4-44

Step 02 使用"选择工具"▶选中人物头部的椭圆形对象,如图4-45所示。

图 4-45

Step 03 切换为"变形工具",将鼠标指针移动到椭圆上方,待鼠标指针变成圆形后,按住Alt键调整画笔大小,然后按住鼠标左键并拖动,使椭圆产生变形效果,如图4-46所示。

图 4-46

Step 04 调整椭圆形状,将人物头发适当延长,如图4-47所示。

图 4-47

Step 05 选择"旋转扭曲工具" ,将鼠标指针移动到椭圆上,待鼠标指针变成圆形后,按住Alt键调整画笔大小,按住鼠标左键并拖动,使对象产生旋转扭曲效果,如图4-48所示。

图 4-48

Step 06 旋转扭曲对象,并对形状进行调整,使人物发型更饱满,效果如图4-49所示。

图 4-49

Step 07 使用"直线段工具" ,在发尾处绘制一些线条,如图4-50所示。

图 4-50

Step 08 对绘制好的线条进行变形扭曲操作,来装饰人物发型,最终效果如图4-51所示。

图 4-51

4.6 封套扭曲

封套扭曲是Illustrator中灵活且具可控性的变形功能,它可以使对象按照封套的形状产生变形。封套是用于扭曲对象的图形,被扭曲的对象称为封套内容。

封套类似于容器,封套内容则类似于水。将水装进圆形的容器时,水的边界就会呈现为圆形,装进方形容器时,水的边界又会呈现为方形。封套扭曲与之类似,能够达到重新塑造对象形状的目的。

4.6.1 用变形建立封套扭曲 _{重点}

Illustrator提供了15种预设的封套形状,通过"用变形建立"命令可以使用这些形状来扭曲对象。

1.变形选项

选中对象,执行"对象"|"封套扭曲"菜单命令,在子菜单中选择"用变形建立"命令,将弹出"变形选项"对话框。在该对话框中展开"样式"下拉列表可以看到其中罗列的15种变形样式,如图4-52所示。选中变形样式后,可以拖动下面的滑块来调整变形参数,修改扭曲程度及透视效果。

图 4-52

"变形选项"对话框中部分属性参数说明如下。

◆ 样式:用来选择预设的变形样式,包含15种特殊效果。
◆ 弯曲:用来设置扭曲的程度,设置的参数越大,扭曲强度越大。
◆ 扭曲:用于创建透视扭曲效果,包括"水平"和"垂直"两个扭曲选项。

> **延伸讲解**
>
> 在图形制作的过程中,除了图表、参考线和连接对象以外,其他对象都可以进行封套扭曲,并且可以对扭曲后的对象随时进行编辑、删除或者扩展封套内容操作。

2.修改变形效果

执行"用变形建立"命令扭曲对象后,可选中对象,

执行"对象"|"封套扭曲"|"用变形重置"菜单命令,打开"变形选项"对话框修改变形参数或使用其他的封套扭曲对象来修改变形效果。

4.6.2 实战——用网格建立封套扭曲 难点

用网格建立封套扭曲是指在对象上创建变形网格,然后通过调整网格点来扭曲对象,可控性比预设的封套更加强大。

素材文件路径	素材\第4章\4.6.2
效果文件路径	效果\第4章\4.6.2
在线视频路径	第4章\4.6.2.实战——用网格建立封套扭曲.mp4

Step 01 启动Illustrator CC 2018软件,执行"文件"|"打开"菜单命令,打开素材文件夹下的"场景.ai"文件,如图4-53所示。

图4-53

Step 02 使用"选择工具" ▶ 选中文字对象,如图4-54所示。

图4-54

Step 03 为文字对象执行"对象"|"封套扭曲"|"用网格建立"菜单命令,在弹出的"封套网格"对话框中设置网格的参数,如图4-55所示。完成设置后单击"确定"按钮,生成变形网格,如图4-56所示。

图4-55   图4-56

Step 04 选择"直接选择工具" ▷,将鼠标指针放置在需要变形的网格处并拖动鼠标,可以调整变形效果,如图4-57所示。

图4-57

Step 05 保持对象的选中状态,可以在控制面板中修改网格线的行数和列数,如图4-58所示。也可以单击"重设封套形状"按钮,将网格恢复为原有的状态。

图4-58

> **延伸讲解**
>
> 执行"用变形建立"和"用网格建立"命令创建封套扭曲后,可以将对象选中,然后直接在控制面板中选择其他的样式,修改参数或修改网格的数量。

4.6.3 编辑封套

创建封套扭曲后，所有封套对象都将合并到同一个图层上，在"图层"面板中的名称为"封套"。封套和封套内容都可以进行重新编辑。

选择封套扭曲对象，执行"对象"|"封套扭曲"|"封套选项"菜单命令，打开"封套选项"对话框进行设置，如图4-59所示。封套选项决定了以何种形式扭曲对象，以便使之适合封套。

图 4-59

"封套选项"对话框中主要参数说明如下。

- 消除锯齿：勾选该复选框，会使对象的边缘变得更加平滑，这个选项会增加处理时间。
- 保留形状，使用：使用非矩形封套扭曲对象时，可以在该选项中指定栅格以怎样的形式保留形状。若选择"剪切蒙版"选项，则可在栅格上使用剪切蒙版；若选择"透明度"选项，则可对栅格应用Alpha通道。
- 保真度：用于指定封套内容在变形时适合封套图形的精确程度，该值越大，封套内容的扭曲效果越接近封套的形状，但会产生更多的锚点，同时也会增加处理时间。
- 扭曲外观：如果封套内容添加了效果或图形样式等外观属性，勾选该复选框，可以使外观与对象一起扭曲。
- 扭曲线性渐变填充：如果被扭曲的对象填充了线性渐变，勾选该复选框可以将线性渐变与对象一起扭曲。
- 扭曲图案填充：如果被扭曲的对象填充了图案，勾选该复选框可以使图案与对象一起扭曲。

4.7 路径形状

在Illustrator中，图形对象的外形不仅能够通过变形工具与液化工具来改变，还可以通过路径的各种运算或者组合来改变。

路径编辑方式中的"路径查找器"面板是用来进行路径运算的，而复合路径与复合形状则通过组合的方式来改变图形对象的显示效果。此外，还可以通过形状生成器直接对对象进行合并、编辑和填充。

4.7.1 路径查找器   重点

选择两个或者多个重叠图形后，执行"窗口"|"路径查找器"菜单命令，可以打开"路径查找器"面板，如图4-60所示。通过使用"路径查找器"面板中的相关选项，可以将两个或多个图形进行相加、相减或相交等操作，从而生成更为复杂的图形。

图 4-60

下面将对"路径查找器"面板中的各项属性参数进行详细介绍。

1. 形状模式

- 联集：单击该按钮，可以将选中的两个或多个图形合并为一个图形，合并后轮廓线及其重叠的部分融合在一起，顶部的对象颜色决定了合并后对象的颜色，如图4-61所示。

图 4-61

- 减去顶层：单击该按钮，将会用底部的图形减去它上面的所有图形，而保留底部图形的填充和描边，如图4-62所示。

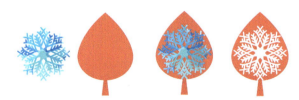

图 4-62

- 交集：单击该按钮，将会删除图形重叠区域以外的部分，重叠部分显示顶部图形的填充和描边，如图4-63所示。

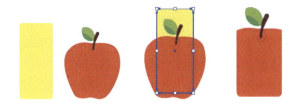

图 4-63

◆ 差集 : 单击该按钮,只保留图形非重叠部分,而重叠部分被挖空,最终的图形显示为顶部图形的填充和描边,如图4-64所示。

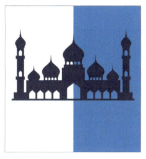

图 4-64

2. 路径查找器

◆ 分割 : 单击该按钮,将会对图形的重叠区域进行分割,分割后的图形可单独进行编辑且保留原图形的填充和描边,并自动编为一组,如图4-65所示。

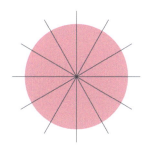

图 4-65

◆ 修边 : 单击该按钮,将后边图形与前面图形重叠的部分删除,并保留对象的填充,且无描边,如图4-66所示。

图 4-66

◆ 合并 : 单击该按钮,将不同填充的图形合并后,上层图形形状保持不变,与下层图形重叠的部分将被删除,如图4-67所示。

图 4-67

◆ 裁切 : 单击该按钮,只保留图形的重叠部分,最终的图形显示底部图形的颜色,且无描边,如图4-68所示。

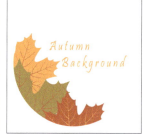

图 4-68

◆ 轮廓 : 单击该按钮,只保留图形的轮廓,轮廓填充色为自身的颜色,如图4-69所示。

图 4-69

- 减去后方对象 ◻：单击该按钮，可以用顶部的图形减去下方所有的图形，保留顶部图形的非重叠部分以及填充和描边，如图4-70所示。

图 4-70

4.7.2 复合对象

1.复合形状

复合形状可以通过相加、相减、交集或者差集的方式组合多个图形。在创建复合形状后，既能够保留原图形各自的轮廓，对图形进行非破坏性的处理，还可以更改其形状模式。

2.复合路径

复合路径是由一条或多条简单的路径组合而成的图形，可以产生挖空效果，即可以在路径的重叠处呈现空洞。选中多个对象后，执行"对象"|"复合路径"|"建立"菜单命令，即可创建复合路径，它们会进行自动编组，并应用最后对象的填充内容和样式。使用"直接选择工具"▷或"编组选择工具"▷,可以选择部分对象进行移动，复合路径的孔洞也会随之改变。

3.复合形状和复合路径的区别

- 复合形状是通过"路径查找器"面板组合的图形，可以生成相加、相减和相交等不同的运算结果，复合路径只能创建挖空效果。
- 图形、路径、编组对象、混合、文本、封套、变形和复合路径，以及其他复合形状都可以用来创建复合形状，而复合路径则由一条或多条简单的路径组成。
- 由于要保留原始图形，复合形状要比复合路径生成的文件大，并且在显示包含复合形状的文件时，计算机要一层一层地从原始对象读到现有的结果，屏幕的刷新速度会变慢。如果要制作简单的挖空效果，可以用复合路径代替复合形状。
- 释放复合形状时，其中的各个对象可以恢复为创建前的效果；释放复合路径时，所有对象可以恢复为原来各自独立的状态，但它们不能恢复为创建复合路径前的填充内容和样式。
- 在复合路径中，各个路径的形状虽然可以处理，但无法改变各个对象的外观属性、图形样式或效果，并且无法在"图层"面板中单独处理这些对象。因此，如果希望更灵活地创建复合路径，可以创建一个复合形状，然后将其扩展。

4.7.3 形状生成器

用Illustrator中的"形状生成器工具"◉可以对图形进行合并或删除。选择多个图形，如图4-71所示，使用"形状生成器工具"◉,在一个图形上方单击，此时鼠标指针将呈现为▶₊状，向另一个图形拖动鼠标，如图4-72所示，释放鼠标后即可将两个图形合并，如图4-73所示。

 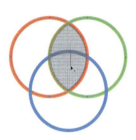

图 4-71　　　　　图 4-72

图 4-73

若按住Alt键，鼠标指针将呈现为▶₋状，如图4-74所示，此时单击合并后的图形或图形边缘，则可以将其删除，如图4-75和图4-76所示。

图 4-74　　　　　图 4-75

图 4-76

4.7.4 实战——绘制一条鲸鱼 难点

本实例使用"路径查找器"和"钢笔工具"来创建一个鲸鱼复合形状。

素材文件路径	无
效果文件路径	效果\第4章\4.7.4
在线视频路径	第4章\4.7.4.实战——绘制一条鲸鱼.mp4

Step 01 启动Illustrator CC 2018软件,执行"文件"|"新建"菜单命令,在弹出的"新建文档"对话框中创建一个大小为800px×600px的空白文档,具体如图4-77所示。

图 4-77

Step 02 进入操作界面后,切换为"钢笔工具" ,在画板上方参照图4-78所示绘制出鲸鱼身体的大致轮廓(描边2px 黑色,填充为白色)。

Step 03 使用"钢笔工具" ,绘制一条曲线,如图4-79所示。

图 4-78   图 4-79

Step 04 同时选中身体和上一步绘制的曲线,然后在"路径查找器"面板中单击"分割"按钮 ,将选中对象进行分割,如图4-80所示。

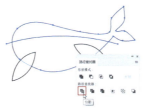

图 4-80

Step 05 "分割"操作后保持图形选中状态,右击并在弹出的菜单中选择"取消编组"命令,如图4-81所示。

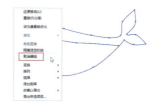

图 4-81

Step 06 将右侧的鱼鳍置于顶层,左侧的鱼鳍置于底层。然后切换为"直接选择工具" ,调整锚点,使用"添加锚点工具" 增加锚点,使图形更加平滑,效果如图4-82所示。

Step 07 同时选中鲸鱼上半身和右侧鱼鳍,在"路径查找器"面板中单击"联集"按钮 ,如图4-83所示。

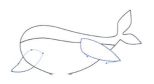 

图 4-82   图 4-83

Step 08 使用"直接选择工具" 微调形体,让形状更加圆润自然,然后为对象进行填色并绘制鲸鱼眼睛,增加并修饰细节,最终效果如图4-84所示。

图 4-84

4.8 对齐与排列图形对象

在默认状态下,新绘制的图形总是位于先前绘制的图形的上方,对象的堆叠方式将决定其重叠部分如何显示。因此,调节堆叠顺序时,会影响图稿的显示效果。下面详细介绍图形的排列以及对象的对齐与分布。

4.8.1 排列图形对象 重点

1.使用"排列"命令调整堆叠顺序

选中对象,如图4-85所示,执行"对象"|"排列"菜单命令,或在所选对象上方右击以执行相同的命令,可在下拉菜单里选择任意一种图形的排列方式,如图4-86所示。

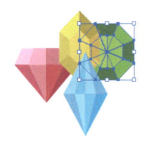

图 4-85   图 4-86

排列方式说明如下。

◆ 置于顶层:将所选对象移至当前图层或当前组中所有对象的最顶层,如图4-87所示。
◆ 前移一层:将所选对象的堆叠顺序向前移动一层,如图4-88所示。

图 4-87

图 4-88

◆ 后移一层:将所选对象的堆叠顺序向后移动一层,如图4-89所示。

图 4-89

◆ 置于底层:将所选对象移至当前图层或当前组中所有对象的最底层,如图4-90所示。

图 4-90

> **延伸讲解**
>
> 对象的堆叠顺序取决于当前的绘图模式。

2.用"图层"面板调整堆叠顺序

对象的堆叠顺序与"图层"面板中图层的堆叠顺序是一致的,因此,通过调整"图层"面板中图层的堆叠顺序,可以处理比较复杂的图稿,如图4-91所示。

图 4-91

关于"图层"面板的相关知识点，请参阅本书第6章。

4.8.2 对齐与分布对象

选择一个或多个对象进行对齐与分布时，可以执行"窗口"|"对齐"菜单命令，在弹出的"对齐"面板中选择相关对齐选项，或者直接在"控制"面板中选择相关对齐选项，沿指定的轴对齐或分布所选对象。

选择多个对象，执行"窗口"|"对齐"菜单命令，将弹出图 4-92所示的"对齐"面板，单击该面板中的任意按钮，可以沿着指定的轴将它们对齐。

图 4-92

"对齐"面板中的各按钮说明如下。

1.对齐对象

位于"对齐"面板中的"对齐对象"组按钮可以对选择的两个或两个以上的对象，按照指定的位置或者区域进行对齐排列。

◆ 水平左对齐 ▉：水平移动使对象的左端对齐。

◆ 水平居中对齐 ▉：水平移动使对象居中对齐。

◆ 水平右对齐 ▉：水平移动使对象的右端对齐。

◆ 垂直顶对齐 ▉：垂直移动使对象的顶端对齐。

◆ 垂直居中对齐 ▉：垂直移动使对象居中对齐。

◆ 垂直底对齐 ▉：垂直移动使对象的底端对齐。

2.分布对象

位于"对齐"面板中的"分布对象"组按钮可以对选择的三个及以上对象，按照指定的位置或者区域进行平均分布。

◆ 垂直顶分布 ▉：垂直移动使对象按顶端平均分布。

◆ 垂直居中分布 ▉：垂直移动使对象居中平均分布。

◆ 垂直底分布 ▉：垂直移动使对象按底端平均分布。

◆ 水平左分布 ▉：水平移动使对象按左端平均分布。

◆ 水平居中分布 ▉：水平移动使对象居中平均分布。

◆ 水平右分布 ▉：水平移动使对象按右端平均分布。

在进行对齐与分布操作时，如果要以所选对象中的一个对象为基准来对齐或者分布其他对象，可在选择对象之后，再单击一下这个对象，然后单击所需的对齐和分布按钮。默认情况下，Illustrator会根据对象的路径来计算对象的对齐与分布。当处理具有不同描边粗细的对象时，可单击"对齐"面板右上角 ≡ 按钮，在下拉菜单里选择"使用预览边界"选项，改用描边边缘来进行对象的对齐与分布。

4.8.3 实战——对齐分布矢量图标 `难点`

使用"对齐"面板工具可以高效完成对象的排列组合，下面用一个简单的实例来讲解"对齐"面板工具的具体使用方法。

素材文件路径	素材\第4章\4.8.3
效果文件路径	效果\第4章\4.8.3
在线视频路径	第4章\4.8.3.实战——对齐分布矢量图标 .mp4

`Step 01` 启动Illustrator CC 2018软件，执行"文件"|"打开"菜单命令，打开素材文件夹下的"图标.ai"文件，如图4-93所示。

`Step 02` 使用"选择工具"▶选中最上排图标，如图4-94所示。

图 4-93　　　　　　图 4-94

Step 03 执行"窗口"|"对齐"菜单命令,在弹出的"对齐"面板中依次单击"水平居中分布"按钮和"垂直居中对齐"按钮,如图4-95所示。操作完成后得到的效果如图4-96所示。

形,在"图层"面板中将它们选中,如图4-101所示。

Step 09 在"对齐"面板中单击"对齐"选项中的"对齐关键对象"按钮,并在"分布间距"文本框中设置"间距值"为7mm,然后单击"水平分布间距"按钮,如图4-102所示。

图 4-95

图 4-96

图 4-101

图 4-102

Step 04 用同样的方法,利用"对齐"面板中的工具按钮将剩下几排图标进行对齐排列,如图4-97所示。

Step 05 在图层面板单击"创建新图层"按钮创建一个新图层,并将其放置在底层,如图4-98所示。

Step 10 上述操作完成后,得到的图形效果如图4-103所示。

Step 11 使用同样的方法,继续使用"圆角矩形工具"创建不同颜色的圆角矩形,并进行对齐排列,最终效果如图4-104所示。

图 4-103　　　　图 4-104

图 4-97

图 4-98

Step 06 在"图层2"编辑状态下,切换为"圆角矩形工具",在画板上单击,然后在弹出的"圆角矩形"对话框中进行设置,完成后单击"确定"按钮,如图4-99所示。

Step 07 创建圆角矩形后,设置填充色为(C3%,M18%,Y58%,K0),无描边,并调整摆放至图标下方,效果如图4-100所示。

4.9 综合实战——扁平化星球海报

本实例综合使用几何工具、路径查找器、直接选择工具等多种工具和命令,绘制一幅扁平化星球海报。

素材文件路径	无
效果文件路径	效果\第4章\4.9
在线视频路径	第4章\4.9 综合实战——扁平化星球海报.mp4

图 4-99

图 4-100

Step 08 分别按快捷键Ctrl+C和Ctrl+F,原地复制4个圆角矩

1.绘制流星

Step 01 启动Illustrator CC 2018软件，执行"文件"|"新建"菜单命令，在弹出的"新建文档"对话框中创建一个大小为1280px×800px的空白文档，具体如图4-105所示。

图 4-105

Step 02 进入操作界面后，使用"矩形工具"▢,绘制一个与画板大小一致的深蓝色（#514a84）矩形，如图4-106所示。

图 4-106

Step 03 使用"椭圆工具"◯和"矩形工具"▢,分别在画板上方绘制一个红色（#f93e3e）无描边的圆形和矩形，并将绘制的两个图形无缝拼接起来，如图4-107所示。

Step 04 使用"矩形工具"▢,在组合图形上方分别绘制一个红色（#f93a83）和深蓝色（#514a84）的长条矩形，并进行复制，使其交错排列，效果如图4-108所示。

图 4-107   图 4-108

图 4-108

Step 05 使用"选择工具"▶选中绘制的所有深蓝色长条矩形，按Delete键将它们删除，此时得到的图形效果如图4-109所示。

Step 06 将红色圆形置于顶层，然后为圆上方的矩形填充相同颜色（#f93a83），并放置在圆形下方。同时选中矩形图形，然后打开"路径查找器"面板，在其中单击选择"联集"按钮 ■,如图4-110所示。

图 4-109   图 4-110

Step 07 图形进行"联集"操作后，切换为"直接选择工具"▷,拖动图形上方的锚点，使矩形产生错落感，效果如图4-111所示。

Step 08 在画面中添加一些同色系的矩形，作为修饰元素，效果如图4-112所示。

图 4-111   图 4-112

Step 09 为了让图形更具层次感，切换为"椭圆工具"◯,绘制一个粉色（#ff7398）的圆形放置在红色圆形下层，如图 4-113 所示。

Step 10 使用"矩形工具"■,绘制一个与上一步绘制的圆形同等宽度且颜色相同的矩形,放置在底层,如图4-114所示。

图 4-113

图 4-114

Step 11 用同样的方法,在图形上方绘制一组粉色（#ff7398）与深蓝色（#514a84）交错排列的矩形,如图4-115所示。

Step 12 删除深蓝色矩形组,将剩下的粉色（#ff7398）矩形组与大的粉色矩形"联集"后,使用"直接选择工具"▷,改变图形分布状态,并将图形组合放置到最底层,效果如图4-116所示。

图 4-115

图 4-116

Step 13 用同样的方法继续绘制蓝色的圆形和矩形组合,放置在最底层,效果如图4-117所示。

Step 14 使用"选择工具"▶同时选中图4-118所示图形,执行"效果"|"风格化"|"圆角"菜单命令,在弹出的"圆角"对话框中设置"半径"为10px,单击"确定"按钮保存设置。

图 4-117

图 4-118

2.绘制球体

Step 01 选择绘制好的流星图形,按快捷键Ctrl+G进行编组,并将编组和背景层暂时隐藏,方便观察。接着,使用"矩形工具"■,在画板中参照图4-119绘制组合图形。

Step 02 删除组合图形中的深蓝色矩形,并对剩下的橘色（#ffa861）组合图形进行"联集"操作,如图4-120所示。

图 4-119

图 4-120

Step 03 使用"直接选择工具"▷,调节各个锚点,使图形呈现不规则排列状态,效果如图4-121所示。

Step 04 为图形执行"效果"|"风格化"|"圆角"菜单命令,设置圆角"半径"为10px,得到图形效果如图4-122所示。

图 4-121

图 4-122

Step 05 复制几个图形组进行无缝贴合,使用"直接选择工具"▷,调节各个锚点,使图形呈现不同的排列状态并改变图形颜色,效果如图4-123所示。

Step 06 使用"椭圆工具"○,绘制一个黄色（#ffe164）圆形放置在组合图形下方,如图4-124所示。

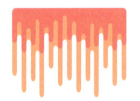
图 4-123

图 4-124

Step 07 选择黄色圆形,按快捷键Ctrl+C和Ctrl+F复制一个放置在组合图形上方,然后暂时将置于底层的黄色圆形隐藏,如图4-125所示。

Step 08 全选组合图形和顶层黄色圆形,执行"对象"|"剪切蒙版"|"建立"菜单命令（快捷键Ctrl+7）,

创建图形剪切蒙版，此时得到的图形效果如图4-126所示。

图 4-125

图 4-126

Step 09 恢复显示下层的黄色圆形，此时图形效果如图4-127所示，全选图形按快捷键Ctrl+G进行编组。

图 4-127

Step 10 恢复所有图层显示，用同样的方法再次绘制另外一颗球体，并设置不同颜色效果。在画面中添加一些修饰元素及文字，进行图形排版，得到的最终效果如图4-128所示。

图 4-128

4.10 课后习题

4.10.1 课后习题——绘制心电图效果

素材文件路径	无
效果文件路径	课后习题 \ 效果 \4.10.1
在线视频路径	第 4 章 \4.10.1 课后习题——绘制心电图效果 .mp4

本习题主要练习图形对象的绘制及变换操作。变换对象是Illustrator中应用非常频繁的命令之一，在此次练习中，将主要通过变换对象和调整锚点来完成心电图效果的制作。完成效果如图4-129所示。

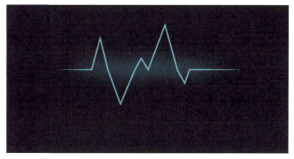

图 4-129

4.10.2 课后习题——绘制分割色块背景

素材文件路径	无
效果文件路径	课后习题 \ 效果 \4.10.2
在线视频路径	第 4 章 \4.10.2 课后习题——绘制分割色块背景 .mp4

本习题主要练习"路径查找器"中"分割"工具的使用方法。通过Illustrator"路径查找器"中的工具可以建立许多复合图形，在作图过程中使用频率非常高。完成效果如图 4-130所示。

图 4-130

第 05 章 文本的创建与编辑

文字是设计作品中传达信息，强化主题最直接的方式之一。Illustrator CC 2018的文字功能十分强大，它支持Open Type字体和特殊字形，并且可以调整字体大小、间距，控制行和列的排列等。

Illustrator不仅可以创建和编辑各种字体，还具有特殊的排版功能。本章主要介绍各种文本样式的创建和编辑方式以及制表符的应用。

学习要点
- 文字工具的使用 98页
- 文本与段落格式 104页
- 修饰文本的方法 106页

5.1 创建文字

Illustrator CC 2018包含了7种文字工具，使用这些文字工具可以创建点文字、段落文字和路径文字。点文字会从单击位置开始，随着字符的输入沿水平或垂直方向扩展；区域文字会利用对象边界来控制字符排列；路径文字会沿开放或封闭路径的边缘排列文字。

5.1.1 认识文字工具

在Illustrator界面左侧的工具箱中长按"文字工具"按钮，可以展开文字工具面板，其中罗列了7种文字工具，如图5-1所示。

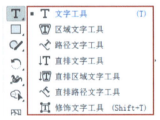

图 5-1

文字工具介绍如下。

◆ 文字工具/直排文字工具：可以在文档中创建水平或垂直方向排列的点文字和区域文字。

◆ 区域文字工具/直排区域文字工具：可以在任意图形内输入文字。

◆ 路径文字工具/直排路径文字工具：可以创建沿开放或封闭路径排列的文字，可在任意图形内输入文字。

◆ 修饰文字工具：使用该工具可以创造性地修饰文字，创建美观而突出的信息。

使用文字工具时，将鼠标指针放置在画板中，鼠标指针会变成状态，此时可以创建点文字；将鼠标指针放在封闭的路径上，鼠标指针会变为状态，此时可以创建区域文字；将鼠标指针放在开放的路径上，鼠标指针会变为状态，此时可以创建路径文字。

5.1.2 实战——创建点文字 〔难点〕

点文字是指从单击位置开始随着字符输入而扩展的横排或直排文本。创建的每一行文本都是独立的，对其进行编辑时，该行将会扩展或缩短，但不会换行。这种方式非常适合用于输入标题等文字量较少的文本。

素材文件路径	素材\第 5 章\5.1.2
效果文件路径	效果\第 5 章\5.1.2
在线视频路径	第 5 章\5.1.2.实战——创建点文字.mp4

Step 01 启动Illustrator CC 2018软件，执行"文件"|"打开"菜单命令，找到素材文件夹下的"美味.ai"文件，将其打开，如图5-2所示。

Step 02 进入操作界面后，切换为"文字工具"，然后在控制面板中单击"字符"按钮，打开下拉字符面板，参照图5-3设置字符参数。

图 5-2　　　　　　　　　　图 5-3

Step 03 将鼠标指针放在需要输入文字的位置，待鼠标指针呈现状态时单击，单击处会变成闪烁的文字输入状态，如图5-4所示。

Step 04 输入文字"美味佳肴"，完成后按Esc键，或者单击工具面板中的其他工具，即可结束输入，最终效果如图5-5所示。

图 5-4　　　　　　　　　　图 5-5

5.1.3 实战——创建区域文字

区域文字也称为段落文字，它利用对象的边界来控制字符排列，当文本到达边界时，会自动换行。这种方式非常适合用于输入宣传册等一个或多个段落的文本。

素材文件路径	素材\第5章\5.1.3
效果文件路径	效果\第5章\5.1.3
在线视频路径	第5章\5.1.3.实战——创建区域文字.mp4

Step 01 启动Illustrator CC 2018软件，执行"文件"|"打开"菜单命令，找到素材文件夹下的"背景.ai"文件，将

其打开，如图5-6所示。

Step 02 进入操作界面后，切换为"直排文字工具"，然后在控制面板中单击"字符"按钮，打开下拉字符面板，参照图5-7所示设置字符参数。

图 5-6　　　　　　　　　　图 5-7

Step 03 在画板中按住鼠标左键并拖动出一个矩形选框，如图5-8所示，释放鼠标后即可输入文字，文字会限定在矩形选框内，并自动换行，最终效果如图5-9所示。

图 5-8　　　　　　　　　　图 5-9

5.1.4 设置区域文字选项

使用"选择工具"选择区域文字对象，如图5-10所示。执行"文字"|"区域文字选项"菜单命令，可以打开"区域文字选项"对话框，如图5-11所示，在该对话框中可以设置文本内容的显示区域与排列方式。

图 5-10　　　　　　　　　　图 5-11

"区域文字选项"对话框中各属性说明如下。

◆ 宽度/高度：用于设置文本区域的大小。若文本区域不是矩形，则该值将用于确定对象边框的尺寸。

◆ "行"选项组：如果要创建文本行，可在"数量"选项内设置对象包含的行数，在"跨距"选项内设置单行的高度，在"间距"选项内设置行与行之间的间距。若勾选"固定"选项，调整区域大小时，只会改变行数和栏数，不会改变高度。若取消勾选该选项，行高将会随文字区域的大小变化而变化。图5-12所示为"行"选项组的参数设置，图5-13所示为创建的文本效果。

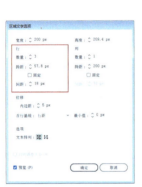
图 5-12

图 5-13

◆ "列"选项组：如果要创建文本列，可在"数量"选项内设置对象包含的列数，在"跨距"选项内设置单列的宽度，在"间距"选项内指定列与列之间的间距。若勾选"固定"选项，调整区域大小时，只会改变行数和栏数，而不会改变宽度。若取消勾选该选项，栏宽将会随文字区域的大小变化而变化。图5-14所示为"列"选项组的参数设置，图5-15所示为创建的文本效果。

图 5-14

图 5-15

◆ "位移"选项组：用来调整内边距和首行文字的基线。在区域文字中，文本和边框路径之间的距离被称为内边距。在"内边距"选项中输入数值，可以改变文本区域的边距。图5-10所示为无内边距的文字，图5-16所示为"内边距"为5px的文字。在"首行基线"选项下拉列表中选择一个选项，可以控制第一行文本与对象顶部的对齐方式，包括"字母上缘""大写字母高度""行距""X高度"等对齐选项。这种对齐方式被称为首行基线位移。在"最小值"文本框中，可以设置基线位移的最小值。图5-17所示是"位移"选项组的参数设置，图5-18所示为文字效果。

图 5-16

图 5-17

图 5-18

◆ "文本排列"选项：用来设置文本流的走向，即文本的阅读顺序。若单击 按钮，文本将按行从左到右排列；若单击 按钮，文本将按列从左到右排列。

5.1.5 设置路径文字选项

选择一个路径文字，如图5-19所示。执行"文字"|"路径文字"|"路径文字选项"菜单命令，打开"路径文字选项"对话框，如图5-20所示，在对话框中可以设置路径文字效果的相关参数。

图 5-19　　　　　图 5-20

"路径文字选项"对话框中主要属性说明如下。

- 效果：在该选项的下拉列表中，可以选择用于扭曲路径文字字符方向的选项，默认为"彩虹效果"，如图5-19所示。
- "翻转"复选框：勾选该复选框即可翻转路径上的文字。
- 对齐路径：用来设置字符对齐路径的方式。
- 间距：当字符围绕尖锐曲线或者锐角曲线排列时，因为突出展开的关系，字符之间可能会出现额外的间距。此时可以通过调整"间距"选项来缩小曲线上字符间的间距。

5.1.6 置入文本 重点

在Illustrator中，除了可以使用不同的文字工具来创建文本，还可以将其他程序中创建的文本导入图稿中使用，并且将保留文本的字符和段落样式。

1.将文本导入新建的文档中

执行"文件"|"打开"菜单命令，在弹出的"打开"对话框中选择将要使用的文本文件，单击"打开"按钮，可以将其导入新建文档中。

若选择的是纯文本（.txt）文件，将会打开"文本导入选项"对话框，如图5-21所示，在该对话框中可以指定用以创建文件的平台和字符集，其中"额外回车符"选项可以指定处理额外回车符的方式，"额外空格"选项可以指定用制表符替换空格字符的数量。若选择的是Word文档，将会打开"Microsoft Word选项"对话框，如图5-22所示。

图 5-21　　　　　图 5-22

2.将文本置入现有的文档中

打开一个文档后，执行"文件"|"置入"菜单命令，或按快捷键Shift+Ctrl+B，在弹出的"置入"对话框中选择将要使用的文本文件，单击"置入"按钮，可以将其置入当前文件中。

5.1.7 导出文字

使用文字工具选择要导出的文本，如图5-23所示，执行"文件"|"导出"|"导出为"命令，打开"导出"对话框，选择文件位置并输入文件名，选择文本格式（*.TXT），如图5-24所示，单击"导出"按钮即可导出文字。

图 5-23　　　　　图 5-24

5.2 设置文本格式

在Illustrator中创建文字时，可以通过"字符"面板或者控制面板中的相关选项设置文本的字体、大小、间距和行距等属性。

5.2.1 选择文字

在对文本进行编辑时，首先要将文字对象或文字字符选中。

1.选择文字对象

使用"选择工具"▶单击文本，即可将整个文本对象选中，如图5-25所示。选择对象之后，可以对其进行移动、旋转或者缩放等操作，如图5-26所示。此外，还可以在控制面板中修改其填色、描边和不透明度，或在"字符"面板中修改字符样式。

图 5-25　　　　　图 5-26

2.选择文字

使用"文字工具" T,在文本上按住鼠标左键并拖动可以选择一个或多个字符,如图5-27所示,然后执行"选择"|"全部"菜单命令或者按快捷键Ctrl+A,即可将文字对象中的所有字符选中,如图5-28所示。选中需要编辑的字符之后,即可修改其字体、大小和颜色等属性,也可以修改所选文字内容或者删除所选文字。

图 5-27　　　　　　　图 5-28

5.2.2 设置文字

在创建和编辑文本对象时,除了可以在控制面板中快速设置字符格式之外,还可以执行"窗口"|"文字"|"字符"菜单命令,打开"字符"面板,如图5-29所示,在该面板中为文档中的单个字符设置格式。

图 5-29

"字符"面板中各选项的含义如下。

❶字体和样式:单击"设置字体系列"选项右侧的下拉按钮 ,可以在展开的下拉列表里选择系统中安装的字体。

❷设置字体大小:该选项用来设置字体的大小,可以在文本框中输入具体数值,或者单击右侧的下拉按钮 ,在展开的下拉列表中选择字体大小,还可以单击左侧的 按钮进行调整。

❸设置行距:用来设置文本中行与行之间的垂直间距,默认情况下为"自动",即行距为字体大小的120%,如10pt的文字默认使用12pt的行距。该值越高,行距越宽。

❹缩放文字:"垂直缩放" IT和"水平缩放" T选项用来缩放字符或文本。

❺字符间的字距微调:用来增加或减少特定字符之间的间距。首先使用任意文字工具在需要调整的两个字符间单击,进入输入状态,然后在该选项中设置数值来调整两个字符间的间距。若该值为正值,则会加大字距;若为负值,则会减小字距。

❻字距调整:用来放宽或收紧文本中的字符间距。若该值为正值,字距变大;若为负值,字距变小。

❼使用空格:"插入空格(左)" 和"插入空格(右)" 用来设置字符前后的空白间隙。

❽比例间距:用来设置比例间距的百分比来压缩字符间的空格。该值越高,字符间的空格越窄。

❾基线偏移:基线是字符排列于其上的一条不可见的直线,该选项用来设置基线的位置。若该值为正值,可以将字符的基线移至文字基线的上方;若为负值,可以将字符的基线移至文字基线的下方。

❿字符旋转:用来设置字符的旋转角度。

⓫特殊样式:用来创建特殊的文字样式,包括"全部大小字母" TT、"小型大写字母" Tr、"上标" T¹和"下标" T₁(用于缩小文字,并相对于字体基线升高或降低文字)、"下画线" T(用于为文字添加下画线)和"删除线" F(用于在文字中央添加删除线)。

⓬语言:在该下拉列表中选择适当的词典,为文本指定一种语言,以方便拼写检查和生成连字符。

⓭消除锯齿:用来设置消除文本锯齿的方式,使文字边缘更加清晰。

> **延伸讲解**
>
> 在默认情况下,"字符"面板只显示常用的选项,单击面板右上角的"面板选项"按钮 ≡,在打开的下拉面板中选择"显示选项"命令,可以显示所有选项。

5.2.3 特殊字符

在Illustrator中编辑文字时,许多字体都包括特殊的字符,在"字形"面板和"OpenType"面板中可以设置特殊字形的使用规则。

1."字形"面板

在"字形"面板中可以查看字体中的字形,还可以

在文档中插入特定的字形。使用任意文字工具在文本中单击，进入文字输入状态，如图5-30所示，执行"窗口"|"文字"|"字形"菜单命令，打开"字形"面板，如图5-31所示。默认情况下，该面板中显示了当前所选字体的所有字形，在面板中双击一个字符，即可将其插入文本中，如图5-32所示。

图 5-33　　　　图 5-34

图 5-30　　　　图 5-31

5.2.4 实战——创建并编辑字符样式 难点

字符样式是多种字符格式属性的集合，在"字符样式"面板中可以创建和编辑字符所要应用的字符样式。

图 5-32

素材文件路径	素材\第5章\5.2.4
效果文件路径	效果\第5章\5.2.4
在线视频路径	第5章\5.2.4.实战——创建并编辑字符样式.mp4

延伸讲解

在"字形"面板底部选择一个不同的字体系列和样式可以改变字体。若选择的字体是"OpenType字体"，可以打开"显示"选项的下拉菜单，选择一种类别，将面板限制为只显示特定类型的字形。

Step 01 启动Illustrator CC 2018软件，执行"文件"|"打开"菜单命令，找到素材文件夹下的"促销字符.ai"文件，将其打开并选中一个文本对象，如图5-35所示。

2. "OpenType"面板

OpenType字体是Windows和Macintosh操作系统都支持的字体文件，使用该字体后，在这两个操作平台间交换文件时，不会出现字体替换或其他导致文本重新排列的问题。此外，OpenType字体还包含花式字、标题和文本替代字、序数字和分数字等风格化字符。

选择应用了OpenType字体的文字对象，如图5-33所示，执行"窗口"|"文字"|"OpenType"菜单命令，打开"OpenType"面板，如图5-34所示，在该面板中单击相应的按钮，可以设置连字、替代字符和分数字等字形的使用规则。

图 5-35

Step 02 执行"窗口"|"文字"|"字符"菜单命令，打开"字符"面板，参照图5-36设置字符参数。

Step 03 在控制面板中修改"填充"为红色（#f9c0c0），设置"描边"为白色，"描边粗细"为3pt，完成设置后得到的文字效果如图5-37所示。

图 5-36　　　　图 5-37

Step 04 文字选择状态下，执行"窗口"|"文字"|"字符样式"菜单命令，打开"字符样式"面板，单击面板底部的"创建新样式"按钮，或者单击面板右上角的"面板菜单"按钮，在打开的面板菜单中选择"新建字符样式"命令，在打开的对话框中输入自定义名称，如图5-38所示，单击"确定"按钮，将该文本的字符样式保存在面板中，如图5-39所示。

图 5-38　　　　图 5-39

Step 05 在画板中选择"frame"文本对象，在"字符样式"面板中单击新添加的字符样式，如图5-40所示，即可将该样式应用到所选文本对象上，调整文本位置后得到的效果如图5-41所示。

图 5-40　　　　图 5-41

🔍 延伸讲解

创建字符样式之后，单击"字符样式"面板右上角的"面板菜单"按钮，在打开的面板菜单中选择"字符样式选项"命令，打开"字符样式选项"对话框，在对话框中可以修改样式参数。但是在修改时，使用该样式的所有文本都会发生改变。

5.3 设置段落格式

段落格式是指段落的对齐与缩进、段落的间距和悬挂标点等属性。执行"窗口"|"文字"|"段落"菜单命令，可以打开"段落"面板，如图5-42所示，在该面板中可以设置所选文本内容的段落格式。除此之外，在控制面板中单击"段落"按钮打开下拉段落面板，也可以设置段落格式。

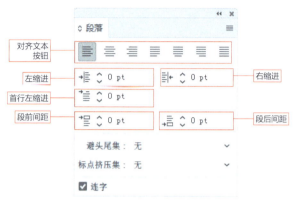

图 5-42

5.3.1 段落的对齐方式与间距　重点

1.段落的对齐方式

使用任意文字工具选择文字对象或者在要修改的段落前单击，然后在"段落"面板中单击一个对齐按钮，即可应用该对齐方式。对齐方式包括了"左对齐"、"居中对齐"、"右对齐"、"两端对齐，末行左对齐"、"两端对齐，末行居中对齐"、"两端对齐，末行右对齐"和"全部两端对齐"。

2.段落间距

在"段前间距"选项中设置数值，可以增加当前所选段落与上一段落的间距，如图5-43所示；在"段后间距"选项中设置数值，可以增加当前段落与下一段落之间的间距，如图5-44所示。

图 5-43　　　　图 5-44

5.3.2 缩进和悬挂标点

1.缩进文本

缩进是指文本和文字对象边界间的间距量，只会对所选段落产生影响。使用任意文字工具选择文字对象或者在要修改的段落前单击鼠标，进入文字输入状态，如图5-45所示。在"左缩进" 选项中设置数值，可以使文字向文本框的右侧边界移动，如图5-46所示；在"右缩进" 选项中设置数值，可以使文字向文本框的左侧边界移动，如图5-47所示。

图 5-45　　　　图 5-46

图 5-47

在"首行左缩进" 选项中设置数值，可以调整首行文字的缩进。若输入正值，文本首行将向右侧移动，如图5-48所示；若输入负值，则会向左侧移动，如图5-49所示。

图 5-48　　　　图 5-49

2. 悬挂标点

悬挂标点可以通过将标点符号移至段落边缘之外的方式，让文本边缘显得更加对称，包含"罗马式悬挂标点""视觉边距对齐方式"和"标点溢出"3种对齐方式。

选择文字对象之后，执行"文字"|"视觉边距对齐方式"菜单命令，将此选项打开，即决定了所选文字对象中所有段落的标点符号的对齐方式，罗马式标点符号和字母边缘都会溢出文本边缘，使文字看起来严格对齐。单击"字符"面板左上角的"面板选项"按钮，在打开的面板菜单中可以选择"中文标点溢出"的方式，也可以打开"罗马式悬挂标点"。

5.3.3 创建段落样式

执行"窗口"|"文字"|"段落样式"菜单命令，可以打开"段落样式"面板，如图5-50所示。在该面板中可以创建、应用和管理段落样式，操作方式与创建字符样式相同。

在"段落样式"面板中选择一个段落样式后，双击该样式名称，或者单击"段落样式"面板右上角的"面板菜单"按钮，在打开的面板菜单中选择"段落样式选项"命令，打开"段落样式选项"对话框，如图5-51所示，在对话框中可以修改样式参数，改变段落样式效果。

图 5-50　　　　图 5-51

5.4 制表符

大多数字体因为字形的原因会导致成比例地留空，所以使用不同宽度的字母插入多个空格不会使文本栏均匀地对齐，这时就需要使用制表符来使文本对齐。

5.4.1 创建制表符　　重点

执行"窗口"|"文字"|"制表符"菜单命令，打开"制表符"面板，如图5-52所示。可以通过在该面板中设置制表符定位点、对齐和停顿方式来创建制表符。

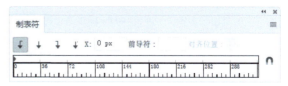

图 5-52

1.制表符对齐按钮

"制表符对齐按钮"用来指定如何相对于制表符位置对齐文本。单击"左对齐制表符"按钮，可以靠左侧对齐横排文本，右侧边距会因长度不同而参差不齐；单击"居中对齐制表符"按钮，可按制表符标记居中对齐文本；单击"右对齐制表符"按钮，可以靠右侧对齐横排文本，左侧边距会因长度不同而参差不齐；单击"小数点对齐制表符"按钮，可以将文本与指定字符（如句号或货币符号）对齐放置，在创建数字列时特别有用。

2.制表尺

在制表尺上单击可以添加制表位，如图5-53所示，或者在"X"/"Y"文本框中输入刻度，然后按Enter键，即可在"X"/"Y"文本框中指定的刻度处添加制表位，如图5-54所示。从标尺上选择一个制表位后可进行拖动。如果要同时移动所有制表位，可按住Ctrl键拖动制表符。拖动制表位的同时按住Shift键，可以让制表位与标尺单位对齐。

图 5-53

图 5-54

3.首行缩排/悬挂缩排

使用文字工具单击要缩排的段落，单击"将面板置于文本上方"按钮，可以将"制表符"面板对齐到当前所选文本对象上方，并自动调整宽度以适合文本的宽度。拖动标尺左侧"首行缩排"图标时，可以缩排首行文本；拖动"悬挂缩排"图标时，可以缩排除首行文本外的所有文本。

5.4.2 编辑制表符

编辑制表符包括重复制表符、移动制表符、删除制表符以及增加制表前导符等操作，单击"制表符"面板右上角的"面板菜单"按钮，在打开的面板菜单中包含"清除全部制表符""重复制表符""删除制表符"和"对齐单位"命令。

1.重复制表符

"重复制表符"命令会根据当前所选制表符与左缩进的距离，或前一个制表符定位点间的距离来创建多个制表符。

2.删除制表符

执行"清除全部制表符"命令可将制表符恢复到原始状态，所有新添加的制表位都将被删除。在制表尺上选中一个制表位，将其拖至制表尺外侧，或者执行"删除制表符"命令可以删除其制表位。

3.对齐单位

启动"对齐单位"命令，可以将制表位限制在制表尺的刻度上。

5.5 修饰文本

在Illustrator中，可以通过对文本对象添加效果、转换文本为路径、设置图文混排等方式来对文本进行修饰，以设计出理想的文字效果。

5.5.1 添加填充效果

选中文字对象后，可以在控制面板、"色板"面板、"颜色"面板和"渐变"面板等面板中为文字填充颜色或图案，但是在填充渐变前必须先将文字转换为轮廓。

5.5.2 转换文本为路径 **重点**

如果要对文本对象添加效果，首先需将文字转换为轮廓。选择文本对象，如图5-55所示，然后执行"文字"|"创建轮廓"菜单命令，即可将文字转换为轮廓，如图5-56所示。

文字转换为轮廓后，已应用的描边和填色不会受到影响，同时可以像编辑其他矢量图形一样对其进行编辑，如填充渐变、添加效果等，如图5-57所示，但是无法再编辑文字内容。

图 5-55    图 5-56

图 5-57

5.5.3 文本显示位置

在Illustrator进行排版操作时，通常需要对文字的显示方向以及文本与图形对象之间的排列显示方式进行调整，以达到合理的排版效果。

1. 文本显示方向

在创建文字前，除了可以选择不同的文字工具创建不同显示方向的文本对象，还可以在创建文本之后，通过命令来改变其显示方向。

选择文本对象，如图5-58所示，然后执行"文字"|"文字方向"|"水平"或"垂直"菜单命令，即可更改文本的显示方向，如图5-59所示。

图 5-58

图 5-59

2. 文本绕排

文本绕排是指区域文本围绕一个图形、图像或者其他文本排列，从而创建出具有艺术性的图文混排效果。在创建文本绕排时，需要将文本内容与用于绕排的对象放在同一个图层中，且文本内容位于绕排的对象下方。

3. 设置文本绕排选项

选中文本绕排对象，如图5-60所示。执行"对象"|"文本绕排"|"文本绕排选项"菜单命令，可以打开"文本绕排选项"对话框，如图5-61所示。

图 5-60　　　　　　图 5-61

"文本绕排选项"对话框中各属性说明如下。

◆ 位移：用来设置文本与绕排对象之间的间距。若输入正值，则会向对象外侧扩展排列，如图5-60所示；若输入负值，则会向对象内侧收缩排列，如图5-62所示。

◆ 反向绕排：勾选该复选框，可以围绕对象反向绕排文本，如图5-63所示。

图 5-62　　　　　　图 5-63

5.5.4 实战——串接文本 _{难点}

串接文本是指将一个文本对象串接到下一个对象，在文本间创建链接关系。如果当前文本框中不能容纳所有文字，可以通过创建链接文本的方式将未显示的文字导出到其他文本框中。但只有区域文本和路径文本可以创建串接文本，点文本不能创建。

素材文件路径	素材 \ 第 5 章 \5.5.4
效果文件路径	效果 \ 第 5 章 \5.5.4
在线视频路径	第 5 章 \5.5.4. 实战——串接文本 .mp4

Step 01 启动Illustrator CC 2018软件,执行"文件"|"打开"菜单命令,找到素材文件夹下的"爱心.ai"文件,将其打开并选中文本对象,如图5-64所示。

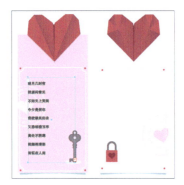

图 5-64

Step 02 此时,矩形框的左上角和右下角将会出现两个连接点,左上角的方框为输入连接点,右下角出现的带"+"号的小方框状图标⊞表示文字内容超出了该区域所能容纳的数量,单击任一图标,鼠标指针将变成▦状,如图5-65所示。

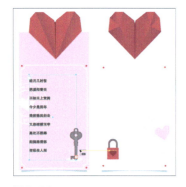

图 5-65

Step 03 在画板其他位置按住鼠标左键并拖动可以创建任意大小的文本框,并会将未显示的文字导入新的文本框中,如图5-66所示。

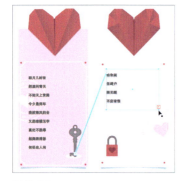

图 5-66

Step 04 若在画板上单击,即可创建与原有文本框相同大小和形状的新区域,如图5-67所示。

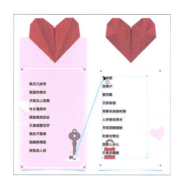

图 5-67

Step 05 若单击一个图形,则可将未显示的文本导入该图形中,如图5-68和图5-69所示。

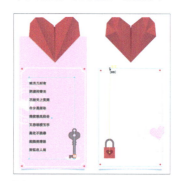

图 5-68

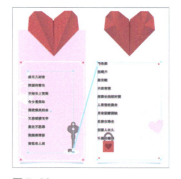

图 5-69

Step 06 若将鼠标指针放在另一个区域文本对象上,鼠标指针将会变成▦状,如图5-70所示,此时单击即可串接这两个文本,如图5-71所示。

图 5-70

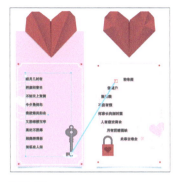

图 5-71

> **延伸讲解**
>
> 同时选中两个或者两个以上的区域文字对象,再执行"文字"|"串接文本"|"创建"菜单命令,即可将选中的文本链接。

Step 07 若要中断串接,可以双击连接点,即原田状图标处,文本将会重新排列到第一个对象中,如图5-72和图5-73所示。

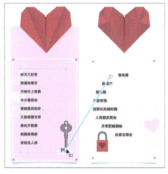

图 5-72

图 5-73

> **延伸讲解**
>
> 若要从文本串接中释放对象,可以将文本对象选中,然后执行"文字"|"串接文本"|"释放所选文本"菜单命令,文本将排列到下一个对象中。若要删除所有串接,可以执行"文字"|"串接文本"|"移去串接"菜单命令,文本将保留在原位置。

5.6 高级文字功能

Illustrator的文字编辑功能非常强大,例如,可以指定文本的换行方式、设置行尾和数字之间的间距、搜索键盘标点字符并将其替换为相同的印刷体标点字符、查找和替换文字,以及将文字转换为轮廓等。

5.6.1 避头尾法则设置

避头尾用于指定中文或日文文本的换行方式。不能位于行首或行尾的字符被称为避头尾字符。执行"文字"|"避头尾法则设置"命令,打开"避头尾法则设置"对话框,如图5-74所示。在该对话框中可以为中文悬挂标点定义悬挂字符,定义不能位于行首的字符,或定义超出文字行时不可分割的字符,即不能位于行尾的字符,以及不可分开的字符(Illustrator会推入文本或推出文本,使系统能够正确地放置避头尾字符)。

图 5-74

5.6.2 标点挤压设置

"标点挤压"用于指定亚洲字符、罗马字符、标点符号、特殊字符、行首、行尾和数字之间的间距,确定中文或日文排版方式。执行"文字"|"标点挤压设置"命令,打开"标点挤压设置"对话框,如图5-75所示。单击对话框中的一个选项,可以打开下拉列表修改数值,如图5-76所示。

图 5-75

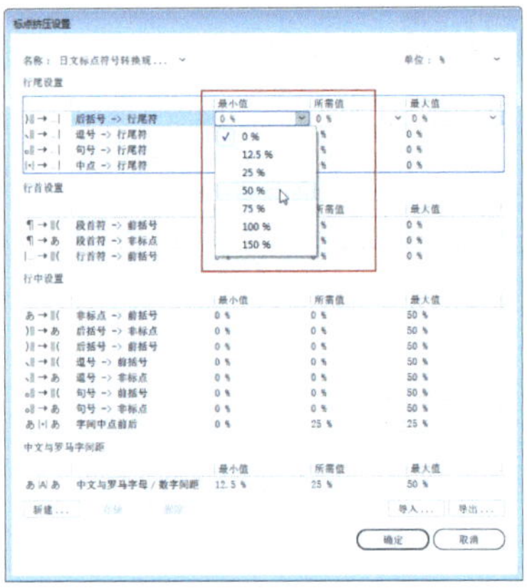

图 5-76

5.6.3 智能标点 <mark>重点</mark>

"智能标点"可以搜索键盘标点字符，并将其替换为相同的印刷体标点字符。此外，如果字体包括连字符和分数符号，还可以使用"智能标点"命令统一插入连字符和分数符号。执行"文字"|"智能标点"命令，打开"智能标点"对话框，如图5-77所示。

图 5-77

"智能标点"对话框中各属性说明如下。

◆ ff，fi，ffi连字：将ff、fi或ffi字母组合转换为连字。

◆ ff，fl，ffl连字：将ff、fl或ffl字母组合转换为连字。

◆ 智能引号：将键盘上的直引号改为弯引号。

◆ 智能空格：消除句号后的多个空格。

◆ 全角、半角破折号：用半角破折号替换两个键盘破折号，用全角破折号替换3个键盘破折号。

◆ 省略号：用省略点替换3个键盘句点。

◆ 专业分数符号：用同一种分数字符替换分别用来表示分数的各种字符。

◆ 整个文档/仅所选文本：选择"整个文档"可替换整个文档中的文本符号，选择"仅所选文本"则仅替换所选文本中的符号。

◆ 报告结果：勾选该复选框，可以看到所替换符号数的列表。

5.6.4 将文字与对象对齐 <mark>重点</mark>

当同时选择文字与图形对象，并单击"对齐"面板中的按钮进行对齐操作时，Illustrator会基于字体的度量值来使其与图形对象对齐，如图5-78和图5-79所示。

图 5-78

图 5-79

如果要根据实际字形的边界来进行对齐，可以执行"效果"|"路径"|"轮廓化对象"命令，然后打开"对齐"面板菜单，选择"使用预览边界"命令，如图5-80所示，再单击相应的对齐按钮。应用这些设置后，可以获得与轮廓化文本完全相同的对齐结果，同时还可以灵活处理文本。

图 5-80

5.6.5 视觉边距对齐方式

视觉边距对齐方式决定了文字对象中所有段落的标点符号的对齐方式。当"视觉边距对齐方式"选项打开时，罗马式标点符号和字母边缘（如W和A）都会溢出文本边缘，使文字看起来严格对齐。要应用该设置，可以选择文字对象，然后执行"文字"|"视觉边距对齐方式"命令。

5.6.6 修改文字方向

"文字"|"文字方向"子菜单中包含"水平"和"垂直"两个命令，它们可以改变文本中字符的排列方向，将直排文字改为横排文字，或将横排文字改为直排文字。

5.6.7 转换文字类型 重点

在Illustrator中，点状文字和区域文字可以互相转换。例如，选择点状文字后，执行"文字"|"转换为区域文字"命令，可将其转换为区域文字。选择区域文字后，执行"文字"|"转换为点状文字"命令，可将其转换为点状文字。

5.6.8 更改大小写 重点

"文字"|"更改大小写"子菜单中包含可更改文字大小写样式的命令，如图5-81所示。选择要更改的字符或文字对象后，执行这些命令可以对字符的大小写进行编辑。

图 5-81

"更改大小写"子菜单中各命令说明如下。
- 大写：将所有字符全部改为大写。
- 小写：将所有字符全部改为小写。
- 词首大写：将每个单词的首个字母改为大写。
- 句首大写：将每个句子的首个字母改为大写。

5.6.9 显示或隐藏非打印字符

非打印字符包括硬回车、软回车、制表符、空格、不间断空格、全角字符（包括空格）、自由连字符和文本结束字符。如果要在设置文字格式和编辑文字时显示非打印字符，可以执行"文字"|"显示隐藏字符"命令。

5.6.10 更新旧版文字

在Illustrator CC 2018中打开旧版本中创建的文字对象时，可以查看、移动和打印旧版文本，但是无法对其进行编辑。如果要进行编辑，需要先更新文字。

未更新的文本称为旧版文本，如果打开文件时没有更新旧版文本，以后想要进行更新操作，可以使用"文字"|"旧版文本"子菜单中的命令来进行更新。

5.6.11 拼写检查 重点

Illustrator中包含Proximity语言词典，可以查找拼写错误的英文单词，并提供修改建议。选择包含英文的文本后，执行"编辑"|"拼写检查"命令，可以打开"拼写检查"对话框，如图5-82所示。单击"查找"按钮，即可以进行拼写检查。当查找到单词错误或其他错误时，会显示在对话框顶部的文本框中。

图 5-82

"拼写检查"对话框中主要属性说明如下。
- 单击"忽略"或"全部忽略"按钮，可继续拼写检查，而不修改查找到的单词。
- 从"建议单词"列表中选择一个单词，或在上方的文本框中输入正确的单词，然后单击"更改"按钮，可修改出现拼写错误的单词。单击"全部更改"按钮，可修改文档中所有出现拼写错误的单词。
- 单击"添加"按钮，将可接受但未识别出的单词存储到Illustrator词典中，以便在以后的操作中不再将其视为拼写错误。

5.6.12 编辑自定词典

在使用"拼写检查"命令查找单词时，如果Illustrator的词典中没有某些单词的某种拼写形式，则会自动将其视为拼写错误。

执行"编辑"|"编辑自定词典"命令，打开"编辑自定词典"对话框，在"词条"文本框中输入单词，然后单击"添加"按钮，可以将单词添加到Illustrator词典中，如

图5-83所示。以后再查找到该单词时，它将被视为正确的拼写形式。如果要从词典中删除单词，可以选择列表中的单词，然后单击"删除"按钮。如果要修改词典中的单词，可以选择列表中的单词，然后在"词条"文本框中输入新单词，并单击"更改"按钮。

图 5-83

5.6.13 将文字转换为轮廓 **重点**

选择文字对象，执行"文字"|"创建轮廓"命令，可以将文字转换为轮廓。文字在转换为轮廓后，将会保留描边和填色，并且可以像编辑其他图形对象一样对它进行处理。

5.6.14 实战——查找和替换文本 **重点**

Illustrator中的"查找和替换"命令可以在文本中查找需要修改的文字，并将其替换。在进行查找时，如果要将搜索范围限制在某个文字对象中，可选择该对象；如果要将搜索范围限制在一定范围的字符中，可选择这些字符；如果要对整个文档进行搜索，则不要选择任何对象。

素材文件路径	素材\第5章\5.6.14
效果文件路径	效果\第5章\5.6.14
在线视频路径	第5章\5.6.14 实战——查找和替换文本 .mp4

Step 01 启动Illustrator CC 2018软件，执行"文件"|"打开"菜单命令，找到素材文件夹下的"文字.ai"文件，将其打开，如图5-84所示。

Step 02 执行"编辑"|"查找和替换"命令，打开"查找和替换"对话框，在"查找"选项中输入要查找的文字，

在"替换为"选项中输入用于替换的文字，如图5-85所示。

图 5-84　　　　　图 5-85

延伸讲解

如果要自定义搜索范围，可以勾选"查找和替换"对话框底部的相应选项。

Step 03 单击"查找"按钮，Illustrator会将搜索到的文字突出显示，如图5-86所示。

Step 04 单击"全部替换"按钮，替换文档中所有符合搜索要求的文字，如图5-87所示。

图 5-86　　　　　图 5-87

5.7 综合实战——石刻文字

本实例结合本章重要知识点，为文字制作变形效果，增加明暗效果，最后添加特殊纹理质感，来打造一款石刻感的装饰文字。

素材文件路径	素材\第5章\5.7
效果文件路径	效果\第5章\5.7
在线视频路径	第5章\5.7 综合实战——石刻文字 .mp4

1. 绘制文字

Step 01 启动Illustrator CC 2018软件，执行"文件"|"打开"菜单命令，找到素材文件夹下的"石刻文字.ai"文件，将其打开，如图5-88所示。

Step 02 执行"窗口"|"文字"|"字符"菜单命令，打开"字符"面板，如图5-89所示进行字符参数预设。

图 5-88　　　　　　　　图 5-89

Step 03 在"图层2"选中状态下，使用"文字工具"，输入文字"石器时代"，并调整文字对象摆放到合适位置，如图5-90所示。

图 5-90

Step 04 切换为"选择工具"选中文字，执行"文字"|"创建轮廓"菜单命令，或按快捷键Shift+Ctrl+O，对文字进行扩展，如图5-91所示。

图 5-91

Step 05 为文字对象执行"效果"|"扭曲和变换"|"粗糙化"菜单命令，在弹出的"粗糙化"对话框中如图5-92所示进行属性设置，单击"确定"按钮，得到的文字效果如图5-93所示。

图 5-92

图 5-93

Step 06 切换为"直接选择工具"，选中文字的不同部分，微调锚点适当调整文字形状，如果锚点不够，可以切换为"钢笔工具"，在路径上方单击添加锚点，如图5-94所示。

图 5-94

Step 07 使用"选择工具"全选文字后修改其填充颜色为灰黄（#c1ad9f），如图5-95所示。然后将文字对象复制一份并暂时隐藏，方便之后使用。

图 5-95

Step 08 为文字对象添加一些裂痕。使用"直接选择工具"，选中任意一个文字对象，然后切换为"钢笔工具"，添加3个锚点，如图5-96所示。

图 5-96

Step 09 完成锚点添加后，使用"直接选择工具"选中中间的锚点，向上拖拉调整位置，即可制作出裂痕的效果，如图5-97所示。

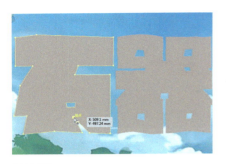

图 5-97

Step 10 用同样的方法为剩下的字体对象绘制裂痕,效果如图5-98所示。

图 5-98

Step 11 复制一层隐藏备用,然后将文字对象的描边设置为黑色且粗细为3pt,效果如图5-99所示。

图 5-99

2. 营造体积感

Step 01 为了使文字效果更丰富,需要为文字对象添加阴影效果。选中之前备份的未描边的裂痕文字,如图5-100所示。按快捷键Ctrl+C和Ctrl+F进行原位复制,然后适当调整一下复制层文字的位置(这里需要注意的是复制层要摆放在被复制层下方),效果如图5-101所示。

图 5-100

图 5-101

Step 02 切换为"直接选择工具",逐个框选两层文字对象,然后打开"路径查找器"面板,在其中单击"减去顶层"按钮,如图5-102所示。操作完成后得到的对应文字效果如图5-103所示。

图 5-102

图 5-103

Step 03 用同样的方法继续减去其他文字的顶层对象,最后得到的效果如图5-104所示。

Step 04 全选对象,按快捷键Ctrl+8建立复合路径,并为对象填充黑色,如图5-105所示。

图 5-104

图 5-105

Step 05 将复合对象摆放至图层面板顶层,并恢复描边文字显示。然后在"透明度"面板中设置复合对象图层的图层混合模式为"差值",并使用"直接选择工具"调节锚点,使阴影图形更加契合描边文字,效果如图5-106所示。

图 5-106

Step 06 用同样的方法制作文字的高光部分。复制一层描边裂痕文字置于图层面板顶层,然后去掉它的描边,如图5-107所示。

图 5-107

Step 07 参考本节步骤01,复制一层文字至原位,并适当将复制层往右上方位置移动(复制层要摆放在被复制层下方),效果如图5-108所示。

图 5-108

Step 08 参考本节步骤02,对组合式文字逐个进行"减去顶层"操作,最终得到的文字效果如图5-109所示。

图 5-109

Step 09 全选对象,按快捷键Ctrl+8建立复合路径,并为对象填充白色。然后在"透明度"面板中设置图层混合模式为"柔光",并使用"直接选择工具"调节锚点,使高光图形更加契合描边文字,效果如图5-110所示。

图 5-110

Step 10 制特殊纹理效果。再次复制一层描边裂痕文字置于顶层,为其执行"对象"|"复合路径"|"建立"菜单命令,然后执行"窗口"|"图层样式库"|"纹理"菜单命令,在弹出的"纹理"对话框中选择"RGB混凝土"选项。添加纹理后在"透明度"面板修改该图层混合模式为"正片叠底",修改"不透明度"为56%,如图5-111所示。

图 5-111

Step 11 把第1节步骤07中隐藏的备份图层打开,修改填充色为深色(#282827)并适当扩大来制作投影,得到的文字效果如图5-112所示。

Step 12 恢复背景层显示,并在画面中添加些修饰元素,得到的最终效果如图5-113所示。

图 5-112

图 5-113

5.8 课后习题

5.8.1 课后习题——查找和替换文字

素材文件路径	课后习题\素材\5.8.1
效果文件路径	课后习题\效果\5.8.1
在线视频路径	第5章\5.8.1课后习题——查找和替换文字.mp4

本习题主要练习文字的查找和替换操作。完成效果如图5-14所示。

图 5-114

5.8.2 课后习题——选区与路径文字制作字母T

素材文件路径	无
效果文件路径	课后习题\效果\5.8.2
在线视频路径	第5章\5.8.2课后习题——选区与路径文字制作字母T.mp4

本习题主要练习如何使用选区与路径来制作字母。操作方法比较简单，大家可以根据此制作方法，来自行创作一些个性的文字海报。完成效果如图 5-115所示。

图 5-115

第 06 章 图层与蒙版

图层是Illustrator中非常重要的功能，用来管理图形和效果，相当于"文件夹"，它包含了图稿中的所有内容。合理的管理图层能够帮助我们有效地选择和编辑对象，降低绘制图稿时的复杂程度。蒙版用于遮盖对象，使其呈现出半透明或不可见状态，是一种非破坏性的编辑功能。

本章将详细介绍图层和蒙版的使用方法，以及不透明度面板的应用技巧。

学习要点
- 图层的基本功能 117页
- 剪切蒙版的编辑方法 126页
- 混合对象的创建方式 123页
- 透明度效果的应用 128页

6.1 图层的基本操作

图层就像是结构清晰的文件夹，可以将图稿的各个部分放置在不同的图层中，然后对其进行选择、调整堆叠顺序、隐藏、锁定和删除等操作。

6.1.1 图层面板　　重点

打开文件，执行"窗口"|"图层"菜单命令，可打开"图层"面板。在图层面板中包含了当前文档中的所有图层，如图6-1所示。在该面板中可以对图层进行选择、新建和删除操作，也可以为所选图层创建剪切蒙版。

图 6-1

"图层"面板中其他图标属性说明如下。

- 定位对象 ♀：在图稿中选中一个对象后单击该按钮，即可定位到该对象所在的图层或子图层。
- 建立/释放剪切蒙版 ▣：单击该按钮，可以在所选图层对象之间创建剪切蒙版。
- 创建新子图层 ⁺▢：单击该按钮，可以在当前所选的父图层内创建一个子图层。
- 创建新图层 ▣：单击该按钮，可以创建一个父图层，新建图层总是位于当前所选图层上方，若未选择任何对象或图层，则会在所有图层最上方创建。将一个图层拖动至该按钮上方，可以复制该图层。
- 删除所选图层 🗑：选中一个图层后单击该按钮，或者将图层拖动至该按钮上，可以将该图层删除。删除父图层，会同时删除其子图层。
- 切换可视性 👁：单击该图标可以在"显示图层"与"隐藏图层"之间切换，无图标时表示该图层被隐藏，单击即可显示该图标与图层。按住Ctrl键单击可以切换图层的视图模式。切换为轮廓模式，图标将会变成 ◌ 状态。
- 切换锁定 🔒：显示锁状图标时，表示选择的图层呈被锁定状态，被锁定的图层不能做任何操作。再次单击消除锁状图标，即可解除图层锁定状态。

6.1.2 创建图层　　重点

在Illustrator中新建一个文档，会自动创建一个图层，即"图层1"。在开始绘制图形后，会添加一个子图层。单击"图层"面板底部的"创建新图层"按钮 ▣，可以在当前选择的图层上方创建一个新图层，如图6-2所示。单击"创建新子图层"按钮 ⁺▢，则可以在当前选择的图层中创建一个子图层，如图6-3所示。

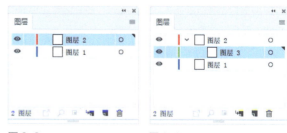

图 6-2　　　　　图 6-3

延伸讲解

按住Ctrl键单击"创建新图层"按钮 ▣，可以在所有图层的顶部创建一个新图层。

1.图层选项

按住Alt键单击"创建新图层"按钮，可以打开"图层选项"对话框，如图6-4所示，在该对话框中可以设置图层的名称和颜色等，单击"确定"按钮，即可应用该设置创建新图层。

图 6-4

> **延伸讲解**
>
> 在"图层"面板中双击一个图层，或者选择一个图层后，单击面板顶部的"面板菜单"按钮，在面板菜单中选择"(图层名称)图层的选项"命令，都可以打开"图层选项"对话框，更改该图层的参数。

"图层选项"对话框中各属性说明如下。

- **名称**：可以设置图层的名称，方便查找和管理。
- **颜色**：可以在该下拉列表中为图层指定一种颜色，也可以双击右侧的颜色块，打开"颜色"对话框设置颜色。该颜色会显示在"图层"面板图层缩览图的左侧，决定了该图层中所有对象的定界框、路径、锚点以及中心点的颜色。
- **模板**：勾选该复选框，可以创建模板图层，图层左侧会显示■状图标，图层的名称为倾斜的字体，并自动处于锁定状态，如图6-5所示。
- **显示**：勾选该复选框，可以创建可见图层，图层前会显示眼睛图标 。取消勾选，即可隐藏图层。
- **预览**：勾选该复选框，则创建的图层为预览模式，图层前会显示眼睛图标 。取消勾选，则会创建为轮廓模式，图层前会显示○状图标，如图6-6所示。

图 6-5　　　　　　图 6-6

- **锁定**：勾选该复选框，可以锁定图层，图层前方会出现

🔒状图标。
- **打印**：勾选该复选框，表示该图层可以进行打印。取消勾选，则该图层中的对象不能被打印，图层的名称为倾斜的字体，如图6-7所示。
- **变暗图像至**：勾选该复选框，然后在右侧的文本框中设置百分比，可以淡化当前图层中位图图像和连接图像的显示效果。该选项只对位图有效，矢量图像不会发生改变。图6-8所示为原图像，图6-9和图6-10所示为图层中位图对象变暗至50%的效果。

图 6-7　　　　　　图 6-8

　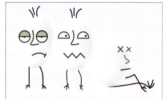

图 6-9　　　　　　图 6-10

2.复制图层

在"图层"面板中，将一个图层、子图层拖动至面板底部的"创建新图层"按钮 上，即可复制该图层；按住Alt键向上或向下拖动，可以将图层、子图层或者组复制到指定的图层位置。

6.1.3 通过面板查看图层　

在"图层"面板中，可以设置图层缩览图的显示尺寸、定位所选对象在该面板中的位置，也可以将暂时不用的编辑对象图层隐藏或者锁定。

1.选择图层

单击"图层"面板中的一个图层，即可选择该图层，如图6-11所示，所选图层称为"当前图层"。绘图时，创建的对象会出现在当前图层中。如果要同时选择多个图层，可以按住Ctrl键单击它们，如图6-12所示。如果要同时选择多个相邻的图层，可以按住Shift键单击最上面和最下面的图层。

图 6-11　　　　　图 6-12

2. 更改图层缩览图显示

在"图层"面板中，图层名称左侧是对应的图层缩览图，可以预览该图层中包含的图稿内容。单击"图层"面板右上角的"面板菜单"按钮 ≡，在打开的面板菜单中选择"面板选项"命令，打开"图层面板选项"对话框，如图6-13所示，在该对话框中可以调整图层缩览图的大小，方便查看和选择图层。

图 6-13

3. 定位对象

在文档窗口中选中一个对象，如图6-14所示。如果想在"图层"面板中查看该对象的位置，但是图层结构太复杂，可以单击面板底部的"定位对象"按钮 ⌕，或者单击面板右上角的"面板菜单"按钮 ≡，在打开的面板菜单中选择"定位对象"命令，即可在"图层"面板中定位到该对象所在的图层，如图6-15所示。

图 6-14　　　　　图 6-15

4. 显示与隐藏图层

在"图层"面板中，每一个图层、子图层或者组前面都有一个眼睛图标 ◉，表示该图层中的对象在画板中处于显示状态。单击一个子图层或组前面的眼睛图标 ◉，可以将该子图层或组中的对象隐藏。单击图层前面的眼睛图标 ◉，可以将图层中的所有对象隐藏，其中子图层或组的眼睛图标会变为灰色。在原眼睛图标处单击，可以重新显示对象。

> 🔍 **延伸讲解**
>
> 按住Alt键单击一个图层的眼睛图标，可以隐藏除该图层之外的其他图层。

5. 锁定图层

在"图层"面板中，每一个图层、子图层或者组的眼睛图标 ◉ 右侧都有一个空白方块，在此处单击，会显示一个 🔒 状图标，如图6-16所示，此时即表示该图层被锁定，被锁定的对象不能被选择和修改，但它们是可见的，能够被打印出来。

在选择和编辑对象路径时，为了不影响其他对象，或避免其他对象影响当前操作，可将这些对象锁定。锁定父图层，可以将其中的组和子图层同时锁定，如图6-17所示。如果要解除锁定，可以单击 🔒 状图标。

图 6-16　　　　　图 6-17

> 🔍 **延伸讲解**
>
> 如果要锁定文档中的所有图层，可以单击"图层"面板右上角的"面板菜单"按钮 ≡，在打开的面板菜单中选择"锁定所有图层"命令。如果要解锁所有对象，可以执行"对象"|"全部解锁"菜单命令。

6.1.4 移动与合并图层　`重点`

在"图层"面板中，除了可以实现对象的位置移动、图层间的堆叠顺序调整外，还可以通过各种方式合并图层。

1.调整图层堆叠方式

在"图层"面板中，图层的堆叠顺序与画板中绘制对象的堆叠顺序一致。"图层"面板中最顶层的对象在画板中也位于所有对象的最前面，最底层的对象在画板中位于所有对象的最后面，如图6-18和图6-19所示。

图6-18　　　　　　图6-19

单击并将一个图层、子图层或图层中的对象拖至其他图层（或子图层）的上面或下面，可以调整图层的堆叠顺序。如果将图层拖至另外的图层内，则可将其设置为目标图层的子图层。

选择多个图层后，执行"图层"面板菜单中的"反向顺序"命令，可以反转它们的堆叠顺序。

2.将对象移动到另一图层

在画板中选择一个对象后，如图6-20所示，此时在"图层"面板中该对象所在的图层右侧会显示一个■状图标，如图6-21所示。将该图标拖至其他图层，可以将当前选择的对象移动到目标图层中。

图6-20　　　　　　图6-21

> **延伸讲解**
>
> ■状图标的颜色取决于当前图层的颜色，Illustrator会为不同的图层分配不同的颜色，因此，将对象调整到其他图层后，该图标的颜色也会变为目标图层的颜色。

3.将对象释放到单独图层

Illustrator可以将图层中的所有对象重新分配到各图层中，并根据对象的堆叠顺序在每个图层中构建新的对象。该功能可用于制作Web动画文件。

4.合并和拼合图层

在"图层"面板中按住Ctrl键并单击要合并的图层或组，将它们选中，如图6-22所示。单击"图层"面板右上角的"面板菜单"按钮 ≡，在打开的面板菜单中选择"合并所选图层"命令，所选对象会合并到最后选择的图层或组中，如图6-23所示。

图6-22　　　　　　图6-23

在"图层"面板中单击某一个图层，将其选中，如图6-24所示，然后单击"图层"面板右上角的"面板菜单"按钮 ≡，在打开的面板菜单中选择"拼合图稿"命令，即可将所有图稿都拼合到该图层中，如图6-25所示。

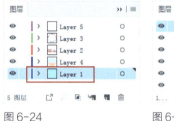 

图6-24　　　　　　图6-25

> **延伸讲解**
>
> 无论使用哪种方式合并图层，图稿的堆叠顺序都保持不变，但其他的图层及属性（如剪切蒙版属性）将不会保留。

6.1.5 粘贴时记住图层

选择一个对象，按快捷键Ctrl+C进行复制，再选择一个图层，如图6-26所示，按快捷键Ctrl+V，可以将对象粘贴到所选图层中，如图6-27所示。

图6-26　　　　　　图6-27

> **延伸讲解**
>
> 如果要将对象粘贴到原图层，可以在"图层"面板菜单中选择"粘贴时记住图层"命令，然后进行粘贴操作，对象会粘贴至原图层中，且不管该图层在"图层"面板中是否处于选择状态，对象都将位于画板的中心。

6.1.6 删除图层

在"图层"面板中选择一个图层、子图层或组，单击"删除所选图层"按钮 🗑 或将它们拖至 🗑 按钮上，都可将其删除。删除子图层和组时，不会影响图层和图层中的其他子图层。删除图层时，会同时删除图层中包含的所有对象。

6.1.7 实战——绘制可爱冰淇淋图标

在文档中绘制图形元素前划分好图层，有助于图形的分类管理，提升工作效率。本实例将绘制一款冰淇淋图标，并将图形分布在不同的图层，使组成部分一目了然。

素材文件路径	无
效果文件路径	效果\第 6 章\6.1.7
在线视频路径	第 6 章\6.1.7 实战——绘制可爱冰淇淋图标 .mp4

1.分层绘制主体

Step 01 启动Illustrator CC 2018软件，执行"文件"|"新建"菜单命令，创建一个大小为800px×600px的空白文档，设置其"颜色模式"为RGB，"栅格效果"为"高（300ppi）"。

Step 02 创建好文档后，在图层面板中单击"创建新图层"按钮 ▣ 创建几个图层，并按照图6-28所示进行命名，这样可以方便管理各个图层。

Step 03 在"主体"图层选中状态下，使用"圆角矩形工具" ▢ 创建一个大小为28px×90px、圆角为4px的圆角矩形，如图6-29所示。

图 6-28

图 6-29

Step 04 修改矩形填充颜色为紫色（#b392ac），并去除描边颜色，此时得到的图形效果如图6-30所示。

Step 05 为上述图形对象执行"对象"|"路径"|"偏移路径"菜单命令，在弹出的"偏移路径"对话框中设置"位移"为4px，"斜接限制"为4，设置完成后单击"确定"按钮，如图6-31所示。

图 6-30   图 6-31

Step 06 完成上述操作后，新得到的图形会置于原始图形的下方，修改其填充颜色为深紫色（#735d78），使其与上层图形区分开来，效果如图6-32所示。

Step 07 再次使用"圆角矩形工具" ▢ 绘制一个大小为6px×22px、圆角为1px的粉色（#f7d1cd）无描边圆角矩形，将其放置在上述绘制好的图形下方并居中对齐，如图6-33所示。

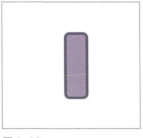

图 6-32   图 6-33

Step 08 参照步骤05中的方法，为图形对象执行"对象"|"路径"|"偏移路径"菜单命令后，修改新得到图形的填充色为深紫色（#735d78），效果如图6-34所示。

Step 09 使用"矩形工具" ▢ 绘制一个大小为6px×4px的黑色无描边矩形，然后在"透明度"面板中修改其混合模式为"正片叠底"，同时修改"不透明度"为20%，效果如图6-35所示。

图 6-34　　　　　图 6-35

Step 10 使用"矩形工具"■,绘制一个大小为6px×2px的深紫色（#735d78）无描边矩形，如图6-36所示。

Step 11 切换为"直接选择工具"▷,,同时选中上一步绘制的矩形左侧的两个锚点，向下进行适当移动，使矩形倾斜，然后复制一个同样的形状放置在下方，效果参照图6-37所示。

图 6-36　　　　　图 6-37

2.绘制高光修饰

Step 01 在完成冰淇淋主体部分的制作以后，还需要为其绘制高光修饰。首先将紫色（#b392ac）圆角矩形复制一层备用，然后使用"圆角矩形工具"■,在其上方绘制一个大小为24px×86px、圆角为2px的黑色无描边圆角矩形，如图6-38所示。

Step 02 选中上述步骤中复制备用的紫色（#b392ac）圆角矩形和黑色圆角矩形，然后在"路径查找器"面板中单击"减去顶层"按钮■,操作完成后将图形填充色更改为黑色，并在"透明度"面板中修改图形混合模式为"柔光"，同时修改"不透明度"为40%，如图6-39所示。

图 6-38　　　　　图 6-39

Step 03 在"高光"图层选中状态下，使用"矩形工

具"■,分别创建一个大小为20px×4px和20px×10px的白色无描边矩形，如图6-40所示。

Step 04 切换为"直接选择工具"▷,,同时选择两个矩形左侧的锚点向下平移适当距离，并在"透明度"面板中修改图形混合模式为"柔光"，同时修改"不透明度"为60%。按快捷键Ctrl+G将两个图形进行编组，此时得到的效果如图6-41所示。

图 6-40　　　　　图 6-41

Step 05 为了使高光效果更加自然，选择成组后的高光，在"透明度"面板中修改图形混合模式为"叠加"，如图6-42所示。

Step 06 在"装饰"图层选中状态下，使用"矩形工具"■,分别创建深紫色（#735d78）、粉色（#f7d1cd）和红色（#f49aa1）的矩形，大小统一设置为5px×2px，然后通过复制的方法，将不同颜色的矩形散布在图形中，效果如图6-43所示。

图 6-42　　　　　图 6-43

Step 07 绘制星形高光部分。选中"高光"图层后，使用"椭圆工具"○,绘制一个大小为12px×12px的圆形，然后使用"直接选择工具"▷,选择圆形的上锚点和左锚点，按Delete键将锚点删除，将得到如图6-44所示的图形。

Step 08 选择上述图形，使用"镜像工具"▷◁,将图形沿垂直方向对称复制一个，并在它们中间绘制一个大小为5px×5px的圆形，然后将图形成组后再次利用"镜像工具"▷◁,将图形沿水平方向对称复制，并添加两个圆形，得到的效果如图6-45所示。

图 6-44　　　　　图 6-45

Step 09 使用"直接选择工具" ▷ 框选图形中的所有锚点，执行"对象"|"路径"|"连接"菜单命令，或按快捷键 Ctrl+J，将图形的锚点进行连接，得到的效果如图 6-46 所示。

Step 10 将星形图形编组，并在"透明度"面板中修改图形混合模式为"叠加"，设置"不透明度"为 80%。用同样的方法制作出两个较小的星形高光，统一摆放在冰淇淋的右上角位置，效果如图 6-47 所示。

图 6-46　　　　　图 6-47

Step 11 选择"背景"图层，使用"矩形工具" ▭ 绘制一个与画板大小一致的蓝色（#abebed）无描边矩形，如图 6-48 所示。

图 6-48

Step 12 用同样的方法，分好图层，然后使用形状工具绘制不同形态和颜色的冰淇淋，再添加文字，最终效果如图 6-49 所示。

图 6-49

6.2 混合对象

混合对象是在两个对象之间平均分布形状，使之产生从形状到颜色的全面过渡效果，形成新的对象。用于创建混合的对象可以是图形、路径和混合路径，也可以是使用渐变和图案填充的对象。

6.2.1 创建混合对象　　　　　　　重点

1. 创建同属性的图形对象混合

混合对象的创建既可以在两个对象之间，也可以在多个对象之间；既可以是在同属性的图形对象之间，也可以是在不同属性的图形对象之间。将不同情况下的图形对象进行混合，会得到不同的混合效果。

2. 创建不同属性的图形对象混合

在为图形较多或者较复杂的对象创建混合时，使用"混合工具" ▶ 很难准确地捕捉到锚点，容易导致混合效果发生扭曲变形，此时可使用混合命令来创建混合。

6.2.2 编辑混合对象

基于两个或者多个图形对象创建混合后，混合对象会组成一个整体，如果对其中一个原始对象进行移动、重新着色或者改变形状等操作，则混合效果也会随之发生改变。

1. 混合选项

选择一个混合对象，如图 6-50 所示，双击工具箱中的"混合工具"图标 ▶，可以打开"混合选项"对话框，如图 6-51 所示，在该对话框中可以修改图形的方向和颜色的过渡方式。

图 6-50　　　　　　　　图 6-51

"混合选项"对话框中各属性说明如下。

◆ 间距：在该下拉列表中可以设置添加混合步数的方式。若选择"平滑颜色"选项，可以自动计算合适的混合步数，创建平滑的颜色过渡效果；若选择"指定的步数"选项，可以在选项右侧的文本框中输入控制混合的具体步数值；若选择"指定的距离"选项，可以在选项右侧的文本框中输入控制混合步骤间距的具体数值。

◆ 取向：用来控制混合对象的方向。如果混合轴是弯曲的路径，单击"对齐页面"按钮，对象的垂直方向将与页面保持一致，如图6-52所示。如果单击"对齐路径"按钮，对象将垂直于路径，如图6-53所示。

图 6-52

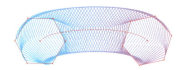

图 6-53

2.编辑混合轴

创建混合后，会自动生成一条用于连接对象的路径，即混合轴。在默认情况下，混合轴是一条直线路径，对混合轴上的锚点进行编辑，可以调整混合轴的形状。

3.反向混合与反向堆叠

选择一个混合对象，如图6-54所示，执行"对象"|"混合"|"反相混合轴"菜单命令，可以反转混合轴上的混合顺序，如图6-55所示。

图 6-54

图 6-55

若执行"对象"|"混合"|"反向堆叠"菜单命令，可以反转对象的堆叠顺序，使后面的图形排列到前面，如图6-56所示。

图 6-56

4.扩展混合对象

创建混合后，原始对象之间产生的新图形将无法进行选择和编辑。若将混合对象扩展为单独的图形对象，即可进行编辑。选中一个混合对象，如图6-57所示，执行"对象"|"混合"|"扩展"菜单命令，即可将图形扩展出来，如图6-58所示。扩展出来的图形会自动编为一组，可以选择需要编辑的任意对象单独对其进行编辑。

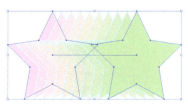

图 6-57

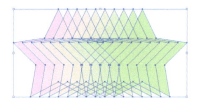

图 6-58

5.释放混合对象

选中一个混合对象，如图6-59所示，执行"对象"|"混合"|"释放"菜单命令，可以取消混合效果，释放原始对象，由混合生成的新图形，将会被删除，并且还会释放出一条无填色、无描边的混合轴，如图6-60所示。

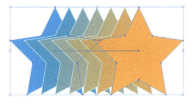

图 6-59

图 6-60

6.2.3 实战——霓虹渐变立体文字海报

本实例结合本节所学知识点,使用Illustrator中的混合命令,将图形与绘制的路径文字进行混合轴替换操作,从而制作出一款霓虹渐变立体文字海报。

素材文件路径	无
效果文件路径	效果\第6章\6.2.3
在线视频路径	第6章\6.2.3实战——霓虹渐变立体文字海报.mp4

Step 01 启动Illustrator CC 2018软件,执行"文件"|"新建"菜单命令,创建一个大小为800px×600px的空白文档,设置其"颜色模式"为RGB,"栅格效果"为"高(300ppi)"。

Step 02 进入操作界面后,使用"画笔工具" ,在画板中书写文字"Book",如图6-61所示(这里画笔大小为1pt)。

Step 03 使用"椭圆工具" ,绘制一个无描边、填充为渐变色的圆形,如图6-62所示,这里需要配合文字自行创建合适大小的圆形,不宜过大。

图 6-61   图 6-62

Step 04 选择上一步创建的渐变圆形,复制一个相同对象并排摆放,同时选中两个圆形,执行"对象"|"混合"|"建立"菜单命令,或按快捷键Alt+Ctrl+B,操作后得到的图形效果如图6-63所示。

Step 05 执行"对象"|"混合"|"混合选项"菜单命令,在弹出的"混合选项"对话框中修改"间距"为"指定的距离",具体如图6-64所示。

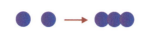

图 6-63   图 6-64

Step 06 完成后单击"确定"按钮保存设置。将得到的图形复制几个备用。接着同时选中字母"B"与渐变图形,如图6-65所示。执行"对象"|"混合"|"替换混合轴"菜单命令,得到图6-66所示的效果。

图 6-65   图 6-66

Step 07 使用同样的方法,将备用的渐变图形与剩下的字母逐个进行混合,制作完成后得到的文字效果如图6-67所示。

Step 08 利用形状工具在文档中绘制背景和修饰元素,得到的最终效果如图6-68所示。

图 6-67

图 6-68

6.3 剪切蒙版

剪切蒙版可以通过蒙版图形的形状遮盖其他对象,控制对象的显示区域。在"图层"面板中,蒙版图形和被蒙版遮盖的对象统称为剪切组合。

6.3.1 创建剪切蒙版 重点

选择两个或多个对象、一个组或图层中的所有对象，都可以建立剪切组合。但是只有矢量对象可以作为蒙版图形，而被蒙版遮盖的对象可以是任何对象。

1.使用"图层"面板创建

选择需要创建剪切蒙版的对象后，可以通过"图层"面板中的"建立/释放剪切蒙版"按钮，或者通过执行面板菜单中的"对象"|"剪切蒙版"|"建立"命令创建剪切蒙版。

2.使用"命令"创建

上述方式可以遮盖图层中蒙版对象以下的所有对象，若同时选择指定的被蒙版对象和蒙版图形，则可以创建只遮盖所选图形而不影响其他对象的蒙版。

6.3.2 在剪切组中添加或删除对象

在"图层"面板中，创建剪切蒙版时，蒙版图形和被其遮盖的对象会移到"剪切组"内，如图6-69和图6-70所示。如果将其他对象拖入包含剪切路径的组或图层，可以对该对象进行遮盖，如图6-71和图6-72所示。如果将剪切蒙版中的对象拖至其他图层，则可排除对该对象的遮盖。

图 6-69　　　　图 6-70

 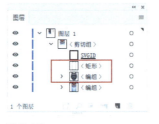

图 6-71　　　　图 6-72

6.3.3 释放剪切蒙版 重点

选择剪切蒙版对象，执行"对象"|"剪切蒙版"|"释放"命令，或单击"图层"面板中的"建立/释放剪切蒙版"按钮，即可释放剪切蒙版，使被剪贴路径遮盖的对象重新显示出来。如果将剪切蒙版中的对象拖至其他图层，也可释放该对象，使其显示出来。

6.3.4 实战——编辑剪切蒙版 难点

创建剪切蒙版之后，可以对蒙版图形进行各种变换操作，如缩放、旋转、扭曲等，蒙版的遮盖情况也将发生改变。

素材文件路径	素材\第6章\6.3.4
效果文件路径	效果\第6章\6.3.4
在线视频路径	第6章\6.3.4 实战——编辑剪切蒙版 .mp4

Step 01 启动Illustrator CC 2018软件，执行"文件"|"打开"菜单命令，找到素材文件夹下的"头像.ai"文件，将其打开，如图6-73所示。

图 6-73

Step 02 使用"选择工具" 将绿色脸谱拖动覆盖至人像面部，效果如图6-74所示。

图 6-74

Step 03 使用"矩形工具"■,在绿色脸谱对象上创建一个矩形,如图6-75所示。

Step 04 使用"选择工具"▶同时选中绿色脸谱和矩形,按快捷键Ctrl+7创建剪切蒙版,如图6-76所示。

素材文件路径	素材\第6章\6.3.5
效果文件路径	效果\第6章\6.3.5
在线视频路径	第6章\6.3.5 实战——利用文字创建剪切蒙版.mp4

图 6-75　　　　　图 6-76

Step 05 创建剪切蒙版后,蒙版图形剪贴路径和被遮盖的对象都可以被编辑。使用"编组选择工具"▶,选中蒙版图形,如图6-77所示。

Step 06 使用"钢笔工具"✎,在蒙版图形的路径上方添加一个锚点,如图6-78所示。

Step 01 启动Illustrator CC 2018软件,执行"文件"|"新建"菜单命令,创建一个大小为800px×600px的空白文档,设置其"颜色模式"为RGB,"栅格效果"为"高(300ppi)"。

Step 02 使用"文字工具"T,在文档中输入文字"美食",并设置该文字的字体为"汉仪综艺体简",设置大小为300pt,设置文字填充颜色为白色,设置其描边粗细为2pt且描边色为黑色,效果如图6-81所示。

图 6-77　　　　　图 6-78

Step 07 使用同样的方法,使用"钢笔工具"✎,在蒙版图形的路径下方也添加一个锚点,如图6-79所示。

Step 08 使用"直接选择工具"▶按住鼠标左键并拖动添加的锚点,改变蒙版图形形状,最终效果如图6-80所示。

图 6-81

Step 03 执行"文件"|"置入"命令,在弹出的"置入"对话框中找到素材文件夹中的"食物.jpg"素材,单击"置入"按钮,如图6-82所示。

图 6-79　　　　　图 6-80

6.3.5 实战——利用文字创建剪切蒙版 难点

本实例主要讲解如何为文字对象创建剪切蒙版。

图 6-82

Step 04 此时在文档中可以看到素材缩略图,如图6-83所示。在画板中合适位置单击,将素材置入文档,并在菜单栏单击"嵌入"按钮,然后将素材图置于底层,如图6-84所示。

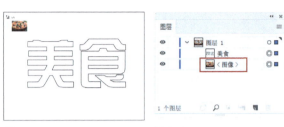

图 6-83　　　　　　图 6-84

Step 05 将图片调整至合适大小及位置,然后使用"选择工具" ▶ 同时选中"美食"文字与图像素材,如图6-85所示。

图 6-85

Step 06 按快捷键Ctrl+7快速建立剪切蒙版,最后为文字对象添加白色描边效果,最终得到的对象效果如图6-86所示。

图 6-86

6.4 透明度效果

在Illustrator中绘制图形对象之后,还可以通过设置对象的不透明度、混合模式以及为对象创建不透明度蒙版的方式来创建透明度效果。

6.4.1 认识透明度面板

选择图形对象后,在控制面板中单击"不透明度"按钮,可以打开"透明度"面板直接设置所选对象的不透明度效果,也可以执行"窗口"|"透明度"菜单命令,打开"透明度"面板进行设置,如图6-87所示。

图 6-87

"透明度"面板中各属性说明如下。

◆ 混合模式:单击该选项右侧的 ﹀ 按钮,在下拉列表中可以为当前对象选择一种混合模式。
◆ 不透明度:用来设置所选对象的不透明度。
◆ 隔离混合:勾选该复选框后,可以将混合模式与已定位的图层或组进行隔离,使它们下方的对象不受影响。
◆ 挖空组:勾选该复选框后,可以保证编组对象中单独的对象或图层在相互重叠的地方不能透过彼此而显示。
◆ 不透明度和蒙版用来定义挖空形状:用来创建与对象不透明度成比例的挖空效果。在不透明度越高的蒙版区域中,挖空效果越强。

6.4.2 混合模式　　重点

默认情况下,创建的对象均处于"正常"模式,即无混合效果。单击混合模式右侧的 ﹀ 按钮,在打开的下拉列表中包含16种混合模式,分为6组,如图6-88所示,不同的混合模式可以产生不同的效果。

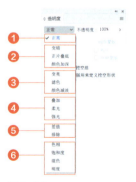

图 6-88

混合模式具体说明如下。

1.无混合模式

◆ 正常:默认状态下,图形为"正常"模式,没有任何混合效果。当"不透明度"为100%时,图形会完全遮盖下面的对象。在图6-89所示的文件中,"图层 2"的不透明度为100%，此时完全遮盖住下方的"图层 1"对象。

图层 2

图层 1

"图层"面板

图 6-89

2.加深颜色

◆ 变暗：选择基色或混合色中较暗的一个作为结果色。比混合色亮的区域会被结果色所取代，比混合色暗的区域将保持不变，应用效果如图6-90所示。

◆ 正片叠底：将基色与混合色相乘。得到的颜色总是比基色和混合色都暗一些。将任何颜色与黑色相乘都会产生黑色，将任何颜色与白色相乘，颜色保持不变，应用效果如图6-91所示。"正片叠底"效果类似于使用多个魔术笔在页面上绘图。

◆ 颜色加深：加深基色以反映混合色。与白色混合后不产生变化，应用效果如图6-92所示。

图 6-90

图 6-91

图 6-92

3.减淡颜色

◆ 变亮：选择基色或混合色中较亮的一个作为结果色。比混合色暗的区域将被结果色所取代，比混合色亮的区域将保持不变，应用效果如图6-93所示。

◆ 滤色：将混合色的反相颜色与基色相乘。得到的颜色总是比基色和混合色都要亮一些。用黑色滤色时颜色保持不变，用白色滤色将产生白色，应用效果如图6-94所示。"滤色"效果类似于多个幻灯片图像在彼此之上投影。

◆ 颜色减淡：加亮基色以反映混合色。与黑色混合则不会发生变化，应用效果如图6-95所示。

图 6-93　　　　图 6-94　　　　图 6-95

4.比较颜色

◆ 叠加：对颜色进行相乘或滤色，具体取决于基色。图案或颜色叠加在现有图稿上，在与混合色混合以及反映原始颜色的亮度和暗度的同时，保留基色的高光和阴影，应用效果如图6-96所示。

◆ 柔光：使颜色变暗或变亮，具体取决于混合色。此效果类似于漫射聚光灯照在图稿上。如果混合色（光源）比50%灰色亮，图片将变亮，就像被减淡了一样；如果混合色（光源）比50%灰度暗，则图稿变暗，就像加深后的效果。使用纯黑或纯白上色会产生明显的变暗或变亮区域，但不会出现纯黑或纯白，应用效果如图6-97所示。

◆ 强光：对颜色进行相乘或过滤，具体取决于混合色。"强光"效果类似于耀眼的聚光灯照在图稿上。如果混合色（光源）比50%灰色亮，图片将变亮，就像过滤后的效果，这对于给图稿加高光很有用；如果混合色（光源）比50%灰度暗，则图稿变暗，就像正片叠底后的效果，这对于给图稿添加阴影很有用。用纯黑色或纯白色上色会产生纯黑色或纯白色，应用效果如图6-98所示。

图 6-96

图 6-97

图 6-98

5.反相与排除

- 差值：从基色中减去混合色或从混合色中减去基色，具体取决于哪一种的亮度值较大。与白色混合将反转基色值，与黑色混合则不发生变化，应用效果如图6-99所示。
- 排除：创建一种与"差值"模式相似但对比度更低的效果。与白色混合将反转基色分量，与黑色混合则不发生变化，应用效果如图6-100所示。

图 6-99　　　　　图 6-100

6.修改色相与饱和度

- 色相：用基色的亮度和饱和度以及混合色的色相创建结果色，应用效果如图6-101所示。
- 饱和度：用基色的亮度和色相以及混合色的饱和度创建结果色。在无饱和度（灰度）的区域上用此模式着色不会产生变化，应用效果如图6-102所示。
- 混色：用基色的亮度以及混合色的色相和饱和度创建结果色。这样可以保留图稿中的灰阶，对于给单色图稿上色以及给彩色图稿染色都会非常有用，应用效果如图6-103所示。
- 明度：用基色的色相和饱和度以及混合色的亮度创建结果色。"明度"模式可创建与"混色"模式相反的效果，应用效果如图6-104所示。

图 6-101　　　　　图 6-102

图 6-103　　　　　图 6-104

6.4.3 创建不透明度蒙版

剪切蒙版用来控制对象的显示区域，而不透明度蒙版可以用来控制对象的不透明度，使对象产生透明效果。在创建不透明度蒙版前，首先应具备蒙版对象和被遮盖的对象，如图6-105和图6-106所示，并且蒙版对象应位于被遮盖的对象之上，如图6-107所示。

图 6-105　　　　　图 6-106

图 6-107

同时选择蒙版对象和被遮盖的对象，单击"透明度"面板中的"制作蒙版"按钮，如图6-108所示，即可创建不透明度蒙版，如图6-109所示。蒙版对象决定了透明区域和透明度。任何着色对象或栅格图像都可作为蒙版对象。如果蒙版对象是彩色的，则Illustrator会将其转换为灰度模式，并根据其灰度值来决定蒙版的遮盖程度。蒙版对象中的白色区域会完全显示下面的对象，黑色区域会完全遮盖下面的对象，灰色区域会使对象呈现不同程度的透明效果，如图6-110所示。

图 6-108　　　　图 6-109

图 6-110

图 6-113　　　　图 6-114

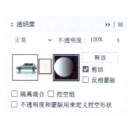　　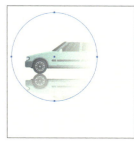

图 6-115　　　　图 6-116

6.4.4 编辑不透明度 重点

对象在创建不透明度蒙版后，如图6-111所示，"透明度"面板中会出现两个缩览图，左侧是被蒙版遮盖的图稿缩览图，右侧是蒙版对象缩览图，如图6-112所示。如果要编辑对象，单击对象缩览图，即可进入编辑状态，编辑状态下的缩览图周围会显示一个蓝色矩形框。

图 6-111　　　　图 6-112

1.链接与取消链接蒙版

创建不透明度蒙版以后，蒙版与被蒙版遮盖的对象将保持链接状态，在"透明度"面板的缩览图之间有一个链接图标 ，如图6-113所示。此时移动、旋转或变换对象，蒙版会同时变换，因此不会影响被遮盖的区域，如图6-114所示。单击链接图标 可以取消链接，图标此时会变为 状态，如图6-115所示，此时即可单独移动对象或者蒙版，也可以执行其他操作，如图6-116所示。再次单击图标，可以重新建立链接。

2.停用与激活不透明度蒙版

在编辑不透明度蒙版时，可以按住Alt键单击蒙版缩览图，如图6-117所示，画板中就只会显示蒙版对象，如图6-118所示，这样可以避免蒙版内容的干扰，使操作更加精准。按住Alt键单击蒙版缩览图，可以重新显示蒙版效果。

图 6-117　　　　图 6-118

按住Shift键单击蒙版缩览图，缩览图上会出现一个红色的"×"，如图6-119所示，表示暂时停用蒙版，如图6-120所示。如果要恢复不透明度蒙版，可按住Shift键再次单击蒙版缩览图。

图 6-119　　　　图 6-120

3.剪切与反相不透明度蒙版

在默认情况下,新创建的不透明度蒙版为剪切状态,如图6-121所示,即蒙版对象以外的部分都被剪切掉,如图6-122所示。如果取消"透明度"面板中"剪切"选项的勾选,如图6-123所示,则位于蒙版以外的对象也会显示出来,如图6-124所示。

图 6-121　　　　图 6-122

图 6-123　　　　图 6-124

在默认情况下,蒙版对象中的白色区域会完全显示下方对象,黑色区域会完全遮盖下方对象,灰色区域则会呈现不同程度的透明效果,如图6-125和图6-126所示。如果勾选"透明度"面板中的"反相蒙版"复选框,如图6-127所示,则可以反转蒙版对象的明度值,即反转蒙版的遮盖范围,如图6-128所示。

图 6-125　　　　图 6-126

图 6-127　　　　图 6-128

4.释放不透明度蒙版

选择不透明度蒙版对象之后,单击"透明度"面板中的"释放"按钮,即可释放不透明度蒙版,使对象恢复到添加蒙版前的状态。

6.4.5 实战——炫彩花纹背景　　难点

在Illustrator中,通过合理调配图形对象的不透明度和混合模式,可以打造出各种独具绚烂视觉效果的作品。

素材文件路径	素材\第6章\6.4.5
效果文件路径	效果\第6章\6.4.5
在线视频路径	第6章\6.4.5 实战——炫彩花纹背景 .mp4

Step 01 启动Illustrator CC 2018软件,执行"文件"|"新建"菜单命令,创建一个大小为1280px×800px的空白文档,设置其"颜色模式"为RGB,"栅格效果"为"高(300ppi)"。

Step 02 使用"矩形工具"▢,绘制一个与画板大小一致的渐变填充矩形作为背景,并将其锁定,具体如图6-129所示。

图 6-129

Step 03 切换为"椭圆工具"○,绘制两个同等大小的白色无描边圆形摆放在一起,选中图形后在"路径查找器"面板中单击"交集"按钮,保留两个圆形相交的部分,如图6-130所示。

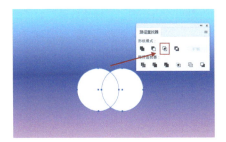

图 6-130

Step 04 将获取的交集图形适当拉长,接着切换为"旋转工具" ,按住Alt键将图形锚点移至方后进行旋转复制,设置"角度"为30°,单击"复制"按钮,如图6-131所示。

图 6-131

Step 05 执行上述操作后,按快捷键Ctrl+D进行图形的连续旋转复制操作,得到的图形效果如图6-132所示。

图 6-132

Step 06 选中所有的图形对象,在"透明度"面板设置图形混合模式为"柔光",如图6-133所示。

Step 07 按快捷键Ctrl+G将图形编组,并将图形摆放至画面底端,效果如图6-134所示。

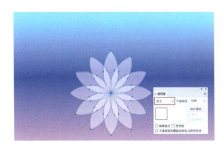

图 6-133

图 6-134

延伸讲解

在Illustrator软件中,编组后图形的混合模式与图层的混合模式是独立存在的,更改组的混合模式不会改变组内图层的混合模式。

Step 08 选中对象,执行"对象"|"变换"|"缩放"菜单命令,在弹出的"比例缩放"对话框中选择"等比"缩放选项,调整合适的缩放参数,单击"复制"按钮,如图6-135所示。

图 6-135

Step 09 按快捷键Ctrl+D进行连续复制,使编组形状铺满整个背景画面,如图6-136所示。

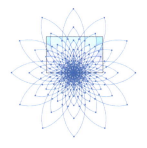

图 6-136

Step 10 将复制出来的编组图形逐个选中,并在"透明度"面板中修改混合模式为"正片叠底",同时降低"不透明度"为50%,如图6-137所示。

图 6-137

Step 11 通过创建剪贴蒙版裁切掉背景画面以外的多余部分，并添加文字等修饰元素，得到的最终效果如图6-138所示。

图 6-138

6.5 综合实战——扁平风渐变风景插画

本实例将绘制一款扁平风格的渐变风景插画，在使用各类形状工具绘制基础图形的同时，融合了创建复合路径和图形剪贴蒙版等重要知识点，具体制作步骤如下。

素材文件路径	素材 \ 第 6 章 \6.5
效果文件路径	效果 \ 第 6 章 \6.5
在线视频路径	第 6 章 \6.5 综合实战——扁平风渐变风景插画 .mp4

1.绘制基本形状

Step 01 启动Illustrator CC 2018软件，执行"文件"|"新建"菜单命令，创建一个大小为600px×1000px的空白文档，设置其"颜色模式"为RGB，"栅格效果"为"高（300ppi）"。

Step 02 使用"椭圆工具"，绘制一个大小为420px×420px的渐变无描边圆形，具体如图6-139所示。

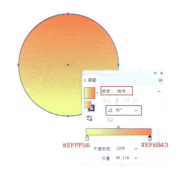

图 6-139

Step 03 使用"椭圆工具"，在圆形上方绘制一个大小为350px×350px的橘色（#ed7743）无描边圆形，并在"透明度"面板中修改该圆形的"不透明度"为40%，如图6-140所示。

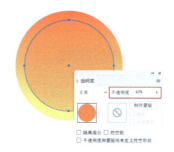

图 6-140

Step 04 分别绘制一个大小为280px×280px的橘色（#ed7743）圆形和一个大小为200px×200px的深橘色（#e87243）圆形，将圆形层层堆叠起来，效果如图6-141所示。

Step 05 使用"矩形工具"，在圆形组合上绘制一个大小为451px×258px的渐变色无描边矩形，如图6-142所示。

图 6-141

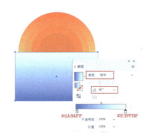

图 6-142

Step 06 选中最大的圆形,按快捷键Ctrl+C和Ctrl+F进行原位复制,并将该圆形置于矩形上层。

Step 07 同时选中复制所得的圆形和矩形,执行"对象"|"剪切蒙版"|"建立"菜单命令,完成操作后得到的图形效果如图6-143所示。

Step 08 使用"圆角矩形工具" ,分别创建一个大小为220px×30px、圆角半径为15px的白色无描边圆角矩形和一个大小为180px×30px、圆角半径为15px的白色无描边圆角矩形,如图6-144所示。

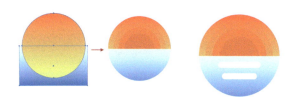

图 6-143　　　　　　　图 6-144

Step 09 使用"矩形工具" ,分别创建一个大小为180px×30px的白色无描边矩形和一个大小为120px×30px的白色无描边矩形,如图6-145所示。

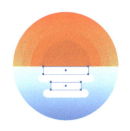

图 6-145

Step 10 使用"椭圆工具" ,绘制4个大小为30px×30px的白色无描边圆形,并将圆形分别放置在矩形的两端。选中矩形和两端的圆形,单击"路径查找器"面板中的"减去顶层"按钮 ,得到的图形效果如图6-146所示。

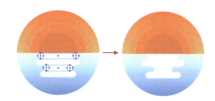

图 6-146

Step 11 使用"圆角矩形工具" ,再次创建3个大小为48px×30px、圆角半径为15px的白色无描边圆角矩形,

摆放至合适位置。然后选中所有白色图形,执行"对象"|"复合路径"|"建立"菜单命令,或按快捷键Ctrl+8,创建复合路径后修改图形渐变属性,将不透明度降低,具体如图6-147所示。

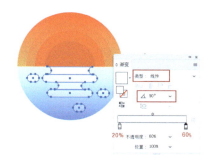

图 6-147

Step 12 选择上述复合路径,在原位置复制一个,并删除多余部分只保留中间图形组,然后将图形的渐变填充更改为白色填充,并执行"对象"|"变换"|"缩放"菜单命令,在弹出的"比例缩放"对话框中选择"等比"缩放选项,设置缩放参数为50%,具体如图6-148所示。

图 6-148

2.绘制修饰图形元素

Step 01 使用"钢笔工具" 绘制山峰,用浅色(#c4583b)绘制底部,用深色(#aa4531)绘制表面形状,如图6-149所示。

图 6-149

Step 02 复制一个大圆,利用剪切蒙版功能将山峰多余部分

删除，如图6-150所示。

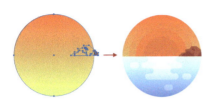

图 6-150

Step 03 绘制船只。先使用"矩形工具"，绘制一些深色（#aa4531）矩形堆砌出大致的形状，如图6-151所示。

图 6-151

Step 04 切换为"直接选择工具"，调整形状的各个锚点，使组合图形最终呈现出船只的形态，如图6-152所示。

图 6-152

Step 05 用与绘制波纹同样的方法来绘制云彩。分别创建两个大小为80px×15px，圆角半径为15px的白色无描边圆角矩形，一个大小为40px×15px的矩形，如图6-153所示。

Step 06 使用"椭圆工具"，绘制两个大小为15px×15px的白色无描边圆形放置在矩形两端，选中矩形再同时选中圆形，单击"路径查找器"面板中的"减去顶层"按钮，得到的图形效果如图6-154所示。

图 6-153

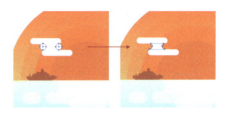

图 6-154

Step 07 绘制其他云彩修饰元素，完成后将云彩图形全选，按快捷键Ctrl+8建立复合路径，然后修改图形的渐变属性，具体如图6-155所示。

图 6-155

Step 08 使用形状工具绘制渐变背景，并添加文字，最终效果如图6-156所示。

图 6-156

6.6 课后习题

6.6.1 课后习题——剪切蒙版制作纹理

素材文件路径	课后习题\素材\6.6.1
效果文件路径	课后习题\效果\6.6.1
在线视频路径	第6章\6.6.1课后习题——剪切蒙版制作纹理.mp4

本习题主要练习剪切蒙版的使用。剪切蒙版是一个可以用其形状遮盖其他图稿的对象，使用它只能看到图形对象蒙版状态内的区域，根据这一特性，可以制作一些简单有趣的蒙版纹理。完成效果如图6-157所示。

图 6-157

6.6.2 课后习题——绘制透视空间

素材文件路径	无
效果文件路径	课后习题\效果\6.6.2
在线视频路径	第6章\6.6.2课后习题——绘制透视空间.mp4

本习题主要运用"自由变换工具"和"蒙版工具"来绘制一个透视空间图像。完成效果如图6-158所示。

图 6-158

第 07 章 图形对象的特殊效果

Illustrator不仅可以绘制出形态各异的矢量图形,还可以为矢量图形添加立体效果、扭曲效果、模糊效果、纹理效果以及3D效果等,使绘制的矢量图形更加丰富。本章将详细讲解各类艺术效果及其添加方式。

学习要点
- 矢量效果的添加 138 页
- 位图效果的应用 144 页
- 3D效果的应用 149 页
- 外观属性的应用 154 页

7.1 矢量效果

Illustrator"效果"菜单中的"变形"和"扭曲和变换"命令,虽然与编辑图形对象章节中的变形与变换的效果相似,但是前者是通过改变图形形状来得到变形效果的,后者则是在不改变图形基本形状的基础上使对象进行变形。

7.1.1 变形 重点

"变形"命令中的选项可以扭曲或变形对象,应用的范围包括路径、文本、网格、混合以及位图图像。执行"效果"|"变形"菜单中的任意子命令,如图7-1所示,可以打开"变形选项"对话框,如图7-2所示。在该对话框中单击"样式"选项后的 ˇ 按钮,展开样式下拉列表,为对象选择一种预定义的变形形状,然后设置对应的变形参数,即可为对象实施变形操作。

图 7-1　　　　　图 7-2

7.1.2 扭曲和变换 重点

使用"扭曲和变换"菜单中的各项命令,可以快速改变矢量对象的形状,与使用液化工具组中的工具编辑图形对象得到的效果相似。

执行"效果"|"扭曲和变换"菜单命令,在打开的菜单中包含了7种效果。执行不同的效果命令,可以快速改变对象的形状,并且可以随时修改或删除。

1.变换

执行"效果"|"扭曲和变换"|"变换"菜单命令,可以打开"变换效果"对话框,通过重新设置对象大小、移动、旋转、镜像和复制等参数改变对象的形状。

2.扭拧

执行"效果"|"扭曲和变换"|"扭拧"菜单命令,可以打开"扭拧"对话框,如图7-3所示。通过设置相关参数可以灵活地向内或向外弯曲和扭曲路径段,前后效果如图7-4所示。

图 7-3

图 7-4

"扭拧"对话框中各属性说明如下。

- "数量"选项组：用来设置水平和垂直扭曲程度。勾选"相对"选项，可以使用相对量设置扭曲程度；勾选"绝对"选项，可以按绝对量设置扭曲程度。
- "修改"选项组：用来设置是否修改锚点以及移动通向路径锚点的控制点（"导入"控制点和"导出"控制点）。

3.扭转

执行"效果"|"扭曲和变换"|"扭转"菜单命令，可以打开"扭转"对话框，如图7-5所示。通过设置相关参数可以旋转对象，中心的旋转程度比边缘的旋转程度大。

图7-5

"扭转"对话框中各属性说明如下。

- 角度：用来设置对象的扭转角度。在该对话框内输入正值，将顺时针扭转；若输入负值，将逆时针扭转。应用效果如图7-6所示。

原图　　　　角度为正值　　　　角度为负值

图7-6

4.收缩和膨胀

执行"效果"|"扭曲和变换"|"收缩和膨胀"菜单命令，可以打开"收缩和膨胀"对话框，如图7-7所示。

图7-7

滑动滑块可以将线段向内弯曲（收缩），并向外拉出矢量对象的锚点，或者将线段向外弯曲（膨胀），并向内拉入锚点，应用效果如图7-8所示。这两个选项都可相对于对象的中心点来拉出锚点。

原图　　　　滑块靠近"收缩"　　　　滑块靠近"膨胀"

图7-8

5.波纹效果

执行"效果"|"扭曲和变换"|"波纹效果"菜单命令，可以打开"波纹效果"对话框，如图7-9所示。通过设置相关参数，可以将对象的路径段变换为相同大小的尖峰和凹谷形成的锯齿和波形数组，如图7-10所示。

图7-9　　　　　　　图7-10

"波纹效果"对话框中各属性说明如下。

- 大小：可以选择绝对大小或相对大小来设置尖峰与凹谷之间的长度。
- 每段的隆起数：用来设置每个路径段的脊状数量。
- 平滑/尖锐：若选择"平滑"选项，路径段的隆起处为波形边缘；若选择"尖锐"选项，路径段的隆起处为锯齿边缘。

6.粗糙化

执行"效果"|"扭曲和变换"|"粗糙化"菜单命令，可以打开"粗糙化"对话框，如图7-11所示。通过设置相关参数，可以将矢量对象的路径段变形为各种大小的尖峰和凹谷的锯齿数组，应用效果如图7-12所示，该效果与波纹效果相似。

图7-11

图7-12

"粗糙化"对话框中各属性说明如下。

- 大小：可以选择绝对大小或相对大小来设置路径段的最大长度。
- 细节：用来设置每英寸锯齿边缘的密度。

- 平滑/尖锐：用来设置边缘效果。可以在圆滑边缘（平滑）和尖锐边缘（尖锐）之间选择。

7.自由扭曲

执行"效果"|"扭曲和变换"|"自由扭曲"菜单命令，可以打开"自由扭曲"对话框，如图7-13所示。通过拖动对话框中预览图形的4个控制点，可以改变矢量对象的形状。

图 7-13

7.1.3 转换为形状 重点

执行"效果"|"转换为形状"菜单命令，在打开的下拉菜单中包含"矩形""圆角矩形"和"椭圆"3个命令，执行任意一个命令，可以打开"形状选项"对话框，如图7-14所示。设置相关参数即可将矢量对象转换为对应的形状，应用效果如图7-15所示。

图 7-14

图 7-15

"形状选项"对话框中各属性说明如下。

- 形状：用来选择对象转换的形状，包括"矩形""圆角矩形"和"椭圆"。
- 额外宽度：勾选该选项后，可以设置转换后对象的宽度。
- 额外高度：勾选该选项后，可以设置转换后对象的高度。

- 圆角半径：若选择将对象转换为"圆角矩形"，可以在该选项中设置圆角半径值。

7.1.4 风格化 重点

"风格化"子菜单中包含6种效果命令，如图7-16所示。这些效果可以用来为对象添加发光、投影、涂抹和羽化等外观样式，并且可以在同一对象上重复应用以加强效果。

1.内发光

选择要添加效果的对象、组或图层，执行"效果"|"风格化"|"内发光"菜单命令，打开"内发光"对话框，如图7-17所示。在该对话框中设置相关参数，可以在对象内部创建发光效果。

图 7-16　　　　　图 7-17

"内发光"对话框中各属性说明如下。

- 模式：用来设置发光的混合模式。单击右侧的颜色块，可以打开"拾色器"对话框来选择发光颜色。
- 不透明度：用来设置发光效果的不透明度百分比。
- 模糊：用来设置要进行模糊处理之处到选区中心或选区边缘的距离，即发光效果的模糊范围。
- 中心/边缘：若选择"中心"选项，将会产生从对象中心发散的发光效果；若选择"边缘"选项，将会在对象边缘产生发光效果，应用效果如图7-18所示。

原图　　　勾选"中心"选项效果　　勾选"边缘"选项效果

图 7-18

2.圆角

选择要添加效果的对象、组或图层,执行"效果"|"风格化"|"圆角"菜单命令,打开"圆角"对话框,如图7-19所示。在该对话框中设置相关参数,可以将矢量对象的边角控制点转换为平滑的曲线,使图形中的尖角变为圆角,应用效果如图7-20所示。

图 7-19

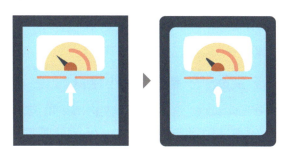

图 7-20

3.外发光

选择要添加效果的对象、组或图层,执行"效果"|"风格化"|"外发光"菜单命令,打开"外发光"对话框,如图7-21所示。在该对话框中设置相关参数,可以在对象的边缘产生向外发光的效果,应用效果如图7-22所示,该对话框中的选项与"内发光"对话框中的相同。

图 7-21

图 7-22

延伸讲解

对添加了"内发光"效果的对象进行扩展时,内发光本身会呈现为一个不透明的蒙版;对添加了"外发光"效果的对象进行扩展时,外发光会变成一个透明的栅格对象。

4.投影

选择要添加效果的对象、组或图层,执行"效果"|"风格化"|"投影"菜单命令,打开"投影"对话框,如图7-23所示。在该对话框中设置相关参数,可以为所选对象添加投影,创建立体效果,应用效果如图7-24所示。

图 7-23

图 7-24

"投影"对话框中各属性说明如下。

- ◆ 模式:用来选择投影效果的混合模式。
- ◆ 不透明度:用来设置投影的不透明度。该值为0时,投影完全透明;该值为100%时,投影完全不透明。
- ◆ X位移/Y位移:用来设置投影偏移对象的距离。
- ◆ 模糊:用来设置投影的模糊范围。
- ◆ 颜色:选择该选项,单击右侧的颜色块,可以打开拾色器对话框设置投影的颜色。
- ◆ 暗度:选择该选项,可以设置为投影添加的黑色深度百分比。对象自身的颜色将与添加的黑色混合生成投影。该值为0时,投影显示为对象自身的颜色;该值为100%时,投影显示为黑色。

5.涂抹

选择要添加效果的对象、组或图层，执行"效果"|"风格化"|"涂抹"菜单命令，打开"涂抹选项"对话框，如图7-25所示。在该对话框中设置相关参数，可以为对象的描边或填色添加类似素描的手绘效果。

图 7-26

图 7-25

图 7-27

"涂抹选项"对话框中各属性说明如下。

◆ 设置：用来选择不同的预设选项，得到相应的涂抹效果，并且可以在预设参数的基础上进行调整，创建自定义的涂抹效果。

◆ 角度：用来控制涂抹线条的方向。

◆ 路径重叠/变化：用来设置涂抹线条在路径边界内部与路径边界的距离，或在路径边界外与路径边界的距离。若为负值，可以将涂抹线条控制在路径边界内部；若为正值，则会将涂抹线条延伸至路径边界外部。"变化"（作用于"路径重叠"）用来设置涂抹线条彼此之间的相对长度差异。

◆ 描边宽度：用来设置涂抹线条的宽度。

◆ 曲度/变化：用来设置涂抹曲线在改变方向之前的曲度。"变化"（作用于"曲度"）用来设置涂抹曲线彼此之间的相对曲度的差异。

◆ 间距/变化：用来设置涂抹曲线之间的折叠间距。"变化"（作用于"间距"）用来设置涂抹线条之间的折叠间距差异。

6.羽化

选择要添加效果的对象、组或图层，执行"效果"|"风格化"|"羽化"菜单命令，打开"羽化"对话框，如图7-26所示。在该对话框中设置相关参数，可以柔化对象的边缘，使其产生从内部到边缘逐渐透明的效果，如图7-27所示。

7.1.5 实战——制作毛球小怪物

在Illustrator中，为简单的图形应用矢量效果，可以制作出许多意想不到的效果，甚至可以营造出强烈的三维视觉效果。下面通过为图形路径应用几款矢量效果，来绘制一个毛球小怪物。

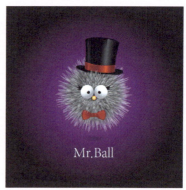

素材文件路径	素材\第7章\7.1.5
效果文件路径	效果\第7章\7.1.5
在线视频路径	第7章\7.1.5 实战——制作毛球小怪物 .mp4

Step 01 启动Illustrator CC 2018软件，执行"文件"|"新建"菜单命令，创建一个大小为600px×600px的空白文档，设置其"颜色模式"为RGB，"栅格效果"为"高（300ppi）"。

Step 02 使用"钢笔工具" ✐ .在画板中绘制一个椭圆形，在"渐变"面板中调整该图形的渐变属性，并去除路径图形的描边，如图7-28所示。

Step 03 选中上一步绘制的图形，执行"效果"|"扭曲和

变换"|"粗糙化"菜单命令,在弹出的"粗糙化"对话框中调整"大小"和"细节"参数,如图7-29所示,使路径边缘产生锯齿形状。

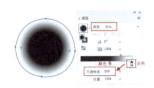

图 7-28　　　　　　　　图 7-29

Step 04 为图形执行"效果"|"扭曲和变换"|"收缩和膨胀"菜单命令,在弹出的对话框中调整膨胀参数,使图形边缘产生毛绒效果,如图7-30所示。

Step 05 执行"效果"|"扭曲和变换"|"波纹效果"菜单命令,在弹出的对话框中调整"大小"和"每段的隆起数"参数,如图7-31所示。

图 7-30　　　　　　　　图 7-31

Step 06 保持图形选取状态,执行"对象"|"变换"|"分别变换"菜单命令,在弹出的"分别变换"对话框中统一调整"缩放"参数为85%,调整旋转角度为10°,如图7-32所示。单击"复制"按钮应用变换并复制出一个新的图形,效果如图7-33所示。

图 7-32　　　　　　　　图 7-33

Step 07 按快捷键Ctrl+D进行连续复制,使图形层次感更加丰富,效果如图7-34所示。

Step 08 使用"椭圆工具" ◯,在图形上方绘制一个渐变填充、无描边的圆形,如图7-35所示。

图 7-34　　　　　　　　图 7-35

> **延伸讲解**
>
> 通过变换命令将图形变成毛球后,可以使用"选择工具" ▶ 单击选取每个图形调整角度,让图形之间错落开,效果会更加自然。

Step 09 为上一步绘制的圆形执行"效果"|"风格化"|"投影"菜单命令,在弹出的对话框中按图7-36所示进行设置,为图形添加投影效果。

Step 10 绘制眼球使用"椭圆工具" ◯,绘制一个稍大的圆形,应用灰白渐变填充,具体如图7-37所示。

图 7-36　　　　　　　　图 7-37

Step 11 使用同样的方法,继续使用"椭圆工具" ◯,绘制一个黑白渐变填充的圆形,具体如图7-38所示。

Step 12 使用"钢笔工具" ✎,在眼球上方绘制黑色的睫毛形状,如图7-39所示。

图 7-38　　　　　　　　图 7-39

Step 13 将眼睛部分的图形进行编组,然后选中图形组,双击"镜像工具" ▷◁,在弹出的"镜像"对话框中选择"垂直"选项,如图7-40所示。然后单击"复制"按钮得到对称的眼睛形状,将该形状摆放到鼻子另一侧,得到的图形效果如图7-41所示。

图 7-40

图 7-41

Step 14 使用"椭圆工具" ，绘制一个黑白渐变填充的椭圆,如图7-42所示设置椭圆渐变属性,并将其适当羽化模糊,放置在毛球下方作为投影。

图 7-42

Step 15 在文档中绘制渐变背景,添加文字和修饰元素,得到的最终效果如图7-43所示。

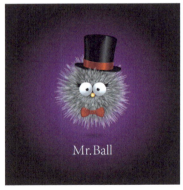
图 7-43

7.2 位图效果

Illustrator"效果"菜单下半部分的"Photoshop 效果"为栅格效果,是从Photoshop中移植过来的。这些命令对位图图像和矢量图形都有效,但是对矢量图形执行这些命令之后,矢量图形将会以位图格式显示。本节将着重介绍其中"扭曲""模糊""纹理"和"艺术效果"4个命令的内容。

7.2.1 扭曲效果

选择对象,如图7-44所示,执行"效果"|"扭曲"菜单命令,该命令中包含了"扩散亮光""海洋波纹"和"玻璃"效果命令,如图7-45所示。选择任意一个,都会打开对应的对话框,设置相关参数,即可为对象添加扭曲效果。

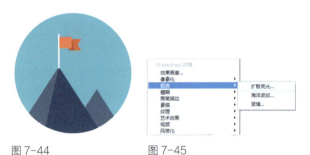
图 7-44　　　　图 7-45

1.扩散亮光

"扩散亮光"效果会将透明的白杂色添加到所选对象上,并从选区的中心向外渐隐亮光对象会呈现出类似透过一个柔和的扩散滤镜观看到的效果,如图7-46所示。

2.海洋波纹

"海洋波纹"效果会将随机分割的波纹添加到图稿中,使对象产生类似在水中的效果,如图7-47所示。

3.玻璃

"玻璃"效果可以选择一种预设的玻璃效果,也可以使用Photoshop文件创建自定义玻璃棉,并且可以对其进行缩放、扭曲、改变平滑度以及添加纹理等操作。对象会呈现出类似透过不同类型的玻璃观看到的效果,如图7-48所示。

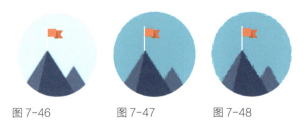
图 7-46　　　　图 7-47　　　　图 7-48

7.2.2 模糊效果　　　　　　　　　　　　重点

选择对象,如图7-49所示,执行"效果"|"模糊"菜单命令,该命令中包含了"径向模糊""特殊模糊"和"高斯模糊"效果命令,如图7-50所示。选择任意一个,都会打开对应的对话框,设置相关参数,即可为对象添加模糊效果。模糊效果可以在图像中对指定线条和阴影区域的轮廓边线旁的像素进行平衡,从而润色图像,使其过渡

得更加柔和。

 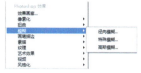

图 7-49　　　　　　图 7-50

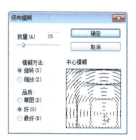 

图 7-54

1.径向模糊

执行"效果"|"模糊"|"径向模糊"菜单命令，可以打开"径向模糊"对话框，如图7-51所示。该效果用来模拟对相机进行缩放或旋转而产生的柔和模糊效果。

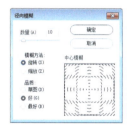

图 7-51

"径向模糊"对话框中各属性说明如下。

- 数量：用于设置模糊的强度。数值越高，模糊效果越强烈。
- 模糊方法：勾选"旋转"选项时，图像会沿同心圆环线产生旋转的模糊效果，如图7-52所示；勾选"缩放"选项时，图像会从中心向外产生反射的模糊效果，如图7-53所示。

图 7-52　　　　　　图 7-53

- 品质：用来设置应用模糊效果后图像的显示品质。勾选"草图"选项，处理的速度最快，但会产生颗粒状效果；勾选"好"选项或"最好"选项，都可以产生较为平滑的效果，但除非在较大的图像上，否则看不出这两种品质的区别。
- 中心模糊：在该设置框内单击，单击点将定义为模糊的原点，原点位置不同，模糊中心也不相同，图7-54和图7-55所示分别为不同原点的旋转模糊效果。

图 7-55

延伸讲解

使用"径向模糊"滤镜处理图像时，需要进行大量的计算，如果图像的尺寸较大，可以先设置较低的"品质"来观察效果，在确认最终效果后，再提高"品质"来处理图像。

2.特殊模糊

执行"效果"|"模糊"|"特殊模糊"菜单命令，可以打开"特殊模糊"对话框，如图7-56所示。"特殊模糊"命令提供了半径、阈值和品质等设置选项，通过这些选项可以精确地模糊图像。

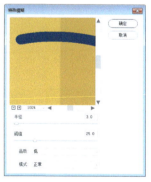

图 7-56

"特殊模糊"对话框中各属性说明如下。

- 半径：用于设置模糊的范围，该值越高，模糊效果越明显。
- 阈值：用于设置将被模糊处理的图像的像素差异最小值。
- 品质：用于设置模糊效果的质量，包含"低""中等"

和"高"三种。

- 模式：在该下拉列表中可以选择产生模糊效果的模式。选择"正常"选项，不会在图像中添加任何特殊效果；选择"仅限边缘"选项，将以黑色显示图像，以白色描绘出图像边缘像素亮度值变化强烈的区域，如图7-57所示；选择"叠加边缘"选项，将以白色描绘出图像边缘像素亮度值变化强烈的区域，如图7-58所示。

图 7-57　　　　　　　　图 7-58

3.高斯模糊

执行"效果"|"模糊"|"高斯模糊"菜单命令，可以打开"高斯模糊"对话框，如图7-59所示。"高斯模糊"命令可以添加低频细节，使图像产生一种朦胧效果，应用效果如图7-60所示。

图 7-59　　　　　　　　图 7-60

"高斯模糊"对话框中属性说明如下。

- 半径：通过调整"半径"值可以设置模糊的范围，它以像素为单位，数值越高，模糊效果越强烈。

7.2.3 纹理效果

选择对象，如图7-61所示，执行"效果"|"纹理"菜单命令，该命令中包含了"拼缀图""染色玻璃""纹理化"等效果命令，如图7-62所示。选择任意一个，都会打开对应的对话框，设置相关参数，即可为对象添加纹理效果。纹理效果可以使对象的表面具有深度感和质地感，或者赋予其有机风格，使对象的表面变化更为丰富。

图 7-61　　　　　　　　图 7-62

1.拼缀图

"拼缀图"滤镜可以将图像分成规则排列的若干正方形块，每一个方块使用该区域的主色填充。该滤镜可随机减小或增大拼贴的深度，以模拟高光和阴影，如图7-63所示。

2.染色玻璃

"染色玻璃"滤镜可以将图像重新绘制为若干单色的相邻单元格，色块之间的缝隙用前景色填充，使图像看起来像是彩色玻璃，如图7-64所示。

图 7-63　　　　　　　　图 7-64

3.纹理化

"纹理化"滤镜可以生成各种纹理，执行"效果"|"纹理"|"纹理化"菜单命令，可以打开"纹理化"对话框，如图7-65所示。在图像中添加纹理质感，将选定的纹理应用于图像，应用效果如图7-66所示。

图 7-65

图 7-66

图 7-68

"纹理化"对话框中各属性说明如下。
- 纹理：用来选择纹理的类型，包括"砖形""粗麻布""画布"和"砂岩"。
- 缩放：用来设置纹理的缩放比例。
- 凸现：用来设置纹理的凹凸程度。
- 光照：在该下拉列表中可以选择光线照射的方向。
- 反相：勾选该复选框，可以反转光线照射的方向。

4.颗粒

"颗粒"滤镜可以使用常规、软化、喷洒、结块、斑点等不同种类的颗粒在图像中添加纹理，应用效果如图7-67所示。

图 7-69

7.2.4 艺术化效果 重点

选择对象，如图7-70所示，执行"效果"|"艺术效果"菜单命令，该命令中包含了"塑料包装""壁画""干画笔"等效果命令，如图7-71所示。选择任意一个，都会打开对应的对话框，设置相关参数，即可为对象添加艺术化效果。艺术化效果命令可以模仿自然或传统介质，使对象看起来更贴近绘画或艺术效果。

图 7-67

5.马赛克拼贴

"马赛克拼贴"滤镜可以渲染图像，使它看起来像是由小的碎片或拼贴组成的，然后加深拼贴缝隙的颜色，应用效果如图7-68所示。

6.龟裂缝

"龟裂缝"滤镜可以将图像控制在一个高凸显的石膏表面上，以循着图像等高线生成精细的网状裂缝。应用该滤镜可以为包含多种颜色值或灰度值的图像创建浮雕效果，应用效果如图7-69所示。

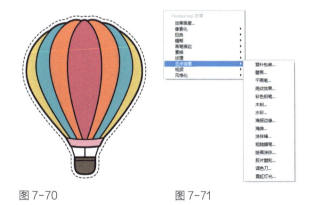

图 7-70　　　　图 7-71

1.塑料包装

"塑料包装"滤镜可以给图像涂上一层光亮的塑料，以强调表面细节，应用效果如图7-72所示。

2.壁画

"壁画"滤镜使用短而圆且涂抹粗略的小块颜料,以一种粗糙的风格绘制图像,使图像呈现出古壁画般的效果,应用效果如图7-73所示。

3.干画笔

"干画笔"滤镜使用干画笔技术绘制图像边缘,干画笔介于油彩和水彩之间,通过将图像的颜色范围降到普通颜色范围来简化图像,应用效果如图7-74所示。

图 7-72　　　　图 7-73　　　　图 7-74

4.底纹效果

"底纹效果"滤镜可以在带纹理的背景上绘制图像,然后再将最终图像绘制在该图像上,应用效果如图7-75所示。

5.彩色铅笔

"彩色铅笔"滤镜使用彩色铅笔在纯色背景上绘制图像,可保留重要边缘,外观呈粗糙阴影线,纯色背景色会透过平滑的区域显示出来,应用效果如图7-76所示。

6.木刻

"木刻"滤镜可以使图像看上去像是由彩纸上剪下的边缘粗糙的剪纸片组成的。应用该滤镜,高对比度的图像看起来呈剪影状,而彩色图像看上去是由几层彩纸组成的,应用效果如图7-77所示。

图 7-75　　　　图 7-76　　　　图 7-77

7.水彩

"水彩"滤镜以水彩的风格绘制图像,它使用蘸了水和颜料的中号画笔绘制以简化细节。当图像边缘有显著的色调变化时,该滤镜会使颜色变得饱满,应用效果如图7-78所示。

8.海报边缘

"海报边缘"滤镜可以按照设置的选项自动跟踪图像中颜色变化剧烈的区域,在边界上填充黑色的阴影,在大而宽的区域形成简单的阴影,细小的深色细节遍布图像,使图像产生海报效果,应用效果如图7-79所示。

9.海绵

"海绵"滤镜用颜色对比强烈、纹理较重的区域创建图像,模拟海绵绘画效果,应用效果如图7-80所示。

图 7-78　　　　图 7-79　　　　图 7-80

10.涂抹棒

"涂抹棒"滤镜使用较短的对角线条涂抹图像中的暗部区域,从而柔化图像,而亮部区域会因变亮丢失细节,使整个图像显示出涂抹扩散的效果,应用效果如图7-81所示。

11.粗糙蜡笔

"粗糙蜡笔"滤镜可以在带纹理的背景上应用蜡笔描边。在亮部区域,蜡笔效果比较厚,几乎观察不到纹理;在深色区域,蜡笔效果比较薄,纹理效果非常明显,应用效果如图7-82所示。

图 7-81　　　　图 7-82

12.绘画涂抹

执行"效果"|"艺术效果"|"绘画涂抹"菜单命令,可以打开"绘画涂抹"对话框,如图7-83所示。"绘画涂抹"滤镜可以使用简单、未处理光照、未处理深色、宽锐化、宽模糊和火花等不同类型的画笔创建绘画效果,应用效果如图7-84所示。

图 7-83　　　　　　　　图 7-84

"绘画涂抹"对话框中各属性说明如下。

- 画笔大小：用来设置画笔的大小，该值越高，涂抹范围越大。
- 锐化程度：用来设置图像的锐化程度，该值越高，效果越锐利。
- 画笔类型：用来设置绘画涂抹的画笔类型，包含"简单""未处理光照""未处理深色""宽锐化""宽模糊"和"火花"6种类型。

13.胶片颗粒

"胶片颗粒"滤镜将平滑的图案应用于阴影和中间色调区域，将一种更平滑、饱和度更高的图案添加到亮区。在消除混合的条纹和将各种来源的图像在视觉上进行统一时，该滤镜非常有用，应用效果如图7-85所示。

14.调色刀

"调色刀"滤镜可以减少图像中的细节，以生成淡淡的描绘效果，并显示出下面的纹理，应用效果如图7-86所示。

15.霓虹灯光

"霓虹灯光"滤镜可以将霓虹灯光效果添加到图像上。该滤镜可以在柔化图像外观的同时给图像着色，在图像中产生彩色氖光灯照射的效果，应用效果如图7-87所示。

图 7-85　　　　图 7-86　　　　图 7-87

7.3　3D效果

3D效果命令可以将二维对象创建为三维效果，通过改变开放路径、封闭路径或者位图等对象的高光方向、投影、旋转等属性来创建3D对象，还可以将对象转换为符号后作为贴图投射到三维对象表面，模拟真实的纹理和立体效果。

7.3.1　创建凸出和斜角效果

执行"效果"|"3D"菜单命令，在打开的下拉菜单中包含3种创建3D对象的命令，即"凸出和斜角""绕转"和"旋转"。

选择一个二维对象，如图7-88所示，执行"效果"|"3D"|"凸出和斜角"菜单命令，打开"3D凸出和斜角选项"对话框，如图7-89所示，设置相关参数可以将该二维对象沿其z轴拉伸，增加其深度，创建为三维对象，如图7-90所示。

图 7-88　　　　　　　图 7-89

图 7-90

"3D凸出和斜角选项"对话框中各属性说明如下。

- 位置：在该选项的下拉列表中可以选择一个预设的旋转角度，也可以拖动观景框中的立方体，自由调整角度，还可以在"指定绕x轴旋转" 、"指定绕y轴旋转"和"指定绕z轴旋转"选项中输入角度值，设置精确的旋转角度。
- 透视：用来设置对象的透视角度，使立体效果更加真实。可以在右侧的文本框中输入0~160°的数值，或者单击文本框右侧的箭头按钮，在打开的下拉菜单中拖动滑块调整透视角度。
- 凸出厚度：用来设置对象沿z轴挤压的厚度。
- 端点：若单击 按钮，可以创建实心立体对象；若单击 按钮，可以创建空心立体对象。
- 斜角：在该下拉列表中选择一种斜角形状，可以为立体对象添加对应的斜角效果。

◆ 高度：为对象添加斜角效果之后，可以在"高度"文本框中输入高度值，设置斜角的高度。此外，若单击文本框右侧的"斜角外扩"按钮，可以在保持对象大小不变的基础上通过增加像素形成斜角；若单击"斜角内缩"按钮，则会从对象上切除部分像素形成斜角。

> **延伸讲解**
>
> 由多个图形组成的对象可以同时创建3D效果。将对象全部选中，再执行"效果"|"3D"选项中的命令，图形中的对象都会应用相同程度的挤压。通过这种方式创建3D对象之后，单独选择其中任意一个图形，然后单击"外观"面板中的3D属性按钮，在打开的对话框中调整参数即可单独改变所选图形的挤压效果，而其他图形不会受到影响。如果先将所有对象编组，再统一制作3D效果，则编组图形将成为一个整体，不能再单独进行编辑。

> **知识链接**
>
> 在为对象创建完3D效果之后，若想对其进行调整，可以在"外观"面板中单击3D属性按钮，打开对应的对话框进行修改。"外观"面板的详情介绍请参阅"7.4 外观属性"。

7.3.2 创建绕转效果 `难点`

选择一个二维对象，如图7-91所示，执行"效果"|"3D"|"绕转"菜单命令，打开"3D绕转选项"对话框，如图7-92所示。在该对话框中设置相关参数可以让所选对象做圆周运动，从而创建3D对象。

图 7-91　　　　图 7-92

绕转轴是垂直固定的，因此用于绕转的路径应该是所需3D对象面向正前方时垂直剖面的一半，否则会出现偏差。"3D绕转选项"对话框中所包含的选项组与"3D凸出和斜角选项"对话框中的基本相同，不同之处是"3D绕转选项"对话框中包含"绕转"选项组，而没有"凸出和斜角"选项组，下面是对"绕转"选项组的介绍。

◆ 角度：用来设置对象的环绕角度。默认为360°，此时可生成完整的立体图，如图7-93所示。可设置0~360°范围内的数值，当该值小于360°时，会出现断面，如图7-94所示。

图 7-93　　　　　　　图 7-94

◆ 端点：若单击 按钮，可以创建实心立体对象；若单击 按钮，可以创建空心立体对象。
◆ 位移：用来设置绕转对象与自身轴心的距离。
◆ 自：用来设置对象绕之转动的轴，包括"左边"和"右边"。需要根据创建绕转图形来决定选择"左边"还是"右边"，否则会产生错误的结果。

7.3.3 创建旋转效果 `难点`

选择一个二维对象，如图7-95所示，执行"效果"|"3D"|"旋转"菜单命令，打开"3D旋转选项"对话框，如图7-96所示。在该对话框中设置相关参数可以将对象在模拟的单位空间中旋转，使其产生透视效果，如图7-97所示。"3D旋转选项"对话框中所包含的选项组与"3D凸出和斜角选项"对话框中的基本相同。

图 7-95

图 7-96

图 7-97

图 7-99　　　　　图 7-100

> **延伸讲解**
>
> 能够执行3D旋转命令的对象可以是一个普通的2D图形或图像，也可以是一个由"凸出和斜角"或"绕转"命令创建的3D对象。

7.3.4 设置表面

在执行"凸出和斜角""绕转"或者"旋转"命令时，在打开的选项对话框底部都有一个"更多选项"按钮，单击该按钮可以打开隐藏的选项，通过设置这些选项参数可以为3D对象添加表面效果和光源。

1.选择不同的表面格式

单击任意一个3D选项对话框底部的"表面"按钮，可以在打开的下拉列表中选择表面底纹，如图7-98所示。

图 7-98

"表面"选项的参数说明具体如下。

- 线框：显示对象几何形状的线框轮廓，并使每个表面透明。如果为对象的表面设置了贴图，则贴图也会显示为线条轮廓，如图7-99所示。
- 无底纹：不给对象添加任何新的表面属性，此时3D对象具有与原始2D对象相同的颜色，如图7-100所示。
- 扩散底纹：对象以一种柔和的、扩散的方式反射光，但光影的变化不够真实和细腻，如图7-101所示。
- 塑料效果底纹：对象以一种闪烁的、光亮的材质模式反射光，可获得最佳的3D效果，但计算机屏幕的运行速度会变慢，如图7-102所示。

图 7-101　　　　　图 7-102

> **延伸讲解**
>
> "表面"选项中的可用项目会随所选的效果而变化，如果为对象创建"旋转"效果，则可用的"表面"选项只有"扩散底纹"和"无底纹"。

2.设置光源

在为3D对象添加"扩散底纹"或"塑料效果底纹"表面效果之后，可以再为其添加光源，创建更多的光影变化，使立体效果更加真实。单击相应对话框中的"更多选项"按钮，可以显示光源设置选项，如图7-103所示。

图 7-103　　　　　图 7-104

光源设置选项说明如下。

- 光源编辑预览框：在"表面"选项组左侧的是光源预览框，默认情况下只有一个光源，如图7-104所示。单击预览框下方的"新建光源"按钮 ，可以添加一个新光源，新建的光源会出现在球体正前方的中心位置，如图7-105所示。按住鼠标左键拖动光源可以重新定义其位置，如图7-106所示。单击一个光源将其选中，再单击 按钮，可以将其移动到对象的后面，如图7-107所示；若单击 按钮，可以将其移动到对象的前面，如图7-108所示。选择光源后，单击"删除光源"按钮 ，可以将其删除，但是场景中至少应保留一个光源。

择"无"，表示不为底纹添加任何颜色；若选择"自定"，可单击选项右侧的颜色块，在打开的"拾色器"中选择任意一种颜色添加至底纹。

◆ 保留专色：如果在"底纹颜色"选项中选择了"自定"，则无法保留专色。如果使用了专色，勾选该复选框可以保证专色不发生改变。

◆ 绘制隐藏表面：勾选该复选框可以显示对象的隐藏背面。如果对象透明，或者展开对象并将其拉开时，便能看到对象的背面。如果对象具有透明度，并且要通过透明的前面来显示隐藏的后表面，应执行"对象"|"编组"命令将对象进行编组，然后再应用3D效果。

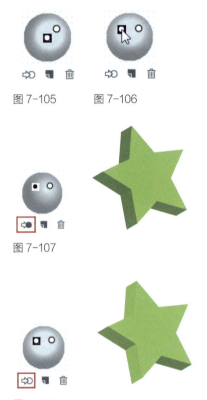

图 7-105　　图 7-106

图 7-107

图 7-108

7.3.5 设置贴图　重点

使用"凸出和斜角"和"绕转"命令创建的3D对象都由多个表面组成。例如，由矩形绕转创建的圆柱体具有6个表面，如图7-109所示，每一个表面都可以贴图。

单击"3D凸出和斜角选项"或者"3D绕转选项"对话框底部的"贴图"按钮，可以打开"贴图"对话框，如图7-110所示。在该对话框中可以将符号或者指定的符号添加到立体对象的表面，如图7-111所示。

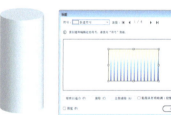

图 7-109　　图 7-110　　图 7-111

"贴图"对话框中各属性参数说明如下。

◆ 符号：选择一个表面之后，可以在"符号"选项的下拉列表中 选择一个符号添加到当前表面，在预览框中会显示该符号。在符号定界框内按住鼠标左键并拖动，可以移动符号；拖动定界框的控制点可以缩放符号；将鼠标指针放在控制点外侧，按住鼠标左键并拖动，可以旋转符号。

◆ 光源强度：用来更改光源的强度，范围在0~100%之间，该值越高，光照的强度越大。

◆ 环境光：用来控制全局光照，影响对象的整体表面亮度。

◆ 高光强度：用来控制对象反射光的强度。默认值为60%。该值越高，表面越光亮。

◆ 高光大小：用来控制高光区域的大小。该值越高，高光的范围越广。

◆ 混合步骤：用来控制对象表面所表现出来的底纹的平滑程度。混合步骤数越高，所产生的底纹越平滑，路径也越多。如果该值设置得过高，则系统可能会因为内存不足而无法完成操作。

◆ 底纹颜色：用来控制对象的底纹颜色。默认为"黑色"，表示在对象填充颜色的上方叠印添加黑色底纹，此外，还包括"无"和"自定"两个选项。若选

延伸讲解

在"贴图"对话框的预览窗口中，浅灰色区域表示当前在文档窗口中可见该表面，深灰色区域则表示该表面的当前位置被对象遮住。

◆ 表面：用来选择要为其贴图的对象表面。单击"第一个表面" 、"上一个表面" 、"下一个表面" 和

"最后一个表面" ▶按钮均可以切换表面，也可以在文本框中输入指定的表面编号。切换表面时，被选择的表面在文档窗口中会显示出红色的轮廓。

- 缩放以合适：单击该按钮，可以将贴图自动缩放，使其适合所选表面的边界。
- 清除/全部清除：单击"清除"按钮，可以将当前选择的表面贴图删除；单击"全部清除"按钮，可以删除所有表面的贴图。
- 贴图具有明暗调：勾选该复选框，可以为贴图添加底纹或应用光照，使贴图表面与对象表面的明暗保持一致，如图7-112所示。

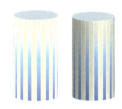

图 7-112

- 三维模型不可见：勾选该复选框，可以隐藏立体对象，仅显示贴图效果；未勾选时，可以同时显示立体对象和贴图效果。

知识链接

在为3D对象进行贴图之前，需要先将作为贴图的图稿保存到"符号"面板中。用作贴图的符号可以是路径、复合路径、文本、栅格图像、网格对象以及编组对象。有关"符号"的相关知识详情请参阅"第8章 符号与图表"。

7.3.6 实战——制作三维立体图形 难点

利用Illustrator中的"3D 绕转"功能，可以将图形沿自身的y轴绕转成三维的立体图像。此外，还可以对绕转后的三维图像添加贴图或应用光源效果，制作出逼真的三维图形效果。

素材文件路径	素材\第7章\7.3.6
效果文件路径	效果\第7章\7.3.6
在线视频路径	第 7 章\7.3.6 实战——制作三维立体图形 .mp4

Step 01 启动Illustrator CC 2018软件，执行"文件"|"打开"菜单命令，找到素材文件夹下的"瓶子路径.ai"文件，将其打开，如图7-113所示。

Step 02 使用"选择工具" ▶ 选中瓶盖路径，执行"效果"|"3D"|"绕转"菜单命令，在弹出的"3D绕转选项"对话框中设置对象绕转方向为"右边"，如图7-114所示。

图 7-113

图 7-114

Step 03 单击对话框中的"更多选项"按钮，展开"表面"选项栏，拖动光源控制点，调整光源位置，同时将对象旋转至合适角度，如图7-115所示。此时得到的对象效果如图7-116所示。

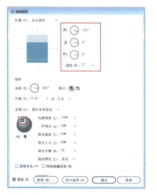

图 7-115　　　　图 7-116

Step 04 单击"新建光源"按钮 为对象添加新光源，并调整该光源位置，如图7-117所示。

Step 05 完成设置后，单击"确定"按钮，此时得到的对象效果如图7-118所示。

图 7-117　　　　　图 7-118

Step 06 用上述同样的方法，将瓶身进行绕转，并将瓶身图层放置在最底层，如图7-119所示。调整到合适位置及角度，得到的最终效果如图7-120所示。

图 7-119　　　　　图 7-120

7.4 外观属性

外观属性是一组在不改变对象基础结构的前提下影响对象外观的属性，包括填色、描边、透明度和效果。外观属性应用于对象后，可以随时对其进行编辑或者删除，并且不会影响基础对象以及该对象应用的其他属性。

7.4.1 外观面板　　　　　　　　　　　　**重点**

选择一个对象，执行"窗口"|"外观"菜单命令，或者按快捷键Shift+F6打开"外观"面板，所选对象的填色和描边等属性会显示在该面板中，各种效果按其应用顺序从上到下排列，如图7-121所示。

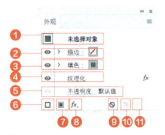

图 7-121

"外观"面板中各属性说明如下。

❶ 所选对象的缩览图：显示当前选择的对象的缩览图，右侧显示了对象的类型，通常为路径、文字、组、位图图像和图层等。

❷ 描边：显示当前对象的描边属性，包括描边颜色、宽度和类型，可以随时修改。

❸ 填色：显示当前对象的填充内容，可以随时修改。

❹ 效果：显示当前对象应用的效果，可以随时修改。

❺ 不透明度：显示当前对象的不透明度和混合模式，可随时修改。

❻ 添加新描边：单击该按钮，可以为对象添加一个描边属性。

❼ 添加新填色：单击该按钮，可以为对象添加一个填色属性。

❽ 添加新效果：单击该按钮，可以在打开的下拉菜单中选择一个效果。

❾ 清除外观：单击该按钮，可以清除所选对象的外观，使其变为无描边、无填色状态。

❿ 复制所选项目：选择面板中的任意一个属性，单击该按钮可以复制该属性。

⓫ 删除所选项目：选择面板中的任意一个属性，单击该按钮可以将其删除。

> **延伸讲解**
>
> 在"外观"面板中每个属性前面都有一个"眼睛"图标 ◉，单击该图标，可以隐藏或显示该属性效果。当某个项目包含其他属性时，该项目名称的左上角会出现一个三角形图标 ›，单击该图标，可以显示其他属性。此外，在"外观"面板中双击任意属性可以对属性进行编辑和修改。

7.4.2 调整外观堆栈顺序

在"外观"面板中，外观属性按照其应用于对象的先后顺序堆叠排列，这种形式称为堆栈。向上或向下拖动外观属性，可以调整它们的堆栈顺序。这样操作会影响对象的显示效果。例如，在图7-122所示的图形中，描边应用了"投影"效果，将"投影"拖动到"填色"属性中，图形的外观会发生改变，如图7-123所示。

图 7-122

图 7-123

7.4.3 实战——为图层和组设置外观

在Illustrator中,图层和组也可以添加效果。将对象创建、移动或编入添加了效果的图层或组中,它便会拥有与图层或组相同的外观。

素材文件路径	素材\第7章\7.4.3
效果文件路径	效果\第7章\7.4.3
在线视频路径	第7章\7.4.3.实战——为图层和组设置外观.mp4

Step 01 启动Illustrator CC 2018软件,执行"文件"|"打开"菜单命令,找到素材文件夹下的"青蛙.ai"文件,将其打开,如图7-124所示。

Step 02 为对象添加效果。在图层面板中,单击"图层2"右侧的○按钮将图层对象选中,如图7-125所示。

图 7-124   图 7-125

Step 03 执行"效果"|"风格化"|"投影"菜单命令,为选中的图层对象添加"投影"效果,如图7-126所示。完成设置后单击"确定"按钮,此时得到的对象投影效果如图7-127所示。

图 7-126   图 7-127

Step 04 在图层面板中将"图层1"中的图形对象拖入"图层2"中,如图7-128所示。

Step 05 完成上述操作后,拖入"图层2"中的图形也将具备相同的"投影"效果,如图7-129所示。

图 7-128   图 7-129

> **延伸讲解**
>
> 为图层和组添加效果后,如果将其中的一个对象从图层或组中移出,它将失去效果,因为效果属于图层和组,而不属于图层和组内的单个对象。

7.5 综合实战——3D剪影球体艺术海报

本实例重点讲解Illustrator中的3D绕转效果,通过为路径对象添加绕转,可以使原本平面的图形对象变得立体起来。

素材文件路径	无
效果文件路径	效果\第7章\7.5
在线视频路径	第7章\7.5 实战——3D 剪影球体艺术海报.mp4

Step 01 启动Illustrator CC 2018软件,执行"文件"|"新建"菜单命令,创建一个大小为600px×800px的空白文档,设置其"颜色模式"为RGB,"栅格效果"为"高(300ppi)"。

Step 02 使用"矩形工具"■,在画板中绘制一个与画板大小一致的紫色(#7642c1)无描边矩形作为背景,并按快捷键Ctrl+2将其锁定,如图7-130所示。

Step 03 使用"矩形工具"■绘制大小为490px×18px的白色无描边长条矩形,如图7-131所示。

图 7-130　　　　　图 7-131

Step 04 选中上一步绘制的白色无描边长条矩形,按住Alt键进行拖动复制,复制出7~8个长条矩形后,全选图形,按快捷键Ctrl+G进行编组,如图7-132所示。

Step 05 执行"窗口"|"符号"菜单命令,打开"符号"面板后,将编组图形拖入其中,如图7-133所示。

图 7-132　　　　　图 7-133

Step 06 在弹出的"符号选项"对话框中输入名称"矩形组合",默认设置,单击"确定"按钮,如图7-134所示。

Step 07 使用"椭圆工具"○绘制一个大小为280px×280px的黑色描边且无填充颜色的圆形,如图7-135所示。

图 7-134　　　　　图 7-135

Step 08 使用"直接选择工具"▷,选中左侧锚点,如图7-136所示,然后按Backspace键删除一半圆。

Step 09 选中剩下的半圆,执行"效果"|"3D"|"绕转"菜单命令,在弹出的"3D绕转选项"对话框中单击"贴图"选项,如图7-137所示。

图 7-136　　　　　图 7-137

Step 10 在弹出的"贴图"对话框中展开"符号"下拉列表,选择之前创建的"矩形组合"符号,然后勾选"三维模型不可见"复选框,单击"缩放以合适"按钮,如图7-138所示。

图 7-138

Step 11 将"表面"属性切换为"2/2",同样展开"符号"下拉列表,选择之前创建的"矩形组合"符号,然后勾选"三维模型不可见"选项,单击"缩放以合适"按钮,如图7-139所示。

Step 12 单击"确定"按钮,返回"3D绕转选项"对话框,单击"确定"按钮保存上述设置。

图 7-139

Step 13 选中半圆,执行"对象"|"扩展外观"菜单命令,操作完成后右击图形,在弹出的快捷菜单中选择"取消编组"菜单命令,如图7-140所示。

Step 14 使用"直接选择工具",逐个选中绕转图形的内侧部分,将内侧部分的填充色改为较浅的颜色(#e4d3e5)或者降低其不透明度,得到的效果如图7-141所示。

图 7-140　　　　图 7-141

Step 15 将绕转图形进行复制,并调整大小和旋转角度,摆放在不同的位置,如图7-142所示。

Step 16 利用蒙版剪切,将画板外多余的部分去除,然后添加文字修饰画面,得到的最终效果如图7-143所示。

图 7-142　　　　图 7-143

7.6 课后习题

7.6.1 课后习题——3D绕转绘制游泳圈

素材文件路径	无
效果文件路径	课后习题\效果\7.6.1
在线视频路径	第 7 章\7.6.1 课后习题——3D 绕转绘制游泳圈.mp4

本习题主要练习3D绕转功能的使用,熟练掌握Illustrator中3D工具的使用方法,可以使画面中的矢量元素效果更加丰富。完成效果如图 7-144所示。

图 7-144

7.6.2 课后习题——绘制3D图形元素

素材文件路径	无
效果文件路径	课后习题\效果\7.6.2
在线视频路径	第 7 章\7.6.2 课后习题——绘制 3D 图形元素.mp4

本习题主要运用"凸出和斜角"命令来绘制一个视觉效果十分强烈的3D图形元素。完成效果如图 7-145所示。

图 7-145

第08章 符号与图表

第3篇 进阶篇

在绘制图形效果时，经常需要创建包含大量重复对象的图稿，如纹样、地图和技术图纸等。Illustrator为此提供了一项简便的功能，即符号。Illustrator中的制作图表功能可以制作9种图表，并且还可以在一个图表中组合不同类型的图表。

本章将分别介绍符号与图表的创建、编辑与应用等操作。

学习要点
- 符号的基本功能 158页
- 创建符号 159页
- 创建图表 168页

8.1 认识符号

符号常用来表现文档中大量重复的对象，如图形纹样、地图标记和花草植物等。将一个对象定义为符号后，可以通过符号工具快速创建大量相同的对象，能够节省绘图时间，还可以显著减少文件占用的存储空间。

8.1.1 符号面板 重点

符号是一种特殊的对象，任意一个符号样本都可以生成大量相同的对象，即符号实例，每一个符号实例都与"符号"面板或者符号库中的符号样本链接。

打开素材文件，如图8-1所示，执行"窗口"|"符号"菜单命令，打开"符号"面板，如图8-2所示。在该面板中可以创建、编辑和管理符号。

图 8-1

图 8-2

"符号"面板中各属性说明如下。

- "符号库菜单"按钮 ▥.：单击该按钮，可以在打开的下拉菜单选择预设的符号库。
- "置入符号实例"按钮 ↳：选择面板中的一个符号，单击该按钮，即可在画板中创建该符号的一个实例。
- 断开符号链接 ⋈：选择画板中的符号实例，单击该按钮，可以断开它与画板中符号样本的链接，该符号实例便会成为单独编辑的对象。
- 符号选项按钮 ▭：单击该按钮，可以打开"符号选项"对话框。
- 新建符号按钮 ¶：选择画板中的一个对象，单击该按钮，可将其定义为符号。
- 删除符号按钮 🗑：选择面板中的符号样本，单击该按钮可以将其删除。

> **延伸讲解**
>
> 执行"文件"|"新建"命令时，"配置文件"的下拉列表中提供了不同的文件类型，预设了文件大小、颜色模式以及分辨率等参数，Illustrator也为每种类型的文档设置了相应的"符号"面板，选择不同的配置文件时，"符号"面板的内容是不一样的。

8.1.2 符号库面板

Illustrator为用户提供了不同类别的预设符号，即符号库，包括3D符号、图标、地图、花朵和箭头等。符号库与"符号"面板的相同之处是都可以选择符号、调整符号排序和查看项目，这些操作都与"符号"面板中的操作一样，但是在符号库中不能添加、删除符号或编辑项目。

单击"符号"面板底部的"符号库菜单"按钮 ▥.，或者执行"窗口"|"符号库"菜单命令，在打开的下拉菜单中选择任意一个符号库，单击即可打开一个单独的符号库面板，符号名称前出现 ✓ 标志，即表示该符号库已经打开，如图8-3所示。

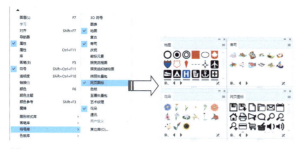

图 8-3

> **延伸讲解**
>
> 使用符号库中的符号时,会将符号自动添加到"符号"面板中。

8.2 符号的创建及管理

在Illustrator中,绝大多数对象都可以创建为一个符号,不论它是绘制的图形、复合路径、文本、位图图像、网格对象,或是包含以上对象的编组对象。

同时,Illustrator为用户提供了专门编辑符号的工具组,方便用户更加精确地编辑符号实例。

8.2.1 定义符号样本 **重点**

选择要创建为符号的对象,然后单击"符号"面板中的"新建符号"按钮,打开"符号选项"对话框,如图8-4所示,在其中输入自定义名称,单击"确定"按钮即可将其定义为符号,如图8-5所示。

图 8-4   图 8-5

> **延伸讲解**
>
> 默认情况下,所选对象会变为新符号的实例。如果不希望它变为实例,可通过按住Shift键单击"新建符号"按钮的方法来创建符号。

"符号选项"对话框中各属性说明如下。

◆ 名称:显示了当前符号的名称。如果要修改一个符号的名称,可在"符号"面板中单击该符号,然后单击面板下方的"符号选项"按钮,打开"符号选项"对话框,在"名称"选项中进行修改。

◆ 导出类型:包含"影片剪辑"和"图形"两个选项。"影片剪辑"在Flash和Illustrator中都是默认的符号类型。

◆ 启用9格切片缩放的参考线:如果要在Flash中使用9格切片缩放,可勾选该项。

8.2.2 符号工具 **重点**

Illustrator的工具面板中包含8种符号工具,如图8-6所示。双击该面板中的任意符号工具,都可以打开"符号工具选项"对话框,如图8-7所示。

图 8-6   图 8-7

"符号工具选项"对话框中主要属性说明如下。

1.常规选项

◆ 直径:用来设置符号工具的画笔大小。在使用符号工具时,也可以通过按快捷键"["、"]"来减小或增加画笔直径。

◆ 方法:用来指定符号紧缩器、符号缩放器、符号旋转器、符号着色器、符号滤色器和符号样式器等工具作用于符号实例的方式。选择"用户定义",可根据鼠标指针位置逐步调整符号;选择"随机",则会在鼠标指针所指的区域随机修改符号;选择"平均",将会逐步平滑符号。

◆ 强度:用来设置各种符号工具的更改速度。该值越高,更改速度越快。例如,使用符号位移器工具移动符号时,可增加强度值以加快移动速度。

◆ 符号组密度:用来设置符号组的吸引值。该值越高,符号的数量越多,密度越大。如果选择了符号组,然后双击任意符号工具打开"符号工具选项"对话框,则修改该值时,将会影响符号组中所有符号的密度,但不会改变符号的数量。

◆ 显示画笔大小和强度:选择该选项后,鼠标指针在画板中会变为一个圆圈,圆圈代表了工具的直径,圆圈的深浅代表了工具的强度,即颜色越浅,强度值越低。

2.特定工具选项

◆ "符号喷枪"工具：当选择符号喷枪工具时，对话框底部会显示"紧缩""大小""旋转""滤色""染色"和"样式"等选项，如图8-8所示，它们用来控制新符号实例添加到符号组的方式，并且每个选项都提供了两个选择方式。选择"平均"，可以添加一个新符号，它具有画笔半径内现有符号实例的平均值；选择"用户定义"，则可为每个参数应用特定的预设值。

◆ "符号缩放器"工具：当选择符号缩放器工具时，对话框底部会显示"符号缩放器"选项，如图8-9所示。勾选"等比缩放"复选框，可保持缩放时每个符号实例的形状一致；勾选"调整大小影响密度"复选框，在放大时可以使符号实例彼此远离，缩小时可以使符号实例彼此聚拢。

图 8-8

图 8-9

8.2.3 实战——使用符号工具

通过使用符号工具组中的工具，可以对符号实例进行位移、旋转、缩放和着色等操作，还能够将普通的图形对象创建为符号，方便重复使用。

本节将通过实例的形式，详细介绍符号工具的使用方法。

素材文件路径	素材\第 8 章\8.2.3
效果文件路径	效果\第 8 章\8.2.3
在线视频路径	第 8 章\8.2.3. 实战——使用符号工具 .mp4

1.添加和删除符号

使用"符号喷枪工具"能够添加和删除符号实例，它是最基本的符号工具。

Step 01 启动Illustrator CC 2018软件，执行"文件"|"打开"菜单命令，找到素材文件夹下的"花.ai"文件，将其打开，如图8-10所示。

Step 02 单击"符号"面板中的"花 1"符号样本，将其选中，如图8-11所示。

图 8-10

图 8-11

Step 03 切换为"符号喷枪工具"后，在画板中按住鼠标左键并拖动，创建符号组，如图8-12所示。

Step 04 保持符号组的选中状态，然后单击"符号"面板中的"花 2"符号，如图8-13所示。

图 8-12

图 8-13

Step 05 再次使用"符号喷枪工具"在画板中按住鼠标左键并拖动，即可在组内添加另一种符号，如图8-14所示。

Step 06 如果要删除符号实例，首先要保证符号组处于选中状态，然后在"符号"面板中单击相应的符号样本，如图8-15所示。

图 8-14

图 8-15

Step 07 在"符号喷枪工具"选中状态下,将鼠标指针放置在符号上方,如图8-16所示。然后按住Alt键单击一个符号实例,即可将其删除,如图8-17所示。按住Alt键并拖动鼠标,可以删除出现在鼠标指针范围内的符号。

图 8-16　　　　　图 8-17

延伸讲解

如果要删除"符号"面板中的符号,可以将其拖动到"符号"面板底部的"删除符号"按钮上。如果要删除文档中所有未使用的符号,可以从"符号"面板菜单中选择"选择所有未使用的符号"命令,将这些符号选中,然后再单击"删除符号"按钮。

2.移动符号

使用"符号移位器工具"可以移动符号,调整符号的堆叠顺序。

Step 01 启动Illustrator CC 2018软件,执行"文件"|"打开"菜单命令,找到素材文件夹下的"花.ai"文件,将其打开,如图8-18所示。

Step 02 使用"选择工具"选中画板中的符号组,然后单击"符号"面板中的"花 1"符号样本,将其选中,如图8-19所示。

图 8-18　　　　　图 8-19

Step 03 切换为"符号移位器工具"后,将鼠标指针放置在需要移动的符号实例上方,如图8-20所示。

Step 04 按住鼠标左键并拖动,可以移动样本所对应的符号实例,如图8-21所示。

图 8-20　　　　　图 8-21

Step 05 将鼠标指针移动到一个符号实例上方,如图8-22所示,按住Shift键单击,可以将其调整到其他符号的上方,如图8-23所示。若在按住快捷键Shift+Alt的同时单击一个符号,则可以将其调整到其他符号的下方。

图 8-22　　　　　图 8-23

3.调整符号密度

使用"符号缩紧器工具"可以调整符号的间距,使之聚拢或散开。

Step 01 启动Illustrator CC 2018软件,执行"文件"|"打开"菜单命令,找到素材文件夹下的"花.ai"文件,将其打开,如图8-24所示。

Step 02 使用"选择工具"选中画板中的符号组,按住Shift键单击"符号"面板中的"花 1"和"花 2"符号样本,将它们同时选中,如图8-25所示。

图 8-24　　　　　图 8-25

Step 03 使用"符号缩紧器工具"在符号上按住鼠标左键并拖动可以聚拢符号,如图8-26所示。

Step 04 按住Alt键执行上述操作，可以使符号扩散，如图8-27所示。

图 8-26　　　　　图 8-27

4.调整符号大小

使用"符号缩放器工具" 可以调整符号的大小，即对符号进行缩放。

Step 01 启动Illustrator CC 2018软件，执行"文件"|"打开"菜单命令，找到素材文件夹下的"花.ai"文件，将其打开，如图8-28所示。

Step 02 使用"选择工具" 选中画板中的符号组，按住Shift键单击"符号"面板中的"花 1"和"花 2"符号样本，将它们同时选中，如图8-29所示。

图 8-28　　　　　图 8-29

Step 03 使用"符号缩放器工具" 在符号上单击可以放大符号，如图8-30所示。

Step 04 若按住鼠标左键并拖动，可以放大鼠标指针下方的所有符号。若按住Alt键执行该操作，可以缩小符号，如图8-31所示。

图 8-30　　　　　图 8-31

5.旋转符号

使用"符号旋转器工具" 可以旋转符号。在旋转时，符号上会出现一个带有箭头的方向图标，通过它可以观察符号的旋转方向和角度。

Step 01 启动Illustrator CC 2018软件，执行"文件"|"打开"菜单命令，找到素材文件夹下的"花.ai"文件，将其打开，如图8-32所示。

Step 02 使用"选择工具" 选中画板中的符号组，按住Shift键单击"符号"面板中的"花 1"和"花 2"符号样本，将它们同时选中，如图8-33所示。

图 8-32　　　　　图 8-33

Step 03 使用"符号旋转器工具" 在符号上按住鼠标左键并拖动，符号上会出现一个带有箭头的方向图标，如图8-34所示，释放鼠标即可旋转符号，如图8-35所示。

图 8-34　　　　　图 8-35

6.为符号着色

使用"符号着色器工具" 可以为符号着色。在着色时，将使用原始颜色的明度和上色颜色的色相生成符号的颜色。具有极高或极低明度的颜色改变很小，黑色或白色对象则完全无变化。

Step 01 启动Illustrator CC 2018软件，执行"文件"|"打开"菜单命令，找到素材文件夹下的"花.ai"文件，将其打开，如图8-36所示。

Step 02 使用"选择工具" 选中画板中的符号组，单击"符号"面板中的"花 1"符号样本，将其选中，如图8-37所示。

图 8-36

图 8-37

Step 03 执行"窗口"|"色板"或"颜色"命令,打开对应的面板,设置一个填充颜色,如图8-38所示。

Step 04 使用"符号着色器工具" 在符号上单击,即可为其着色,如图8-39所示。

图 8-38

图 8-39

Step 05 连续在同一个符号上单击,可以增加颜色的浓度,直至将符号实例改变为所选颜色,如图8-40所示。如果要还原颜色,可以按住Alt键单击符号,连续单击可以逐渐还原至原有颜色,如图8-41所示。

图 8-40

图 8-41

7.调整符号透明度

使用"符号滤色器工具" 可以调整符号的透明度,使其呈现半透明状态。

Step 01 启动Illustrator CC 2018软件,执行"文件"|"打开"菜单命令,找到素材文件夹下的"花.ai"文件,将其打开,如图8-42所示。

Step 02 使用"选择工具" 选中画板中的符号组,按住Shift键单击"符号"面板中的"花 1"和"花 2"符号样本,将它们同时选中,如图8-43所示。

图 8-42

图 8-43

Step 03 使用"符号滤色器工具" 在符号实例上按住鼠标左键并拖动,可以使符号呈现透明效果,如图8-44所示。连续操作可增加透明度直到符号在画面中消失,如图8-45所示。

Step 04 如果在按住Alt键的同时按住鼠标左键并拖动,则可以还原符号的透明度,连续执行该操作可以逐渐恢复为原来的状态。

图 8-44

图 8-45

8.为符号添加图形样式

使用"符号样式器工具" 可以为符号实例添加不同的样式,使符号呈现丰富的变化。为符号添加样式时,需要配合"图形样式"面板进行操作。

Step 01 启动Illustrator CC 2018软件,执行"文件"|"打开"菜单命令,找到素材文件夹下的"花.ai"文件,将其打开,如图8-46所示。

Step 02 使用"选择工具" 选中画板中的符号组,执行"窗口"|"图形样式"菜单命令,打开"图形样式"面板,在该面板中选择一种样式,如图8-47所示。

图 8-46　　　　　图 8-47

Step 03 上述操作后，符号组中的所有符号实例都会应用该样式，效果如图8-48所示。

Step 04 保持符号组的选中状态，选择"符号样式器工具"，继续在"图形样式"面板中选择另一种样式，如图8-49所示。

图 8-48　　　　　图 8-49

Step 05 单击"符号"面板中的"花 1"符号样本，将其选中，如图8-50所示。

Step 06 使用"符号样式器工具"，在符号实例上单击或按住鼠标左键并拖动，可以将所选样式应用到符号实例中，如图8-51所示。样式的应用量会随着鼠标单击或拖动次数的增加而增加。

Step 07 如果按住Alt键执行上述操作，可以减少样式的应用量，直至清除样式。

图 8-50　　　　　图 8-51

8.2.4 实战——编辑符号样本　难点

无论是符号库中预设的符号样本，还是自定义的符号，都可以对其进行复制、替换操作，也可以修改符号并重新定义，或者将符号扩展为普通的图形对象。

素材文件路径	素材 \ 第 8 章 \8.2.4
效果文件路径	效果 \ 第 8 章 \8.2.4
在线视频路径	第 8 章 \8.2.4. 实战——编辑符号样本 .mp4

1. 复制符号

对符号进行了旋转、缩放、着色和调整透明度等操作后，若想再次创建相同效果的符号实例，可以通过复制的方式进行操作。

Step 01 启动Illustrator CC 2018软件，执行"文件"|"打开"菜单命令，找到素材文件夹下的"酒杯.ai"文件，将其打开，如图8-52所示。

Step 02 执行"窗口"|"符号"菜单命令，在打开的"符号"面板中选中"酒杯"符号样本，如图8-53所示。

图 8-52　　　　　图 8-53

Step 03 在工具面板中切换为"符号喷枪工具"后，在文档中单击，将"酒杯"符号添加到画板中，效果如图8-54所示。

Step 04 使用"选择工具"选择该符号，然后对齐进行旋转，并放置到合适位置，如图8-55所示。

图 8-54　　　　　　　图 8-55

Step 05 保持"符号"面板中符号样本和画板中符号实例的选中状态,使用"符号喷枪工具",在符号实例上单击,即可复制出相同的符号实例,如图8-56所示。

Step 06 使用"符号位移器工具"和"符号旋转器工具",调整"酒杯"符号位置,如图8-57所示。

图 8-56　　　　　　　图 8-57

2.替换符号

在画板中对符号实例进行编辑后,如果想要更换实例中的符号,可以通过替换符号的方式进行操作。

Step 01 启动Illustrator CC 2018软件,执行"文件"|"打开"菜单命令,找到素材文件夹下的"碎花.ai"文件,将其打开,如图8-58所示。

Step 02 切换为"选择工具",然后按住Shift键逐个单击文档中的心形符号,将它们全部选中,如图8-59所示。

图 8-58　　　　　　　图 8-59

Step 03 打开"符号"面板,在其中选中"花 1"符号样本,如图8-60所示。

Step 04 单击"符号"面板右上角的按钮,在打开的面板菜单中选择"替换符号"命令,即可用"花 1"符号替换

所选的黄色心形符号实例,如图8-61所示。

图 8-60　　　　　　　图 8-61

3.重新定义符号

如果符号组中使用了不同的符号,但只想替换其中一种符号,可以通过重新定义符号的方式进行操作。

Step 01 启动Illustrator CC 2018软件,执行"文件"|"打开"菜单命令,找到素材文件夹下的"碎花.ai"文件,将其打开,如图8-62所示。

Step 02 打开"符号"面板,在其中双击"花 1"符号样本,如图8-63所示,进入符号编辑状态,文档窗口中会单独显示符号。

图 8-62　　　　　　　图 8-63

Step 03 使用"编组选择工具",按住Shift键单击黄色花瓣,将它们全部选中,如图8-64所示。

Step 04 在"色板"或"颜色"面板中重新定义一个颜色,如图8-65所示。

图 8-64　　　　　　　图 8-65

Step 05 将"花 1"符号样式重新定义为图8-66所示的

效果，然后单击窗口左上角的"退出符号编辑模式"按钮，完成符号的重新定义，所有使用了该样本的符号实例都会自动更新，其他符号实例保持不变，效果如图8-67所示。

图 8-66

图 8-67

4.扩展符号实例

在画板中建立的符号实例，均与"符号"面板中的符号样本相连，如果修改符号的形状或颜色，则画板中的符号实例都会被修改。如果只想单独修改符号实例，而不影响符号样本，可以通过扩展符号实例的方式进行操作。

Step 01 启动Illustrator CC 2018软件，执行"文件"|"打开"菜单命令，找到素材文件夹下的"碎花.ai"文件，将其打开，如图8-68所示。

Step 02 切换为"选择工具"，然后按住Shift键逐个单击文档中的花瓣符号，将它们全部选中，如图8-69所示。

图 8-68

图 8-69

Step 03 执行"对象"|"扩展"命令，扩展所选符号实例，如图8-70所示。

Step 04 对扩展后的符号实例进行单独编辑，对任意花朵进行颜色更改或缩放，最终效果如图8-71所示。

图 8-70

图 8-71

> **延伸讲解**
>
> 如果选择的是符号组，为其执行"对象"|"扩展"命令，可将符号组中的符号实例扩展为单个对象，使用"编组选择工具"选择对象可以进行编辑。

8.3 认识图表

图表可以直观地反映各种统计数据的比较结果，在工作中的应用非常广泛。Illustrator可以制作9种类型的图表。

8.3.1 图表的种类

1.柱形图图表

使用"柱形图工具"，可以创建柱形图图表。柱形图图表是最常用的图表之一，它以坐标轴的形式显示数据，柱形的高度代表与其对应的数据，数据值越大，柱形越高，如图8-72所示。

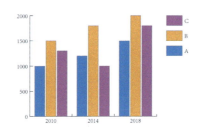

图 8-72

2.堆积柱形图图表

使用"堆积柱形图工具"，可以创建堆积柱形图图表。该图表与柱形图图表相似，但它是将各个柱形堆积起来，而非互相并列。在该类图表中，比较数据会堆积在一起，因此，可以显示某类数据的总量，并且便于观察每一个分量在总量中所占的比例，如图8-73所示。

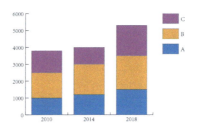

图 8-73

3.条形图图表

使用"条形图工具"，可以创建条形图图表。该图表与柱形图图表相似,但是是水平放置条形,而不是垂直放置柱形,如图8-74所示。

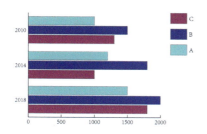

图 8-74

4.堆积条形图图表

使用"堆积条形图工具",可以创建堆积条形图图表。该图表与堆积柱形图图表相似,但是是水平堆积条形,而不是垂直堆积柱形,如图8-75所示。

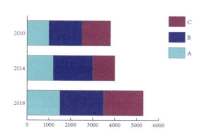

图 8-75

5.折线图图表

使用"折线图工具",可以创建折线图图表。该图表以点来显示统计数据,再通过不同颜色的折线来连接不同组的点,每列数据对应折线图中的一条线,如图8-76所示。这类图表通常用于表示在一段时间内一个或多个主题的变化趋势,对于确定一个项目的进程很有帮助。

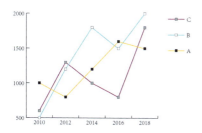

图 8-76

6.面积图图表

使用"面积图工具",可以创建面积图图表。该图表与折线图图表相似,但它会对所形成的区域进行填充,可以强调数值的整体和变化情况,如图8-77所示。

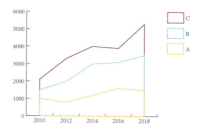

图 8-77

7.散点图图表

使用"散点图工具",可以创建散点图图表。该图表沿x轴和y轴将数据点作为成对的坐标组进行绘制,如图8-78所示。这类图表适合用来识别数据中的图案或趋势,还可以用来表示变量是否相互影响。

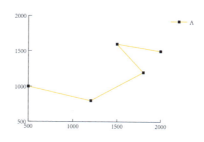

图 8-78

8.饼图图表

使用"饼图工具",可以创建饼图图表。该图表适合表现百分比的比较结果,它把数据的总和作为一个圆形,各组统计数据依据其所占总量的比例将圆形进行划分,数据的百分比越高,该数据在总量中所占的面积越大,如图8-79所示。

图 8-79

9.雷达图图表

使用"雷达图工具",可以创建雷达图图表,也称作网状图。该图表可以在某一特定时间或特定类别上比较数值组,并以圆形格式表示,如图8-80所示。这类图表常用于专业性较强的自然科学统计。

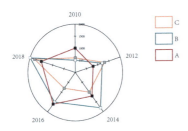

图 8-80

8.3.2 创建图表 重点

根据统计信息的不同,可以使用不同的图表工具来创建图表,还可以使用Microsoft Excel数据和文本文件中的数据来创建图表。

在Illustrator中,可以使用任意图表工具在画板中按住鼠标左键并拖动定义图表的大小,释放鼠标后,将会弹出"图表数据"对话框,如图8-81所示。

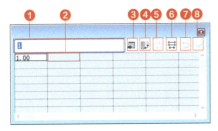

图 8-81

"图表数据"对话框中各属性说明如下。

❶输入文本框:用来输入不同数据组的标签内容。这些标签将在图例中显示(用于说明比较的数据组和要比较的种类)。单击对话框中的一个单元格,如图8-82所示,然后在输入文本框中输入数据,数据便会出现在所选单元格中,如图8-83所示。

图 8-82

图 8-83

延伸讲解

按键盘中的↑、↓、←、→方向键可以切换单元格,按Tab键可以输入数据并选择同一行中的下一个单元格。如果希望Illustrator为图表生成图例,则需删除左上角单元格的内容并保留次单元格为空白。

❷单元格左列:单元格的左列用于输入类别的标签。类别通常包括时间单位,如日、月或年。这些标签沿图表的水平轴或者垂直轴显示,但雷达图图表例外,它的每个标签都产生单独的轴。如果要创建包括数字的标签,应使用直式双引号将数字引起来,如图8-84和图8-85所示。若使用全角引号,则引号也会显示在图表中,如图8-86和图8-87所示。

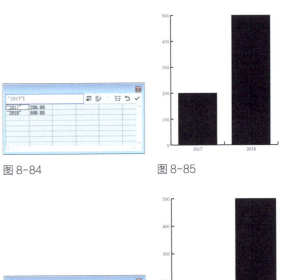

图 8-84   图 8-85

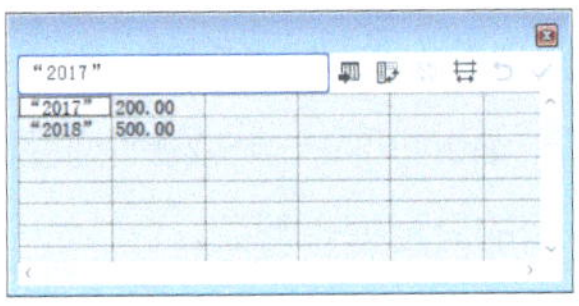

图 8-86 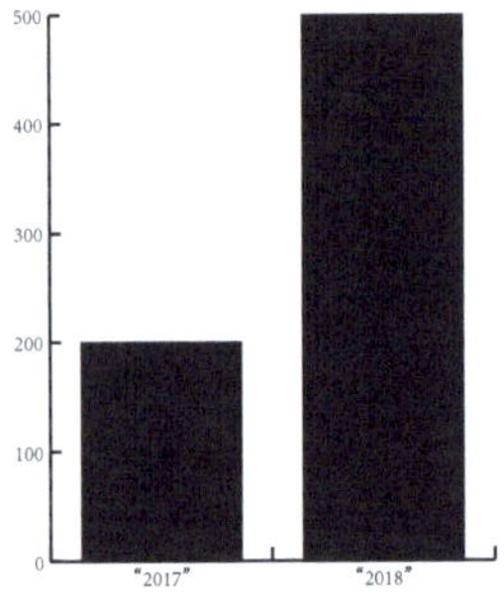   图 8-87

❸"导入数据"按钮:单击该按钮,可以导入其他应用程序创建的数据。

❹"换位行/列"按钮:单击该按钮,可以转换行与列中的数据。

❺"切换x/y"按钮:在创建散点图表时,单击该按钮,可以切换x轴与y轴的位置。

❻"单元格样式"按钮:单击该按钮,可以打开"单元格样式"对话框,如图8-88所示。其中"小数位数"选项用来定义数据中小数点后面的位数。默认值为2位小数,此时若在单元格中输入数字5,在"图表数据"窗口中会显示为5.00;若在单元格中输入数字3.14159,则会显示为

3.14。可通过增加该选项中的数值来增加小数位数。"列宽度"选项用来调整"图表数据"对话框中每一列数据间的宽度。调整列宽不会影响图表中列的宽度,只是用来设置在列中能够查看数字数量。

图 8-88

❼ "恢复"按钮:单击该按钮,可以将修改的数据恢复为初始状态。

❽ "应用"按钮:在该对话框中输入或修改数据之后,单击该按钮,可以创建或刷新图表。

8.3.3 实战——创建任意大小图表

本实例详细讲解如何使用图表工具在文档中创建任意大小的图表。

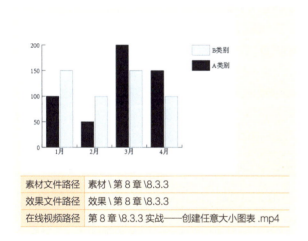

素材文件路径	素材\第8章\8.3.3
效果文件路径	效果\第8章\8.3.3
在线视频路径	第8章\8.3.3 实战——创建任意大小图表.mp4

Step 01 启动Illustrator CC 2018软件,执行"文件"|"打开"菜单命令,打开素材文件夹中的"创建任意大小图表.ai"文件。

Step 02 进入操作界面后,在工具面板中选择"柱形图工具" ,在画板中拖出一个矩形框,定义图表的大小,如图8-89所示。

图 8-89

Step 03 按住Alt键从中心开始绘制,如图8-90所示;按住Shift键将图表限制为一个正方形,如图8-91所示。

图 8-90

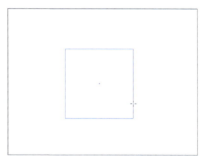

图 8-91

Step 04 释放鼠标,在弹出的"图表数据"对话框中单击一个单元格,然后在窗口顶部的文本框中输入数据,如图8-92所示。可以通过键盘上的方向键切换单元格,或通过单击来选择单元格。

Step 05 单击对话框右上角的"应用"按钮✓,或按数字键盘上的Enter键,关闭对话框即可创建图表,如图8-93所示。

图 8-92

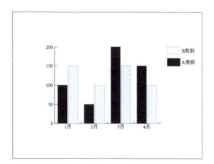

图 8-93

> **知识链接**
>
> 在创建图表时，工具面板中选择的图表工具决定了Illustrator生成的图表类型。但是，这并不意味着图表的类型固定不变，关于修改图表类型的详情请参阅本章8.4节。

8.3.4 实战——创建指定大小图表 难点

本实例将详细讲解如何使用图表工具在文档中创建指定大小的图表。

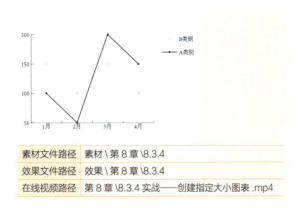

素材文件路径	素材\第8章\8.3.4
效果文件路径	效果\第8章\8.3.4
在线视频路径	第8章\8.3.4 实战——创建指定大小图表.mp4

Step 01 启动Illustrator CC 2018软件，执行"文件"|"打开"菜单命令，打开素材文件夹中的"创建指定大小图表.ai"文件。

Step 02 进入操作界面后，在工具面板中选择"折线图工具"，在画板中单击，弹出"图表"对话框，在其中输入图表的宽度和高度，如图8-94所示。

Step 03 单击"确定"按钮，弹出"图表数据"对话框，在其中输入数据，如图8-95所示。

图8-94　　　图8-95

Step 04 单击对话框右上角的"应用"按钮✓并关闭对话框，即可按照指定的宽度和高度创建图表，如图8-96所示。

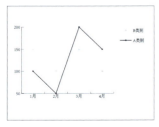

图8-96

8.3.5 实战——使用Microsoft Excel 数据创建图表 重点

从电子表格应用程序中（如Lotus1-2-3或Microsoft Excel）中复制数据后，可以在Illustrator的"图表数据"对话框中粘贴其为图表的数据。

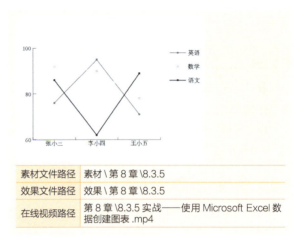

素材文件路径	素材\第8章\8.3.5
效果文件路径	效果\第8章\8.3.5
在线视频路径	第8章\8.3.5 实战——使用Microsoft Excel数据创建图表.mp4

Step 01 打开素材文件夹中的Microsoft Excel文件，如图8-97所示。

Step 02 执行"文件"|"打开"菜单命令，打开素材文件夹中的"使用表格数据创建图表.ai"文件。

Step 03 进入操作界面后，在工具面板中选择"折线图工具"，在画板中单击，弹出"图表"对话框，在其中输入图表的宽度和高度，如图8-98所示。

图8-97　　　　　　　　　图8-98

Step 04 单击"确定"按钮，打开"图表数据"对话框，删除默认数值，如图8-99所示。

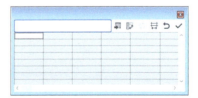

图8-99

Step 05 切换至Microsoft Excel窗口，在"姓名"一列处拖动鼠标，将它们选中，如图8-100所示，按快捷键Ctrl+C进行复制。

图 8-100

Step 06 切换至Illustrator CC 2018窗口，在对应的单元格处拖动鼠标，将单元格选中，如图8-101所示。按快捷键Ctrl+V，即可将Microsoft Excel表格内复制的姓名内容粘贴至单元格，如图8-102所示。

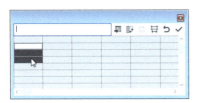

图 8-101

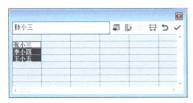

图 8-102

Step 07 切换至Microsoft Excel窗口，选中科目一排，如图8-103所示，按快捷键Ctrl+C进行复制，将其粘贴至Illustrator中对应的单元格中，如图8-104所示。

图 8-103

图 8-104

Step 08 用上述同样的方法，将Microsoft Excel表格内的数字内容复制到Illustrator单元格中，如图8-105所示。

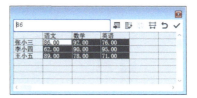

图 8-105

Step 09 单击对话框右上角的"应用"按钮✓，即可创建图表，如图8-106所示。

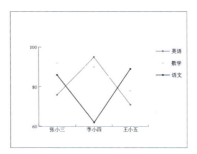

图 8-106

8.3.6 实战——使用文本中的数据创建图表

从文字处理程序中导入数据文本至Illustrator中，同样可以生成图表，具体方法如下。

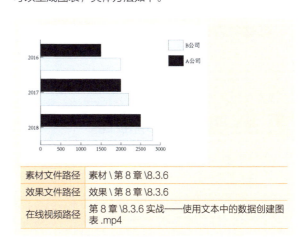

素材文件路径	素材\第8章\8.3.6
效果文件路径	效果\第8章\8.3.6
在线视频路径	第8章\8.3.6 实战——使用文本中的数据创建图表.mp4

Step 01 打开素材文件夹中的"图表数据.txt"文本文件，如图8-107所示。

Step 02 执行"文件"|"打开"菜单命令，打开素材文件夹中的"使用文本中的数据创建图表.ai"文件。

Step 03 进入操作界面后，在工具面板中选择"条形图工具"，然后在画板中拖出一个矩形框，定义图表的大小，释放鼠标后弹出"图表数据"对话框，单击对话框顶部的"导入数据"按钮，在打开的"导入图表数据"对话框中找到素材文件夹中的"图表数据.txt"文本文件，如图8-108所示。

图 8-107

图 8-108

Step 04 单击"打开"按钮，可将文本内容导入单元格，如图8-109所示。

Step 05 单击对话框右上角的"应用"按钮√，即可创建图表，如图8-110所示。

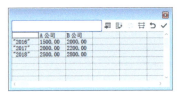

图 8-109

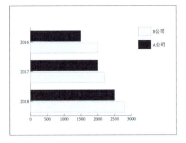

图 8-110

8.4 改变图表的表现形式

在Illustrator中，可以用多种方式来设置图表格式。不仅可以更改图表轴的外观和位置、添加投影、移动图例、组合显示不同的图表类型，也可以修改底纹的颜色、字体和文字样式，还可以进行移动、对称、切变、旋转或缩放操作，对图表应用透明、渐变、混合、画笔描边、图表样式和其他效果。

8.4.1 设置图表选项　重点

选中图表对象后，执行"对象"|"图表"|"类型"菜单命令，或者双击工具面板中的图表工具，可以打开"图表类型"对话框，在该对话框中可以设置不同类型图表选项。

1.常规图表选项

使用"选择工具"▶选中图表，如图8-111所示。执行"对象"|"图表"|"类型"菜单命令，或者双击工具面板中的图表工具，打开"图表类型"对话框，如图8-112所示。在该对话框中可以设置所有类型图表的常规选项。

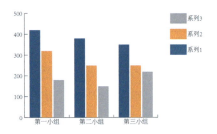

图 8-111

图 8-112

"图表类型"对话框中主要属性说明如下。

◆ 数值轴：用来设置表示测量单位的数值轴出现的位置，包括"位于左侧"，如图8-111所示；"位于右侧"，如图8-113所示；"位于两侧"，如图8-114所示。

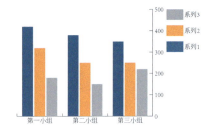

图 8-113

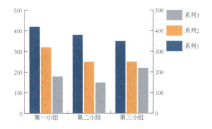

图 8-114

◆ 添加投影：勾选该复选框后，可在图表中的柱形、条形或线段后面，以及对整个饼图图表应用投影，如图8-115所示。

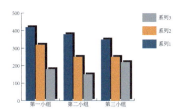

图 8-115

◆ 在顶部添加图例：默认情况下，图例显示在图表的右侧水平位置。勾选该复选框后，图例将显示在图表的顶部，如图8-116所示。

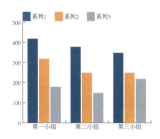

图 8-116

◆ 第一行在前：当"簇宽度"大于100%时，勾选该复选框，可以控制图表中数据的类别或群集重叠的方式，如图8-117和图8-118所示。在创建柱形或条形图表时，此选项非常有帮助。

图 8-117

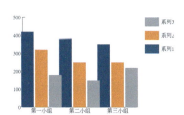

图 8-118

◆ 第一列在前：该选项用于确定"列宽"大于100%时，柱形和堆积柱形图表中哪一列位于顶部，以及"条宽度"大于100%时，条形和堆积条形图表中哪一列位于顶部，如图8-119和图8-120所示，还可以在顶部的"图表数据"对话框中放置与数据第一列相对应的柱形、条形或线段。

图 8-119

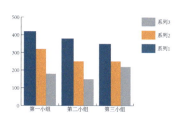

图 8-120

2.柱形图和堆积柱形图图表选项

在"图表类型"对话框中的"类型"选项中单击不同的图表按钮，可以在"选项"组内显示相应的选项。除了面积图图表外，其他类型的图表都有附加的选项。单击"柱形图"按钮或"堆积柱形图"按钮时，可以显示相应的选项，如图8-121所示。

图 8-121

选项说明具体如下。

◆ 列宽：用来设置图表中柱形之间的空间大小。当该数值大于100%时，会导致柱形相互堆叠，如图8-122所示；当该数值小于100%时，柱形之间会保留相应数量的空间，如图8-123所示。

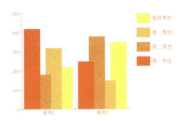

图 8-122

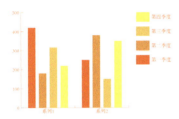

图 8-123

◆ 簇宽度：用来设置图表数据群集之间的空间大小，如图8-124和图8-125所示。

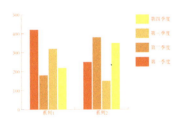

图 8-124

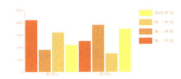

图 8-125

3.条形图和堆积条形图图表选项

单击"图表类型"对话框中的"条形图"按钮 或"堆积条形图"按钮，可以显示相应的选项，如图8-126所示。

图 8-126

选项说明具体如下。

◆ 条形宽度：用来设置图表中条形之间的宽度。当该值大于100%时，会导致条形相互堆叠，如图8-127所示；当该值小于100%时，会使条形相互对齐，如图8-128所示。

◆ 簇宽度：用来设置图表数据群集之间的空间大小。该值越高，数据群集的间隔越小。

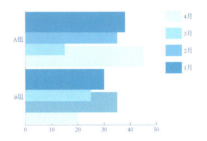

图 8-127

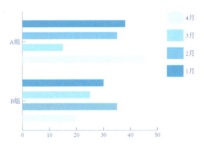

图 8-128

4.折线图、雷达图和散点图图表选项

单击"图表类型"对话框中的"折线图"按钮 、"雷达图"按钮 或"散点图"按钮 ，可以显示相应的选项，如图8-129所示。

图 8-129

选项说明具体如下。

◆ 标记数据点：勾选该复选框后，可以在每个数据点上置入正方形标记，如图8-130所示。若取消勾选，则不会显示数据点标记，如图8-131所示。

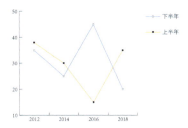

图 8-130

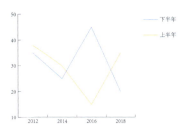

图 8-131

◆ 线段边到边跨x轴：勾选该复选框后，可沿水平x轴从左到右绘制跨越图表的线段，如图8-132所示。需要注意的是在散点图图表的"图表类型"对话框中没有该选项。

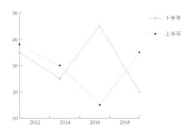

图 8-132

◆ 连接数据点：勾选该复选框后，可以添加便于查看数据间关系的线段，如图8-133所示。若取消勾选，则只会显示数据点，如图8-134所示。

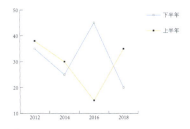

图 8-133

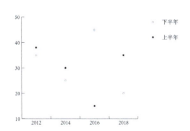

图 8-134

◆ 绘制填充线：勾选"连接数据点"时，该选项才有效。勾选该复选框后，可以根据"线宽"文本框中输入的数值创建指定宽度的线段，还可以根据该系列数据的规范来确定用何种颜色填充线段。图8-135所示为勾选"绘制填充线"复选框后，设置"线宽"的图表效果。

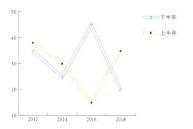

图 8-135

5.饼图图表选项

单击"图表类型"对话框中的"饼图"按钮，可以显示相应的选项，如图8-136所示。

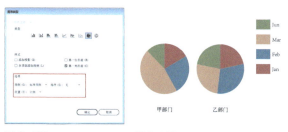

图 8-136　　　　图 8-137

◆ 图例：用来设置图表中图例的位置。默认为"标准图例"，表示在图表外侧放置标签，如图8-137所示；若选择"无图例"，则不会创建图例，如图8-138所示；若选择"楔形图例"，表示将标签插入对应的楔形中，如图8-139所示。

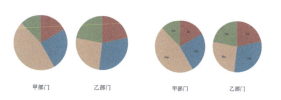

图 8-138　　　　图 8-139

◆ 位置：用来设置如何显示多个饼图。默认为"比例"，表示按照比例调整饼图的大小，如图8-137所示；若选择"相等"，所有饼图将具有相等的直径，如图8-140所示；若选择"堆积"，饼图将互相堆积，每个图表按照相互间的比例调整大小，如图8-141所示。

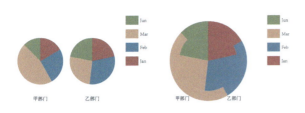

图 8-140　　　　　图 8-141

◆ 排序：用来设置饼图的排序顺序。默认为"无"，表示饼图按照输入的顺序顺时针排列，如图8-137所示；若选择"全部"，表示饼图按照从大到小的顺序顺时针排列，如图8-142所示；若选择"第一个"，最大的饼图将被放置在顺时针方向的第一个位置，其他的饼图按照输入的顺序顺时针排列，如图8-143所示。

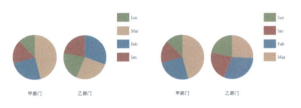

图 8-142　　　　　图 8-143

8.4.2 设置图表轴格式

除饼图图表之外，所有的图表都有显示图表测量单位的数值轴，可以选择在图表的一侧或两侧显示数值轴。条形、堆积条形、柱形、堆积柱形、折线和面积图图表中还具有定义图表数据类别的类别轴。

1. 修改数据轴

执行"对象"|"图表"|"类型"菜单命令，或者单击任意一个图表工具，打开"图表类型"对话框，在对话框顶部的下拉列表中选择"数据轴"，即可显示相应的选项，如图8-144所示。

图 8-144

选项说明具体如下。

◆ "刻度值"选项组：用来设置数据轴、左轴、右轴、下轴或上轴上刻度线的位置。

◆ "刻度线"选项组：用来设置刻度线的长度和绘制各刻度线刻度的数量。

◆ "添加标签"选项组：用来为数据轴、左轴、右轴、下轴或上轴上的数字添加前缀和后缀。例如，添加货币符号、计量单位或百分号等。

2. 设置类别轴

在"图表类型"对话框顶部的下拉列表中选择"类别轴"，即可显示相应的选项，如图8-145所示。

图 8-145

选项说明具体如下。

◆ 长度：用来设置类别轴刻度线的长度。
◆ 绘制：用来绘制各刻度线的数量。
◆ 在标签之间绘制刻度线：勾选该复选框，可以在标签或列的任意一侧绘制刻度线。若取消勾选，标签或列上的刻度线则会居中。

8.4.3 实战——修改图表数据

在创建图表的过程中弹出的"图表数据"对话框用于进行数据输入。当图表创建完成后，若想重新输入或者修改图表中的数据，可以通过该对话框来修改相关参数。

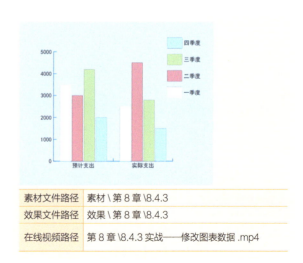

素材文件路径	素材\第 8 章\8.4.3
效果文件路径	效果\第 8 章\8.4.3
在线视频路径	第 8 章\8.4.3 实战——修改图表数据 .mp4

Step 01 启动Illustrator CC 2018软件，执行"文件"|"打开"菜单命令，打开素材文件夹中的"图表.ai"文件，如图8-146所示。

Step 02 使用"选择工具"▶选中图表对象，执行"对象"|"图表"|"数据"菜单命令，打开"图表数据"对话框，如图8-147所示。

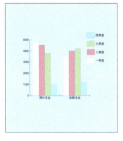
图 8-146

图 8-147

Step 03 修改"图表数据"对话框中的参数，如图8-148所示。

Step 04 修改好参数后，单击"图表数据"对话框右上角的"应用"按钮✓，即可更新画板中的图表数据，如图8-149所示。

图 8-148

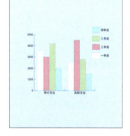
图 8-149

8.4.4 实战——修改图表图形及文字 难点

创建图表以后，所有对象会自动编为一组。如果取消图表编组，则无法再修改该图表。如果需要编辑图表，可以使用"直接选择工具"▷或"编组选择工具"▷选中图表中的图例、图表轴和文字等内容进行修改。

素材文件路径	素材 \ 第 8 章 \8.4.4
效果文件路径	效果 \ 第 8 章 \8.4.4
在线视频路径	第 8 章 \8.4.4 实战——修改图表图形及文字 .mp4

Step 01 启动Illustrator CC 2018软件，执行"文件"|"打开"菜单命令，打开素材文件夹中的"图表.ai"文件，如图8-150所示。

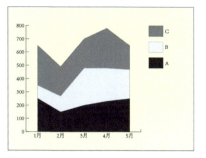
图 8-150

Step 02 使用"编组选择工具"▷，按住Shift键单击深灰色折线图形和图例，将它们选中，如图8-151所示。

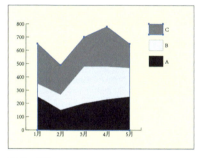
图 8-151

Step 03 将所选对象的填充颜色修改为红色（#ffa4b3），如图8-152所示。

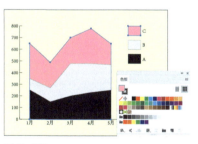
图 8-152

Step 04 用同样的方法修改剩余两组折线图形和图例的颜色，如图8-153所示。

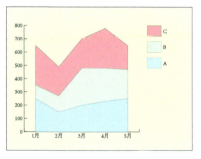
图 8-153

Step 05 使用"文字工具"T,选取字母"A"文字内容,修改文字内容为"苹果",如图8-154所示。

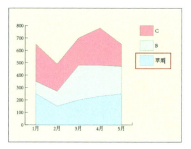

图 8-154

Step 06 用同样的方法,分别修改字母"B"为"橙子",修改字母"C"为"西瓜",如图8-155所示。

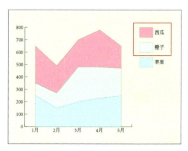

图 8-155

Step 07 打开素材文件夹中的"水果.ai"文件,将其中的水果素材复制并粘贴到图表文档中,对应名称放置在图例右侧,如图8-156所示。至此,图表的图形及文字就修改完成了,最终效果如图8-157所示。

图 8-156

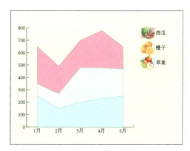

图 8-157

8.4.5 实战——用符号图案替换图表 难点

Illustrator为用户提供了9种不同的图表工具来创建图表,但创建的都是以几何图形为主的图表效果。为了使图表效果更加生动,用户可以使用普通图形或者符号图案来替代几何图形。

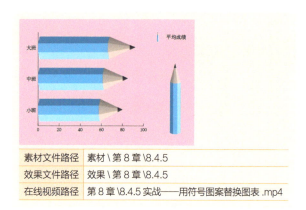

素材文件路径	素材\第8章\8.4.5
效果文件路径	效果\第8章\8.4.5
在线视频路径	第8章\8.4.5 实战——用符号图案替换图表.mp4

Step 01 启动Illustrator CC 2018软件,执行"文件"|"打开"菜单命令,打开素材文件夹中的"图表.ai"文件,如图8-158所示。

Step 02 使用"选择工具"▶单击铅笔对象,将其选中,如图8-159所示。

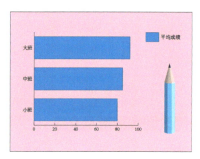

图 8-158

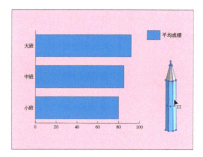

图 8-159

Step 03 执行"对象"|"图表"|"设计"菜单命令,在打开的"图表设计"对话框中单击"新建设计"按钮,将所选对象定义为一个设计图案,如图8-160所示,然后单击

"确定"按钮关闭对话框。

Step 04 使用"选择工具"▶单击图表对象,将其选中,如图8-161所示。

图 8-160

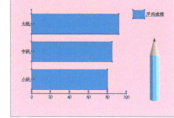

图 8-161

Step 05 执行"对象"|"图表"|"柱形图"菜单命令,在打开的"图表列"对话框中单击新创建的设计图案,在"列类型"选项的下拉列表中选择"垂直缩放"选项,并取消"旋转图例设计"复选框的勾选,如图8-162所示,然后单击"确定"按钮,完成图例的替换,如图8-163所示。

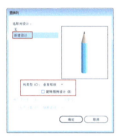

图 8-162

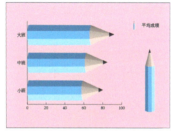

图 8-163

8.5 综合实战——制作简约商务图表

本实例将结合使用几何工具、变换命令和效果命令模式等多种工具和方法,制作一款简约商务图表。

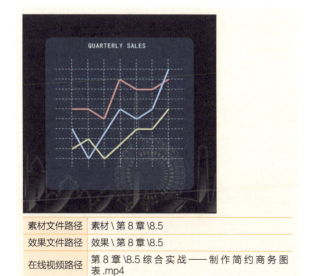

素材文件路径	素材\第 8 章\8.5
效果文件路径	效果\第 8 章\8.5
在线视频路径	第 8 章\8.5 综合实战——制作简约商务图表.mp4

1.绘制网格及折线路径

Step 01 启动Illustrator CC 2018软件,执行"文件"|"新建"菜单命令,创建一个大小为600px×600px的空白文档,设置其"颜色模式"为RGB,"栅格效果"为"高(300ppi)"。

Step 02 使用"矩形工具"▢,分别创建一个与画板大小一致的深色(#28282d)无描边矩形,和一个大小为460px×460px的深蓝色(#3a4554)无描边矩形,效果如图8-164所示。

Step 03 切换为"矩形网格工具"⊞,在画板上单击,在弹出的"矩形网格工具选项"对话框中,如图8-165所示进行参数设置。

图 8-164   图 8-165

Step 04 完成设置后,单击"确定"按钮得到对应网格,将网格摆放至画板中心位置,并设置描边色为白色,效果如图8-166所示。

Step 05 选中网格右击,在弹出的快捷菜单中选择"取消编组"命令,然后将网格的边框选中并删除,效果如图8-167所示。

图 8-166   图 8-167

Step 06 同时选中其他网格线,在"描边"面板中如图8-168所示调整其描边属性。

Step 07 完成设置后,按快捷键Ctrl+G将网格线重新编组,在表格对象选中状态下,执行"效果"|"扭曲和变换"|"变换"菜单命令,在弹出的"变换效果"对话框中如图8-169所示设置参数。

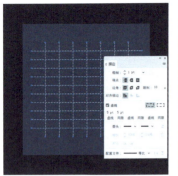

图 8-168　　　　　图 8-169

`Step 08` 选中表格对象，执行"效果"|"风格化"|"投影"菜单命令，在弹出的"投影"对话框中如图8-170所示设置参数后，单击"确定"按钮。

`Step 09` 使用"钢笔工具" ✎，在画板中绘制一条描边色为粉色（#ffaaa5）的折线路径，如图8-171所示。

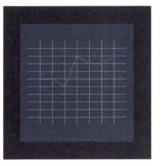

图 8-170　　　　　图 8-171

`Step 10` 选中绘制的粉色折线路径，在"描边"面板如图8-172所示进行参数设置。

`Step 11` 用同样的方法继续绘制一条蓝色（#b6d7ff）和一条黄色（#fff19c）的折线路径并进行参数设置，效果如图8-173所示。

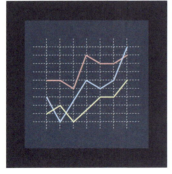

图 8-172　　　　　图 8-173

2. 修改路径外观效果

`Step 01` 选择粉色（#ffaaa5）折线路径，打开"外观"面板，单击"添加新描边"按钮 ，增加一层描边属性，并

将该描边颜色适当加深（#dd9997），调整描边粗细为3pt，如图8-174所示。

`Step 02` 保持对象的选中状态，执行"效果"|"扭曲和变换"|"变换"菜单命令，在弹出的"变换效果"对话框中如图8-175所示设置"变换"参数。

图 8-174　　　　　图 8-175

`Step 03` 单击"确定"按钮应用变换效果，此时得到的图形对象效果如图8-176所示。

`Step 04` 在"外观"面板中继续添加一条粗细为1pt的浅粉色（#ffb6b6）描边，如图8-177所示。

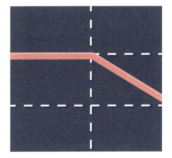

图 8-176　　　　　图 8-177

`Step 05` 为上一步新增加的描边对象执行"效果"|"扭曲和变换"|"变换"菜单命令，在弹出的"变换效果"对话框中如图8-178所示进行设置。

`Step 06` 在"外观"面板添加一条粗细为6pt的黑色描边放置在底层，并设置其"不透明度"参数为15%，如图8-179所示。

图 8-178　　　　　图 8-179

Step 07 在"外观"面板中选中粗细为4pt的描边属性,为其执行"效果"|"风格化"|"投影"菜单命令,在弹出的"投影"对话框中如图8-180所示设置参数,完成后单击"确定"按钮。

Step 08 将添加的"投影"属性复制3次,然后选中最下方一层双击,如图8-181所示。

8.6 课后习题

8.6.1 课后习题——制作时尚线条艺术文字海报

素材文件路径	无
效果文件路径	课后习题\效果\8.6.1
在线视频路径	第8章\8.6.1 课后习题——制作时尚线条艺术文字海报.mp4

本习题主要练习基本图形的绘制与调整。本习题的最终图形效果给人很强的设计感,同时也不乏颜色的运用技巧,是实操性非常强的一个实例。最终效果如图8-186所示。

图8-180　　　　图8-181

Step 09 在弹出的"投影"对话框中如图8-182所示设置参数,完成后单击"确定"按钮。

Step 10 在"外观"面板中选中粉色路径整体,如图8-183所示。

图8-186

8.6.2 课后习题——制作飞出的粒子效果

素材文件路径	无
效果文件路径	课后习题\效果\8.6.2
在线视频路径	第8章\8.6.2 课后习题——制作飞出的粒子效果.mp4

图8-182　　　　图8-183

Step 11 为对象执行"效果"|"风格化"|"圆角"菜单命令,设置圆角半径为5px,得到的图形效果如图8-184所示。

Step 12 用同样的方法,为剩下的两条折线路径添加外观效果,并添加文字和图形修饰,得到的最终效果如图8-185所示。

本习题主要练习"符号"面板的使用。在Illustrator中,用户可以将制作的图形、线段等元素转化为符号,通过运用符号大大提高制图的效率。完成效果如图8-187所示。

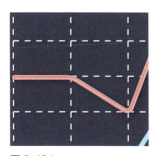
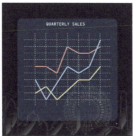

图8-184　　　　图8-185

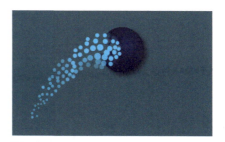

图8-187

第09章 任务自动化

动作、批处理、脚本和数据驱动图形都是Illustrator的自动化功能。与工业上的自动化类似，Illustrator自动化功能能解放用户的双手，减少工作量，让图稿编辑工作变得更加轻松、简单和高效。

学习要点
- 认识"动作"面板 182页
- 认识"变量"面板 187页
- 编辑动作 185页

9.1 动作

动作是指在文件上自动执行的一系列任务，如菜单命令、面板选项和工具动作等。

9.1.1 动作面板　重点

"动作"面板可以记录、播放、编辑和删除各个动作，还可以存储和载入动作文件，如图9-1所示。在面板菜单中选择"按钮模式"命令，面板中的动作将以按钮的形式显示，如图9-2所示。

图 9-1

图 9-2

"动作"面板中各属性说明如下。

- "切换项目开/关"按钮 ✓：如果动作集、动作和命令前显示有该图标，则表示这个动作集、动作和命令可以执行；如果动作集、动作或命令前没有该图标，则表示该动作集、动作或命令不能被执行。
- "切换对话框开/关"按钮：如果命令前显示该图标，则表示动作执行到该命令时会暂停，并打开相应的对话框，此时可修改命令参数，单击"确定"按钮可继续执行后面的动作；如果动作集和动作前显示该图标并变为红色，则表示该动作集为中有部分命令设置了暂停。
- 动作集：动作集是一系列动作的集合。
- 动作：动作是一系列命令的集合。
- 命令：录制的操作命令。

- "停止播放/记录"按钮 ■：用来停止播放动作和停止记录动作。
- "开始记录"按钮 ●：单击该按钮，可记录动作。处于记录状态时，按钮会变为红色。
- "播放当前所选动作"按钮 ▶：选择一个动作后，单击该按钮可以播放该动作。
- "创建新动作集"按钮：单击该按钮，可以创建一个动作集来保存新建的动作。
- "创建新动作"按钮：单击该按钮，可以创建一个新的动作。
- "删除"按钮：选择动作集、动作和命令后，单击该按钮可将其删除。

9.1.2 实战——动作的录制　难点

本实例详细讲解在Illustrator中，如何利用"动作"面板中的各项命令，为图稿记录新动作。

素材文件路径	素材\第9章\9.1.2
效果文件路径	效果\第9章\9.1.2
在线视频路径	第9章\9.1.2 实战——动作的录制.mp4

Step 01 启动Illustrator CC 2018软件,执行"文件"|"打开"菜单命令,将素材文件夹中的"插画.ai"项目文件打开,效果如图9-3所示。

Step 02 单击"动作"面板中的"创建新动作集"按钮,打开"新建动作集"对话框,在其中输入名称为"素描效果",如图9-4所示。

图9-3　　　　　　　　　图9-4

Step 03 单击"确定"按钮,将在"动作"面板中新建一个动作集,如图9-5所示。

Step 04 单击"创建新动作"按钮,打开"新建动作"对话框,输入动作的名称,如图9-6所示。

图9-5　　　　　　　　　图9-6

Step 05 单击"记录"按钮,新建一个动作,此时的"开始记录"按钮会变为红色,如图9-7所示。

Step 06 执行"选择"|"全部"命令,将图稿全部选中。接着执行"对象"|"封套扭曲"|"用变形建立"命令,在弹出的"变形选项"对话框中,选择"弧形"样式并设置参数,如图9-8所示。

图9-7　　　　　　　　　图9-8

Step 07 单击"确定"按钮,此时得到的对象效果如图9-9所示。

Step 08 执行"文件"|"存储为"命令,将文件保存为AI格式。执行"文件"|"关闭"命令,关闭文档。最后单击"动作"面板中的"停止播放/记录"按钮完成录制,如图9-10所示。

图9-9　　　　　　　　　图9-10

9.1.3 实战——对文件播放动作

在创建好自定义动作后,打开任意文稿并播放所选动作,可以快速地执行自定义动作,并生成特殊效果,下面将通过实例讲解如何对文件播放动作。

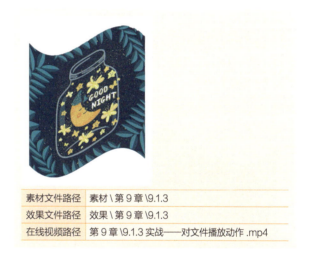

素材文件路径	素材\第9章\9.1.3
效果文件路径	效果\第9章\9.1.3
在线视频路径	第9章\9.1.3 实战——对文件播放动作.mp4

Step 01 启动Illustrator CC 2018软件,执行"文件"|"打开"菜单命令,将素材文件夹中的"动作.ai"项目文件打开,效果如图9-11所示。

Step 02 使用"选择工具"选中图像,然后在"动作"面板中选择新创建的动作,如图9-12所示。

图9-11　　　　　　　　　图9-12

Step 03 在"动作"面板中单击"播放当前所选动作"按钮 ▶，如图9-13所示。

Step 04 Illustrator会将所选图像自动处理为旗帜扭曲效果，如图9-14所示。

图 9-15　　　　　　图 9-16

Step 03 单击"动作"面板右上角的 ≡ 按钮，在弹出的下拉菜单中选择"批处理"命令，如图9-17所示。

图 9-13　　　　　　图 9-14

9.1.4 实战——批处理　　重点

批处理命令可以对文件夹中的所有文件播放动作，也可以为带有不同数据组的数据驱动图形合成一个模板。通过批处理可以完成大量相同的、重复性的操作，从而达到提高工作效率的目的。

图 9-17

Step 04 在弹出的"批处理"对话框中，在"播放"选项组中选择要播放的动作，在"源"选项的下拉列表中选择"文件夹"，然后单击"选取"按钮，选择要处理的文件所在的素材文件夹，如图9-18所示。

素材文件路径	素材\第9章\9.1.4
效果文件路径	效果\第9章\9.1.4
在线视频路径	第9章\9.1.4 实战——批处理 .mp4

图 9-18

Step 01 在进行批处理操作之前，要在"动作"面板中记录好动作，如图9-15所示。

Step 02 选中"存储为"和"关闭"命令并单击"切换项目开/关"按钮 ✓，从动作中排除这两个命令，如图9-16所示。

Step 05 在"目标"选项的下拉列表中选择"文件夹"，单击"选取"按钮后，指定处理后的文件的保存位置，如图9-19所示，然后单击"确定"按钮即可进行批处理。

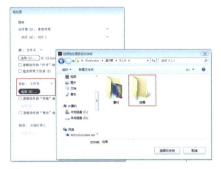

图 9-19

Step 06 等待计算机自动进行批处理，处理完成后可在保存的素材文件夹下查看效果，如图9-20所示。

图 9-20

> **延伸讲解**
>
> 使用"批处理"命令存储文件时，总会将文件以原来的文件格式存储。若要创建以新格式存储文件的批处理，需要记录"存储为"或"存储副本"命令以及"关闭"命令，将此作为原动作的一部分，并在"批处理"对话框中，为"目标"选择"无"选项。

9.2 编辑动作

在Illustrator中创建动作后，可以在动作中加入各种命令，也可以在播放动作时修改参数设置或重新记录动作。

9.2.1 插入停止

如果编辑操作中有动作无法记录的任务，如使用绘图工具进行的操作等，可以在动作中插入停止，让动作播放到某一步时暂停，以便手动处理。操作完成后，单击"动作"画板中的 ▶ 按钮，可播放后续的动作。

在"动作"面板中选择一个命令，如图9-21所示，执行"动作"面板菜单中的"插入停止"命令，打开"记录停止"对话框，输入提示信息并勾选"允许继续"复选框，以便停止动作后，可以继续播放后续动作，如图9-22所示，单击"确定"按钮，即可插入停止，如图9-23所示。

图 9-21   图 9-22

图 9-23

9.2.2 播放动作时修改设置 **重点**

如果要在播放动作的过程中修改某个命令，可以插入一个模态控制，当播放到这一命令时使动作暂停，就能在打开的对话框中修改参数，或者使用工具处理对象了。

模态控制由"动作"面板中的命令、动作或动作集左侧的"切换对话框开/关"按钮 ▢ 来表示。如果要为动作中某个命令启用模态控制，可单击该命令名称左侧的 ▢ 按钮，如图9-24所示。如果要为动作集中所有动作启用或停用模态控制，可单击动作集左侧的 ▢ 按钮，如图9-25所示。如果要停用模态控制，可单击 ▢ 按钮。

图 9-24   图 9-25

9.2.3 指定回放速度

在Illustrator中，可以根据需要调整动作的播放速度，以便对动作进行调试，观察每一个命令产生的结果。执行"动作"面板菜单中的"回放选项"命令，打开"回放选项"对话框，如图9-26所示。

图 9-26

"回放选项"对话框中的属性说明如下。

- 加速：选择该选项后，将以正常的速度播放动作，动作的播放速度较快。
- 逐步：选择该选项后，完成每一个命令时都将显示处理结果，然后进入下一个命令，动作的播放速度较慢。
- 暂停：选择该选项并在它右侧的文本框中输入时间，可以指定播放动作时命令之间暂停的时间。

9.2.4 编辑和重新记录动作 `重点`

如果要向动作组中添加新的动作，可以选择一个动作或命令，单击"开始记录"按钮●，此时可记录其他命令，完成后，单击"停止播放/记录"按钮■，新动作就会添加到所选动作或命令的后面。

如果要重新记录单个命令，可以选择与要重新记录的动作类型相同的对象。例如，如果一个任务只可用于矢量对象，重新记录时必须也选择一个矢量对象。在"动作"面板中双击该命令，然后在打开的对话框中输入新值，再单击"确定"按钮记录修改结果。

9.2.5 从动作中排除命令

在播放动作时，如果要排除单个命令，可单击该命令左侧的"切换项目开/关"按钮✓，清除该图标，如图9-27所示。

如果要排除一个动作或动作集中的所有命令或动作，可单击该动作名称或动作集名称左侧的"切换项目开/关"图标按钮✓，清除该图标，如图9-28所示。

如果要排除所选命令之外的所有命令，可按住Alt键单击该命令前的✓图标。

图 9-27　　　　图 9-28

9.2.6 实战——在动作中插入不可记录的任务 `难点`

在Illustrator中，并非所有的任务都能直接记录为动作。例如，执行"效果"和"视图"菜单中的命令、用于显示或隐藏面板的命令，以及使用选择、钢笔、画笔、铅笔、渐变、网格、吸管、实时上色和剪刀等工具都不能直接被记录为动作，但可以插入动作中。

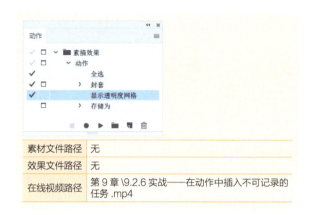

素材文件路径	无
效果文件路径	无
在线视频路径	第 9 章 \9.2.6 实战——在动作中插入不可记录的任务 .mp4

`Step 01` 在进行操作之前，要在"动作"面板中记录好动作，如图9-29所示。

`Step 02` 在"动作"面板中选中一个命令，然后单击右上角的 ≡ 按钮，在弹出的下拉菜单中选择"插入菜单项"命令，如图9-30所示，将弹出"插入菜单项"对话框。

图 9-29　　　　图 9-30

`Step 03` 执行"视图"|"显示透明度网格"命令，该命令会出现在对话框中，如图9-31所示。

`Step 04` 单击"确定"按钮，即可在动作中插入该命令，如图9-32所示。

 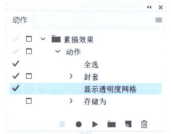

图 9-31　　　　图 9-32

9.3 脚本

脚本是使用一种特定的描述性语言，依据一定的格式编写的可执行文件，又称作宏或批处理文件。

9.3.1 运行脚本

如果要运行脚本，可以从"文件"|"脚本"子菜单中选择一个脚本，或执行"文件"|"脚本"|"其他脚本"命令，然后导航到一个脚本。运行脚本时，计算机会执行一系列操作，这些操作可能只涉及Illustrator，也可能涉及其他应用程序，如文字处理、电子表格和数据库管理程序。

9.3.2 安装脚本

用户可以将脚本复制到计算机的硬盘上。如果将脚本放到Adobe Illustrator CC 2018脚本文件夹中，该脚本将出现在"文件"|"脚本"子菜单中。如果将脚本放到硬盘上的其他位置，则可以通过选择"文件"|"脚本"|"其他脚本"命令，在Illustrator中运行该脚本。

9.4 数据驱动图形

数据驱动图形是专为协同工作环境而设计的，它能够快捷又精确地制作出图稿的多个版本，简化设计者与开发者在大量出版环境中共同合作的方式。

9.4.1 数据驱动图形的应用

在Web设计和出版行业，制作大量的相似格式的图形时，传统的工作方式采用手工制作完成。当需要更新含有新数据的图形时非常麻烦，修改网页中的信息也需要花费很多的时间。

Illustrator中的数据驱动图形功能可以简化这种工作流程。通过"变量"面板，设计师可以将作品中的要素，如图像、文本、图表或绘制的图形定义为变量，然后制定草案来代替这些变量。

9.4.2 变量面板　　　　　　　　　　　重点

"变量"面板可以处理变量和数据组，如图9-33所示。文档中每个变量的类型和名称均列在面板中，如果将变量绑定至某对象，则"对象"列将显示该绑定对象在"图层"面板中的名称。

图 9-33

"变量"面板中各属性说明如下。

◆ "捕捉数据组"按钮：建立一个链接变量后，单击该按钮，可创建新的数据组。如果修改变量的数值，则数据组的名称将以斜体字显示。

◆ "变量类型"列/"变量名称"列：显示了变量的类型和名称。其中，◉为可视性变量，T 为文本字符串变量，为链接的文件变量，为图表数据变量，∅ 为无类型（未绑定）变量。

◆ "上一数据组"按钮 ◀ /"下一数据组"按钮 ▶：单击这两个按钮，可以切换到上一个数据组或下一个数据组。

◆ "锁定变量"按钮：单击该按钮，可以锁定变量。变量被锁定后，不能进行新建、删除和编辑等操作。

◆ "建立动态对象"按钮：单击该按钮，可以将变量绑定至对象，以制作对象的内容动态。

◆ "建立动态可视性"按钮：单击该按钮，可以将变量绑定至对象，以制作对象的可视性动态效果。

◆ "取消绑定变量"按钮：单击该按钮，可以取消变量与对象之间的绑定。

◆ "新建变量"按钮：单击该按钮可以创建未绑定变量，变量前会显示一个∅状图标。

◆ "删除变量"按钮：用来删除变量。如果删除绑定至某一对象的变量，则该对象会变为静态。

9.4.3 创建变量

在Illustrator中可以创建4种类型的变量，分别是可视性、文本字符串、链接的文件和图表数据。变量的类型显示了对象相应的动态属性。

如果要创建可视性变量，可以选择要显示或隐藏的对象，然后单击"变量"面板中的"建立动态可视性"按钮。

如果要创建文本字符串变量，可以选择文字对象，然后单击"变量"面板中的"建立动态对象"按钮。建立文本字符串变量后，可以将任意属性应用到该文本上。

如果要创建链接文件变量，可以选择链接的文件，然后单击"变量"面板中的"建立动态对象"按钮。建立文本字符串变量后，可以自动更新链接的图形。

如果要创建图表数据变量，可以选择图表对象，然后单击"变量"面板中的"建立动态对象"按钮。建立图表数据变量后，可以将图表数据链接到数据库。修改数据库时，图表会自动更新数据。

如果要创建变量，但不将其与对象绑定，可以单击"变量"面板中的"新建变量"按钮。如果随后要将某对象绑定至该变量，可选择相应的对象和变量，然后单击"建立动态可视性"按钮，或单击"建立动态对象"按钮。

9.4.4 使用数据组

数据组就是变量及其相关数据的集合。创建数据组时，要抓取画板上当前所显示动态数据的一个快照。单击"变量"面板上的"捕捉数据组"按钮，即可创建新的数据组。当前数据组的名称显示在"变量"面板的顶部，如图9-34所示，单击◀按钮和▶按钮可以切换数据组，如图9-35所示。如果变更某变量的值导致不再反映该组中所存储的数据，则该数据组的名称将以斜体显示，此时可以新建一个数据组，或更新该数据组，以便用新的数据覆盖原数据。

图 9-34　　　　　图 9-35

9.5 课后习题

9.5.1 课后习题——批处理命令为图片制作封套

素材文件路径	课后习题\素材\9.5.1
效果文件路径	课后习题\效果\9.5.1
在线视频路径	第9章\9.5.1课后习题——批处理命令为图片制作封套.mp4

在Illustrator中可以通过批处理完成大量相同、重复的操作，从而节省处理时间，提高工作效率。完成效果如图9-36所示。

图 9-36

9.5.2 课后习题——在动作中插入不可记录的任务

素材文件路径	课后习题\素材\9.5.2
效果文件路径	无
在线视频路径	第9章\9.5.2课后习题——在动作中插入不可记录的任务.mp4

本习题主要通过在Illustrator软件中利用"插入菜单项"命令来插入不可记录的任务。完成效果如图 9-37 所示。

图 9-37

第10章 Web图形与动画

Illustrator提供了制作切片、优化图像和输出图像的网页编辑工具，可以帮助用户设计和优化单个Web图形或整个页面布局，轻松创建网页的组件。

设计Web图形需要使用Web安全颜色来平衡图像品质和文件大小，以及为图形选择最佳文件格式。

学习要点
- 切片的创建、选择和编辑 190页
- 优化与输出设置 193页
- 创建动画 195页

10.1 Web图形概述

Illustrator提供了多种工具用来创建网页输出，并可以创建和优化网页图形。

10.1.1 Web安全颜色

颜色是网页设计的重要组成之一。

一台计算机屏幕上的颜色未必能在其他系统上的Web浏览器中以同样的效果显示，为了使Web图形的颜色能够在所有的显示器上看起来都一样，需要使用Web安全颜色。

在"颜色"面板和"拾色器"中调整颜色时，如果出现了"超出Web颜色警告"图标 ⬢，如图10-1所示，就表示当前设置的颜色不能在其他Web浏览器上显示为相同的效果。Illustrator会在该警告旁边提供与当前颜色最为接近的Web安全颜色色块，单击该色块，即可将当前颜色替换为Web安全颜色，如图10-2所示。

图 10-1

图 10-2

> **延伸讲解**
>
> 选择"颜色"面板菜单中的"Web安全RGB"命令，或在"拾色器"对话框中选择"仅限Web颜色"选项，可以始终在Web安全颜色模式下设置颜色。

10.1.2 像素预览模式

Illustrator中的像素对齐功能对于网页设计来说，是非常关键的一项功能。该功能可以让对象中的所有水平和垂直内容都对齐到像素网格上，以便让描边呈现清晰的外观。如果要启用该功能，可以选择"变换"面板中的"对齐像素网格"选项。此后在任何变换操作中，对象都会根据新的坐标重新对齐像素网格，绘制的新对象也会具有像素对齐属性。

如果想要了解Illustrator是如何将对象划分为像素的，可以打开一个矢量文件，如图10-3所示。然后执行"视图"|"像素预览"菜单命令，接着使用"缩放工具" 🔍 放大图稿，当视图放大到600%时，就可以查看像素图稿，如图10-4所示。

图 10-3

图 10-4

10.1.3 查看和提取CSS代码 **重点**

使用Illustrator创建HTML页面的版面时，可以生成和导出基础CSS代码。CSS可以控制文本和对象的外观（与字符和图形样式相似）。如果要查看CSS代码，可以打开"CSS属性"面板，如图10-5所示。选择一个对象，该对象的CSS代码会显示在"CSS属性"面板中。

图 10-5

"CSS属性"面板中各属性说明如下。

- "生成CSS"按钮：选择对象后，单击该按钮，可以显示生成的CSS代码。
- "复制所选项目样式"按钮：选择特定代码后，单击该按钮，可以将其复制到剪贴板。如果要复制所有代码，则不要选择任何CSS代码，而是直接单击该按钮。
- "导出所选CSS"按钮：选择CSS代码后，单击该按钮，可以将其导出到文件中。如果要导出所有代码，可以打开面板菜单，执行其中的"全部导出"命令。
- "导出选项"按钮：单击该按钮，可以在打开的对话框中设置导出选项，包括CSS单位、对象外观、位置和大小等。

10.2 切片与图像映射

在Illustrator中，切片可以定义图稿中不同Web元素的边界，以便对不同的区域分别进行优化。例如，如果图稿包含需要以JPEG格式进行优化的位图图像，而其他部分更适合作为GIF文件进行优化，可以使用切片隔离位图，然后分别对它们进行优化，以减小文件的大小，使下载更加容易。

10.2.1 关于切片

切片分为子切片和自动切片两种类型。子切片是用户创建的用于分割图像的切片，它带有编号并显示切片标记。创建子切片时，Illustrator会自动在当前切片周围生成用于占据图像其余区域的自动切片。编辑切片时，Illustrator还会根据需要重新生成子切片和自动切片。

10.2.2 实战——创建切片 重点

在Illustrator中，可以通过3种方法来创建切片。

素材文件路径	素材\第10章\10.2.2
效果文件路径	效果\第10章\10.2.2
在线视频路径	第10章\10.2.2 实战——创建切片.mp4

1.切片工具创建

Step 01 启动Illustrator CC 2018软件，执行"文件"|"打开"菜单命令，找到素材文件夹下的"创建切片.ai"文件，选择其中的画板1，如图10-6所示。

Step 02 使用"切片工具"，在图稿上按住鼠标左键并拖出一个切片，如图10-7所示。

Step 03 释放鼠标后，即可创建一个切片，如图10-8所示。

图 10-6   图 10-7

图 10-8

> 延伸讲解

拖动鼠标时，按住Shift键可以创建正方形切片，按住Alt键可以从中心向外创建切片。

2.从所选对象创建

Step 01 在项目中切换至画板2，如图10-9所示。

Step 02 使用"选择工具"▶选中对象，如图10-10所示。

图10-9

图10-10

Step 03 执行"对象"|"切片"|"从所选对象创建"菜单命令，将所选对象创建为一个切片，如图10-11所示。

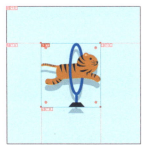
图10-11

3.从参考线创建

Step 01 在项目中切换至画板3，如图10-12所示。

Step 02 按快捷键Ctrl+R显示标尺，然后在水平标尺和垂直标尺上拖出参考线，如图10-13所示。

图10-12

图10-13

Step 03 执行"对象"|"切片"|"从参考线创建"菜单命令，可以按照参考线的划分区域创建切片，如图10-14所示。

图10-14

10.2.3 实战——选择和编辑切片 `难点`

在Illustrator中创建切片后，可以使用"切片选择工具"▶对切片进行选择、移动及缩放等一系列操作。

素材文件路径	素材\第10章\10.2.3
效果文件路径	效果\第10章\10.2.3
在线视频路径	第10章\10.2.3 实战——选择和编辑切片.mp4

Step 01 启动Illustrator CC 2018软件，执行"文件"|"打开"菜单命令，找到素材文件夹下的"选择和编辑切片.ai"文件，将其打开，如图10-15所示。

Step 02 使用"切片选择工具"▶单击一个切片，即可将其选中，如图10-16所示。

图10-15

图10-16

> 延伸讲解

如果要同时选中多个切片，可按住Shift键单击各个切片。自动切片显示为黑色，无法选择和编辑。

Step 03 按住鼠标左键并拖动切片可将其移动，Illustrator 会重新生成子切片和自动切片，如图10-17所示。按住 Shift 键拖动切片可以将移动限制在垂直、水平或 45°对角线方向上。选择切片后，按住 Alt 键拖动鼠标，或执行"对象"|"切片"|"复制切片"菜单命令，可以复制切片。

Step 04 拖动切片的定界框可以调整切片的大小，如图10-18所示。如果要将所有切片的大小调整到画板边界，可以执行"对象"|"切片"|"剪切到画板"菜单命令。超出画板边界的切片会被截断，画板内部的自动切片会扩展到画板边界，而所有图稿都将保持原样不变。

图10-17　　　　图10-18

延伸讲解

如果想要保存图稿中所选的切片，可以执行"文件"|"存储选中的切片"菜单命令。

10.2.4 设置切片选项

切片选项决定了切片内容如何在生成的网页中显示，以及如何发挥作用。使用"切片选择工具"选择一个切片，然后执行"对象"|"切片"|"切片选项"菜单命令，可以打开"切片选项"对话框。

1.图像

如果希望切片区域在生成的网页中为图像文件，可以在"切片类型"选项的下拉列表中选择"图像"，对话框中会显示如图10-19所示的选项。

图10-19

各选项属性说明如下。

- 名称：在该选项后的文本框中可输入切片的名称。
- URL/目标：如果希望图像是HTML链接，可以输入URL和目标框架。设置切片的URL链接地址后，在浏览器中单击该切片图像，可以链接到URL选项中设置的地址上。
- 信息：在该选项后的文本框中可自行输入内容，该内容将显示在浏览器状态栏中。
- 替代文本：用来设置浏览器下载图像时，未显示图像前所显示的替代文本。
- 背景：可选择切片的背景颜色。

2.无图像

如果希望切片区域在生成的网页中包含HTML文本和背景颜色，可以在"切片类型"选项的下拉列表中选择"无图像"，对话框中会显示以下选项。

- 显示在单元格中的文本：用来输入所需的文本，但要注意，文本不要超过切片区域可以显示的长度。如果输入太多的文本，它将扩展到邻近的切片并影响网页的布局。
- 文本是HTML：使用标准的HTML标记设置文本格式。
- 水平/垂直：可以调整表格单元格中文本的对齐方式。
- 背景：用来设置切片图像的背景颜色。如果要创建自定义的颜色，可以选择该选项下拉列表中的"其他"选项，然后在打开的"拾色器"对话框中进行设置。

3.HTML文本

选择文本对象，并执行"对象"|"切片"|"建立"菜单命令创建切片后，才能在"切片类型"选项的下拉列表中选择"HTML文本"选项，此时对话框中会显示相应的的选项。我们可以通过设置生成的网页中基本的格式属性将Illustrator文本转换为HTML文本。如果要编辑文本，可更新图稿中的文本。设置"水平"和"垂直"选项，可以更改表格单元格中文本的对齐方式。在"背景"选项中可以选择表格单元格的背景颜色。

10.2.5 划分切片

如果要将一个切片划分为多个切片，可以使用"切片选择工具"选择该切片，执行"对象"|"切片"|"划分切片"菜单命令，打开"划分切片"对话框进行操作，如图10-20所示。

图 10-20

"划分切片"对话框中各属性说明如下。

◆ "水平划分为"选项组：用来设置切片的水平划分数量。选择"个纵向切片，均匀分隔"选项时，可以在它面前的文本框中输入划分的精确数量。选择"像素/切片"选项时，可以在文本框中输入水平切片的间距，Illustrator会自动划分切片。

◆ "垂直划分为"选项组：用来可以设置切片的垂直划分数量。

10.2.6 组合切片

使用"切片选择工具"，按住Shift键单击多个切片，如图10-21所示，执行"对象"|"切片"|"组合切片"菜单命令，可以将所选切片组合为一个切片，如图10-22所示。如果被组合的切片不相邻，或者具有不同的比例或对齐方式，则新切片可能与其他切片重叠。

图 10-21

图 10-22

10.2.7 显示与隐藏切片 **重点**

执行"视图"|"隐藏切片"菜单命令，可以隐藏画板中的切片。如果要重新显示切片，可以执行"视图"|"显示切片"命令。

10.2.8 锁定切片

锁定切片可以防止由于操作不当导致的切片的大小或位置的改变。如果要锁定单个切片，可以在切片图层的缩览图左侧单击，会显示锁状图标 ，如图10-23和图10-24所示。如果要锁定所有切片，可以执行"视图"|"锁定切片"命令。再次执行该命令，可解除锁定。

图 10-23   图 10-24

10.2.9 释放与删除切片 **重点**

使用"切片选择工具"，选择切片，执行"对象"|"切片"|"释放"命令，可以释放切片，对象将恢复为创建切片前的状态。如果按Delete键，则可将其删除。如果要删除当前文档中的所有切片，可以执行"对象"|"切片"|"全部删除"命令。

10.3 优化与输出设置

创建切片后，可以执行"存储为Web和设备所用格式"命令对切片进行优化，以减小图像文件的大小。在Web上发布图像时，创建较小的图形文件能够方便用户的操作。使用较小的文件时，Web服务器能够更加高效地存储和传输图像，而用户则能够更快地下载图像。

10.3.1 存储为Web所用对话框 **重点**

在Illustrator中制作好切片后，执行"文件"|"导出"|"存储为Web所用格式（旧版）"命令，打开"存储为Web所用格式"对话框，如图10-25所示。

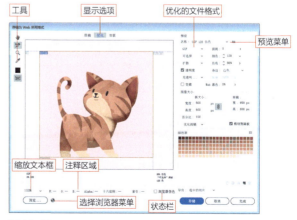

图 10-25

"存储为Web所用格式"对话框中各属性说明如下。

- 优化的文件格式：使用"切片选择工具"单击一个切片后，可以在该下拉列表中选择切片的格式。
- 显示选项：单击"原稿"选项卡，窗口中显示的是没有进行优化的图像；单击"优化"选项卡，窗口中显示的是应用了当前优化设置的图像；单击"双联"选项卡，可以并排显示图像的两个版本，即优化前和优化后的图像。
- 注释区域：在对话框中，每个图像下面的注释区域都会显示一些信息。其中，原稿图像的注释区域显示了文件名和文件大小，优化后图像的注释区域显示了当前优化选项、优化文件的大小以及颜色数量等信息。
- 状态栏：将鼠标指针放在图像上方，状态栏中会显示鼠标指针所在位置的颜色信息。
- 缩放文本框：可在该文本框内输入百分比值来缩放窗口，也可以单击右侧的∨按钮，在打开的下拉列表中选择预设的缩放值。
- "预览"按钮：单击该按钮，可以使用默认的浏览器预览优化的图像，同时，还可以在浏览器中查看图像的文件类型、像素尺寸、文件大小、压缩规格和其他HTML信息。
- "缩放工具"/"抓手工具"：使用缩放工具在图像上单击可放大窗口的显示比例，若按住Alt键单击，可缩小窗口的显示比例。放大窗口的显示比例后，可以用抓手工具在窗口内移动图像。
- "切片选择工具"：当图像包含多个切片时，可以使用该工具选择窗口中的切片，以便对其进行优化。
- "吸管工具"：使用"吸管工具"在图像上单击，可以拾取单击点的颜色。拾取的颜色会显示在该工具下方的颜色块中。
- 切换切片可视性：单击该按钮，可以显示或隐藏切片。

10.3.2 选择最佳的文件格式

不同类型的Web图形需要存储为不同的文件格式，并创建为适合在Web上发布和浏览的文件大小才能够以最佳的方式显示。在"存储为Web所用格式"对话框中，可以为Web图形选择文件格式，如图10-26所示。

图 10-26

各文件格式的说明如下。

- GIF：GIF是用于压缩具有单调颜色和清晰细节的图像（如艺术线条、徽标或带文字的插图）的标准格式，它是一种无损的压缩格式。
- JPEG：JPEG是用于压缩连续色调图像（如照片）的标准格式。将图像优化为JPEG格式时将采用有损压缩，系统会有选择性地扔掉部分数据，以减小文件的大小。
- PNG-8：PNG-8格式与GIF格式类似，也可以有效地压缩纯色区域，同时保留清晰的细节。该格式还具备GIF支持透明的特点和JPEG色彩范围广泛的特点，并且可以包含多个Alpha通道。
- PNG-24：PNG-24格式适合于压缩连续色调图像，但它所生成的文件比JPEG格式生成的文件大得多。使用PNG-24格式的优点在于可以在图像中保留多达256个透明度级别。

10.3.3 自定义颜色表

GIF和PNG-8文件支持8位颜色，最多可以显示256种颜色。确定使用哪些颜色的过程称为建立索引，因此，GIF和PNG-8格式图像有时也称为索引颜色图像。在"存储为Web所用格式"对话框中，将文件格式设置为GIF或PNG-8后，如图10-27所示，可以在"颜色表"选项组中自定义图像中的颜色，如图10-28所示。适当减少颜色数量可以在保持图像品质的同时，减小图像占用的存储空间。

图 10-27　　　　　　图 10-28

"颜色表"选项组中的相关操作说明如下。

- 添加颜色：选择对话框中的"吸管工具"，在图像中单击拾取颜色后，单击"颜色表"选项组中的按钮，可以将当前颜色添加到颜色表中。通过新建颜色可以添加在构建颜色表时遗漏的颜色。
- 选择颜色：单击颜色表中的一个颜色即可选择该颜色，鼠标指针在颜色上方停留还会显示颜色的颜色值。如果要选择多个颜色，可以按住Ctrl键分别单击它们。按住Shift键单击两个颜色，可以选择这两个颜色之间的行中的所有颜色。如果要取消选择所有颜色，可在颜色表的空白处单击。

◆ 修改颜色：双击颜色表中的颜色，可以打开"拾色器"对话框修改颜色，如图10-29所示。关闭"拾色器"对话框后，调整前的颜色会出现在色板的左上角，新颜色出现在右下角，如图10-30所示。

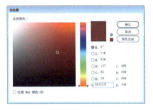
图 10-29

图 10-30

◆ 将选中的颜色映射为透明：在颜色表中选择一种或多种颜色，然后单击"颜色表"选项组底部的 按钮，即可将所选颜色映射为透明。

◆ 将选中的颜色转换/取消转换到Web调板：选择一种或多种颜色，单击"颜色表"选项组底部的 按钮，可以将当前颜色转换为Web调板中与其最接近的Web安全颜色。

◆ 锁定和解锁颜色：在减少颜色表中的颜色数量时，如果想要保留某些重要的颜色，可以将其锁定。选择一种或多种颜色，单击"颜色表"选项组底部的 按钮，即可锁定所选的颜色。如果要取消颜色的锁定，可以将其选择，然后单击 按钮。

◆ 删除颜色：选择一种或多种颜色后，单击"颜色表"选项组底部的 按钮，可以删除所选颜色。删除颜色可以使文件变小。

10.3.4 调整图稿大小

在"存储为Web所用格式"对话框的"图像大小"选项组中，"原稿"选项中显示了原始图像的大小，如图10-31所示。在"新大小"选项中输入新的像素尺寸或百分比，可以调整图像的大小。勾选"剪切到画板"复选框，可以剪切图片以匹配文档的画板边界，位于画板边界外部的图稿将被删除。

图 10-31

10.4 创建动画　重点

Illustrator强大的绘图功能为动画的制作提供了非常便利的条件，画笔、符号和混合等功能都可以简化动画的制作流程。Illustrator可以制作简单的图层动画，也可以将图形保存为GIF或SWF格式，导入Flash中制作动画。

Flash是一款网络动画软件，也是目前使用十分广泛的动画制作软件之一。它具有跨平台、高品质的特性，其图像体积小，可嵌入字体与影音文件，可用于制作网页动画、多媒体课件、网络游戏和多媒体光盘等。

从Illustrator中可以导出与从Flash导出的SWF文件的品质和压缩相匹配的SWF文件。在进行导出操作时，可以从各种预设中进行选择，以确保获得最佳的输出效果，并且可以指定如何处理符号、图层、文本以及蒙版。例如，可以指定将Illustrator符号导出为影片剪辑成为图形，也可以选择通过Illustrator图层来创建SWF符号。

10.5 综合实战——快速生成PNG元素图标

在Illustrator中，正确地使用切片功能，可以帮助我们快速地将同一文档中的多个图标文件导出为PNG图标，大大提升我们的工作效率，导出Illustrator文档中图标的方法具体如下。

素材文件路径	素材 \ 第 10 章 \10.5
效果文件路径	效果 \ 第 10 章 \10.5
在线视频路径	第 10 章 \10.5 实战——快速生成 PNG 元素图标 .mp4

Step 01 启动Illustrator CC 2018软件，执行"文件"|"打开"菜单命令，找到素材文件夹下的"图标.ai"文件，如图10-32所示。

Step 02 使用"选择工具" 单击任意图标，确保每个图标呈"编组"状态，如图10-33所示。

图 10-32　　　　　图 10-33

延伸讲解

如果没有将单个图标进行编组，则最后生成的将是一些零散的图像，而不是一个整体。

Step 03 选中文档中的所有图标，或按快捷键Ctrl+A全选，如图10-34所示。

Step 04 执行"对象"|"切片"|"建立"菜单命令，生成切片线条，如图10-35所示。

图 10-34　　　　　图 10-35

Step 05 执行"文件"|"导出"|"存储为Web所用格式（旧版）"菜单命令，在弹出的对话框中设置"优化的文件格式"为PNG-24，设置导出类型为"选中的切片"，如图10-36所示。

图 10-36

Step 06 使用"存储为Web所用格式"对话框中的"切片选择工具" 选中预览窗口中的任意一个图标，如图10-37所示。

图 10-37

Step 07 在图标选中状态下单击对话框中的"存储"按钮，在弹出的对话框中设置文件的保存路径及名称，如图10-38所示。

图 10-38

Step 08 单击"保存"按钮即可将切片导出为单独的PNG图标，并可以在保存的路径文件中找到该图标进行预览，如图10-39所示。

Step 09 用同样的方法将剩下的图标逐个导出，最终效果如图10-40所示。

图 10-39　　　　　图 10-40

延伸讲解

在"存储为Web所用格式"对话框中单击"存储"按钮时，会出现如图10-41所示的警示框，一般情况下直接单击"确认"按钮即可。如果导出的图标要应用在网站上，则建议将Ai文档命名为英文字符。

图 10-41

10.6 课后习题

10.6.1 课后习题——创建并保存动画效果

素材文件路径	课后习题\素材\10.6.1
效果文件路径	无
在线视频路径	第10章\10.6.1 课后习题——创建并保存动画效果.mp4

本习题将练习在Illustrator中创建动画效果并进行保存的相关操作。在Illustrator软件中制作好需要变化的图形后,在"图层"面板,单击菜单 ≡ 按钮,在下拉菜单中执行"释放到图层(顺序)"命令,将图形对象释放到单独的图层上,再在菜单栏中执行"文件"|"导出"命令,打开"导出"对话框,将"保存类型"更改为"Flash(*.SWF)",单击"导出"按钮,打开"SWF选项"对话框,设置属性,就可以保存制作的动画了。完成效果如图10-42所示。

图 10-42

10.6.2 课后习题——制作变形动画

素材文件路径	课后习题\素材\10.6.2
效果文件路径	课后习题\效果\10.6.2
在线视频路径	第10章\10.6.2 课后习题——制作变形动画.mp4

本习题将通过为图形应用"收缩和膨胀"效果,将基础图形转化为特殊图形,并生成变形动画效果。完成效果如图10-43所示。

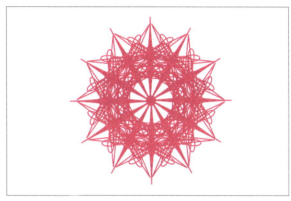

图 10-43

第11章 Illustrator导出与打印

Illustrator能够识别所有通用的图形文件格式，可以将创建的文件导出为不同的格式，以便在其他程序中使用，也可以将在Illustrator中创建的各种艺术作品打印输出，如广告宣传单、名片、画册等。

本章主要介绍打印的各种选项以及各种格式文件的导出方式。

学习要点
- 创建Web文件的方式 200页
- 打印文件的方式 202页
- 创建PDF文件的方式 205页

11.1 导出Illustrator文件

在Illustrator中绘制的图形对象，可以将图稿存储为所需格式，方便我们在不同的软件中进行调用。

11.1.1 导出图像格式　**重点**

图像格式包括位图格式和矢量图格式，其中位图图像格式分为带图层的PSD格式、JPEG格式，以及TIFF格式。通过执行"文件"|"导出"|"导出为"菜单命令，打开"导出"对话框，如图11-1所示，在该对话框中可以选择需要导出的格式，如图11-2所示。

图 11-1

图 11-2

1.导出PSD格式

PSD是Photoshop的标准格式，在Illustrator中创建矢量图形后，可以将其导出为PSD格式文件，然后导入Photoshop中进行加工处理。在将文件导出为PSD格式时，会打开"Photoshop导出选项"对话框，如图11-3所示。

图 11-3

"Photoshop导出选项"对话框中各属性说明如下。

◆ **颜色模式**：用来设置导出文件的颜色模式。

◆ **分辨率**：用来设置导出文件的分辨率。

◆ **平面化图像**：选择该选项，将会合并所有图层并将Illustrator文件导出为栅格化图像。

◆ **写入图层**：选择该选项，即可将组、复合形状、嵌套图层和切片导出为单独的、可编辑的Photoshop图层。

保留文本可编辑性：勾选该复选框，可以将图层中的水平和垂直点文字导出为可编辑的Photoshop文字。

最大可编辑性：勾选该选项，可以将Illustrator中的图层保留至PSD格式文件，使用Photoshop打开时也能被识别。

◆ **消除锯齿**：用来设置消除锯齿的方式，包括"无""优化图稿（超像素取样）"和"优化文字（提示）"选项。

◆ **嵌入ICC配置文件**：用来创建色彩受管理的文档。

> **延伸讲解**
>
> Illustrator无法导出并应用包含图形样式、虚线描边或画笔的复合形状。若想导出该复合形状，必须将其更改为栅格形状。

2.导出JPEG格式

JPEG是在Web上显示图像的标准格式。在将文件导出为JPEG格式时，会打开"JPEG选项"对话框，如图11-4所示。

图 11-4

"JPEG选项"对话框中各属性说明如下。
- 颜色模式：用来设置导出文件的颜色模型。
- 品质：用来调整JPEG文件的品质和大小。
- 压缩方法：若选择"基线（标准）"选项，将使用大多数Web浏览器可识别的格式；若选择"基线（优化）"选项，可以获得颜色优化且文件大小稍小的文件；若选择"连续"选项，在图像下载过程中会显示一系列逐渐详细的扫描。
- 分辨率：用来设置导出文件的分辨率。
- 消除锯齿：用来设置消除锯齿的方式，包括"无""优化图稿（超像素取样）"和"优化文字（提示）"选项。
- 图像映射：勾选该复选框，可以为图像生成代码。
- 嵌入ICC配置文件：用来创建色彩受管理的文档。

3.导出TIFF格式

TIFF是标记图像文件格式，用于在应用程序和计算机平台之间交换文件。在将文件导出为TIFF格式时，会打开"TIFF选项"对话框，如图11-5所示。

图 11-5

"TIFF选项"对话框中主要属性说明如下。
- LZW压缩：LZW压缩是一种不会丢失图像细节的无损压缩方法。

4.导出BMP格式

在将文件导出为BMP格式时，将会打开"栅格化选项"对话框，可以在其中设置颜色模式，分辨率和消除锯齿的方式，如图11-6所示，单击"确定"按钮后会打开"BMP选项"对话框，其中的文件格式和位深度用于确定图像可包含的颜色总数，如图11-7所示。

图 11-6　　　　　　图 11-7

11.1.2 导出AutoCAD格式 重点

AutoCAD是计算机辅助设计软件，可用于绘制工程图和机械图。AutoCAD文件包含DXF和DWG格式。在将文件导出为DXF或DWG格式时，会打开"DXF/DWG导出选项"对话框，如图11-8所示。

图 11-8

"DXF/DWG导出选项"对话框中各属性说明如下。
- AutoCAD版本：用来选择支持导出文件的AutoCAD最早版本。
- 缩放：用于设置在导出AutoCAD文件时，Illustrator如何解释长度数据。
- 缩放线条粗细：勾选该复选框，可以将线条粗细连同绘图的其余部分在导出文件中进行缩放。
- 颜色数目：用于设置导出文件的颜色深度。
- 栅格文件格式：用来设置导出过程中栅格化的图像和对象是否以PNG或JPEG格式存储。
- 保留外观：选择该选项，可以保留外观，不对导出的文件进行编辑。

- 最大可编辑性：选择该选项，可以最大限度地编辑AutoCAD中的文件。
- 仅导出所选图稿：勾选该复选框，可以只导出选中的图稿。
- 针对外观改变路径：勾选该复选框，可以改变AutoCAD中的路径以保留原始外观。
- 轮廓化文本：勾选该复选框，可以在导出文件之前将所有文本转换为路径以保留外观。

> **延伸讲解**
>
> 只有PNG格式才支持透明度，因此如果需要最大限度地保留外观，请选择PNG格式。

11.1.3 导出SWF-Flash格式

Flash（SWF）文件格式适用于Web的可缩放小尺寸图形，由于它是一种基于矢量的图形文件格式。因此图稿可以在任何分辨率下保持其图像品质，并且非常适用于创建动画帧。Illustrator强大的绘图功能为动画元素提供了保证。可以在Illustrator中导出SWF和GIF格式文件，再导入Flash中进行编辑，制作成动画。

1. 制作图层动画

在Illustrator中绘制完动画元素之后，应将绘制的元素释放到单独的图层中，每一个图层为动画的一帧或一个动画文件。将图层导出SWF帧，可以很容易地动起来。

> **知识链接**
>
> 在"图层"面板中包含"释放到图层（顺序）"和"释放到图层（累积）"命令，详细介绍请参阅本书第6章。

> **延伸讲解**
>
> 使用两种释放到图层的方法创建图层，数目虽然相同，但制作出来的动画效果却有很大差异。对于重复使用的图像，可以将其定义为"符号"。每次在画板中放置一个符号后，它都会与"符号"面板中的符号创建一个链接，以减小动画的大小，在导出后，每个符号仅在SWF文件中定义一次。

2. 导出SWF动画

Flash是一个强大的动画编辑软件，但是在绘制矢量图形方面没有Illustrator绘制的精美。而Illustrator虽然可以制作动画，但是不能够编辑出精美的动画。只有两者相结合，才能创建出更完美的动画。这就需要在Illustrator中绘制动画元素，为每一帧创建单独的图层后导出SWF格式文件，再导入Flash中进行编辑。

执行"文件"|"导出"|"导出为"菜单命令，打开"导出"对话框，在"保存类型"下拉列表中选择"Flash（*SWF）"格式，然后单击"保存"按钮，即可打开"SWF选项"对话框，如图11-9所示。单击"高级"按钮，可以打开高级选项组，如图11-10所示，在该选项组中可以设置图像格式、方法、分辨率等。

图 11-9　　　　　　　　图 11-10

"SWF选项"对话框中主要属性说明如下。

- 预设：可以选择用于导出的预设选项设置文件。
- 剪切到画板大小：勾选该复选框，可以导出完整的Illustrator文档页至SWF文件中。
- 将文本导出为轮廓：勾选该复选框，可以将文字转换为矢量路径。
- 图像格式：该选项用于设置文件的压缩方式，包括"有损"和"无损（JPEG）"。
- JPEG品质：用于设置导出图像中的细节量。
- 方法：用于设置所使用的JPEG压缩类型。
- 分辨率：用于调整位图图像的屏幕分辨率。
- 帧速率：用于设置在Flash Player中播放动画的速度。
- 图层顺序：用于设置动画的时间线。
- 导出静态图层：勾选该复选框，所有导出的SWF格式的帧，将被用于静态内容的一个或多个子图层。

11.2 创建Web文件

网页包含许多元素，如HTML文本、位图图像和矢量图等。整个网页图稿制作完成之后，需要上传到网络，如果图片太大，会影响网页的打开速度。在Illustrator中可以通过切片工具将其裁切为小尺寸图像，存储为Web格式，然后再上传。

11.2.1 创建切片   难点

切片工具可以将完整的网页图像划分为若干较小的图像，这些图像可在网页上重新组合。在输出网页时，可以对每块图像进行优化。通过划分图像，可以指定不同的URL链接以创建页面导航或制作动态按钮。以上操作可以在保证图像品质的同时得到更小的文件，从而缩短图像的下载时间。

Illustrator中有4种创建切片的方式。当创建新切片时，将会自动生成附加切片来占据图像的其余区域。

1.切片工具

使用"切片工具" 创建切片，是裁切网页图像最常用的方法。选择"切片工具" ，在画板中按住鼠标左键并拖动，如图11-11所示，即可创建切片，其中淡红色的为自动切片，如图11-12所示。

图 11-11　　　　图 11-12

2.参考线

从参考线创建切片时，首先需要在文档中创建参考线，如图11-13所示。然后执行"对象"|"切片"|"从参考线创建"菜单命令，即可根据文档的参考线创建切片，如图11-14所示。

图 11-13　　　　图 11-14

3.所选对象

选择网页图稿中一个或多个对象，如图11-15所示，执行"对象"|"切片"|"从所选对象创建"菜单命令，将会根据选中图形的最外侧轮廓划分切片，如图11-16所示。

图 11-15　　　　图 11-16

4.单个切片

选择网页图稿中一个或多个对象，如图11-17所示，执行"对象"|"切片"|"建立"菜单命令，将会根据选中的图像，分别创建单个切片，如图11-18所示。

图 11-17　　　　图 11-18

> **延伸讲解**
>
> 如果希望切片的尺寸与网页图稿中的图形原色边界匹配，可以执行"对象"|"切片"|"建立"菜单命令，该命令创建的切片可以捕捉文本和基本格式特性；如果希望切片尺寸与底层图稿无关，可以使用其他3种方式创建切片。

11.2.2 编辑切片   重点

为网页图稿创建切片后，如图11-19所示，使用"切片选择工具" 单击选中一个切片，如图11-20所示。按住Shift键单击可以同时选中多个切片。按住鼠标左键并拖动可以移动切片位置，并且Illustrator会重新生成子切片和自动切片，如图11-21所示。按住Shift键拖动切片可以将移动限制在垂直、水平或45°对角线方向上。

图 11-19　　　　图 11-20

图 11-21

选择一个切片，如图11-22所示，执行"对象"|"切片"|"复制切片"菜单命令，可以复制切片，如图11-23所示，按住Alt键并拖动也可以复制切片。拖动切片定界框的控制点可以调整切片的大小，如图11-24所示。

图 11-22　　　　　图 11-23

图 11-24

延伸讲解

如果要将所有切片的大小调整到画板边界，可以执行"对象"|"切片"|"剪切到画板"命令。

11.2.3 导出切片图像

在Illustrator中制作完网页图稿后，切片的创建只是完成网页图像的第一步。通过执行"文件"|"存储为Web所用格式"菜单命令，打开"存储为Web所用格式"对话框，如图11-25所示，可以在对话框中设置相关参数，对切片进行优化，以减少图像文件的大小，设置完成后，单击"存储"按钮，即可将图稿保存为可在Web上使用的格式。

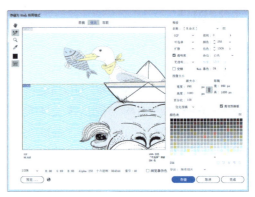

图 11-25

11.3 打印Illustrator文件

在Illustrator中创作的各种艺术作品，都可以将其打印输出，如广告宣传单、招贴、画册等。打印文件前，先要了解关于打印的一些设置，例如，颜色的使用和打印比较复杂的颜色等。Illustrator的打印功能很强大，在其中可以调整颜色，设置页面，还可以添加印刷标记和出血等操作。

11.3.1 打印　　　　　　　　　　　　重点

打印文件前需要设置相关打印选项，指导完成文档的打印。执行"文件"|"打印"菜单命令，在打开的"打印"对话框中设置选项，如图11-26所示。在该对话框左侧列表中包含各类预设选项，若要显示某组选择并进行设置，请选择该组的名称，其中的很多选项是由启动文档时选择的启动配置文件预设的。

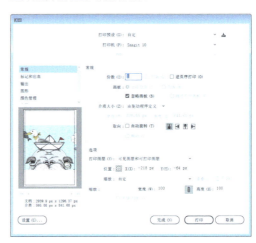

图 11-26

"打印"对话框中各类预设选项说明如下。

◆ "常规"选项：在该选项卡中可以设置页面大小和方向，指定要打印的页数，缩放文件，以及选择要打印的图层。

- "标记和出血"选项：在该选项卡中可以选择印刷标记与创建出血。
- "输出"选项：在该选项卡中可以创建分色。
- "图形"选项：在该选项卡中可以设置路径、字体、PostScript文件、渐变、网格和混合的打印选项。
- "颜色管理"选项：在该选项卡中可以选择一套打印颜色配置文件和渲染方法。
- "高级"选项：在该选项卡中可以控制打印时的矢量文件拼合（或可能栅格化）。
- "小结"选项：在该选项卡中可以查看和存储打印设置小结。

1.设置打印机和打印份数

在"打印"对话框中，Illustrator提供了打印机、打印份数的可选项，如图11-27所示。

图 11-27

参数说明具体如下。

- 打印预设：可以选择一个预设的打印文件，用它来完成打印作业。
- 打印机：可以选择一种打印机。如果要打印到文件，而不是打印机，可以选择"Adobe PostScript文件"或"Adobe PDF"。
- PPD：PPD（PostScript Printer Description）文件用来定制用户指定的PostScript打印机驱动程序的行为。这个文件包含有关输出设备的信息，其中包含打印机驻留文字，可用介质大小及方向、优化的网频、网角、分辨率以及色彩输出功能。当打印到PostScript打印机、PostScript文件或PDF时，Illustrator会自动使用该设备的默认PPD。
- 份数：可以设置图稿的打印份数。

2.重新定位网页上的图稿

在"打印"对话框中，有一个预览图像，如图11-28所示，它显示了图稿在页面中的打印位置。在预览图稿上拖动鼠标，可以调整图稿的打印位置。如果要精确定义或者微调图稿的位置，可以在对话框右侧的"位置"选项中的"X"和"Y"选项文本框中输入数值，如图11-29所示。

图 11-28   图 11-29

3.打印多个画板

如果要将文档中所有画板都作为单独的页面打印，可以在"打印"对话框中选择 "全部页面"选项，如图11-30所示；如果要将所有画板作为一页打印，可以选择"范围"选项，然后在该选项的文本框中指定要打印的画板；如果要在打印时自动跳过不包含图稿的空白画板，可以勾选"跳过空白画板"选项。

图 11-30

4.打印时自动旋转画板

在"打印"对话框中，"取向"选项组可以设置页面的方向，如图11-31所示。若勾选"自动旋转"复选框，文档中所有画板都会自动旋转，以适应所选媒体的大小。如果要自定义打印方向，可以单击 中的任意一个按钮。如果使用支持横向打印和自定义页面大小的PPD，则可以勾选"横向"复选框，使打印稿旋转90°。

图 11-31

5.在多个页面上拼贴图形

默认情况下，Illustrator会将 个画板打印在一张纸上。如果图稿大小超过打印机上的可用页面大小，我们可以将其打印在多个纸张上。

在"打印"对话框中选择"拼版"选项（如果文档有多个画板，应先勾选"忽略画板"复选框，或者在"范围"选项中指定一页并在"缩放"选项的下拉列表中选择

"调整到页面大小"选项），然后在"缩放"下拉列表中选择一个选项，如图11-32所示。

图 11-32

列表中部分参数说明如下。

- 拼贴整页：可以将画板划分为全介质大小的页面进行输出。
- 拼贴可成像区域：根据所选设备的可成像区域，将画板划分为一些页面。在输出大于设备可处理的图稿时，该选项非常有用，因为我们可以将拼贴的部分重新组合成原来的较大图稿。

6.调整页面大小

在"打印"对话框中，"介质大小"选项的下拉列表中包含了Illustrator预设的打印介质选项，如图11-33所示。例如，如果要将图稿打印在A4纸上，可以选择"A4"选项。如果打印机的PPD文件允许，我们还可以自定义打印尺寸。操作方法是在"介质大小"选项的下拉列表中选择"自定"选项，然后在"宽度"和"高度"文本框中指定一个自定义的页面大小。

图 11-33

7.为打印缩放文档

如果要将一个超大的文档打印在小于图稿实际尺寸的纸张上，可以在"打印"对话框中调整文档的宽度和高度。

如果要自动缩放图稿以适合页面，可以在"缩放"选项的下拉列表中选择"调整到页面大小"选项，缩放百分比由所选PPD定义的可成像区域决定。如果要自定义打印尺寸，可以选择"自定"选项，然后在"宽度"和"高度"文本框中输入1到1000之间的数值。

> **延伸讲解**
>
> 自定义"宽度"和"高度"值时，单击两个选项之间的 🔒 按钮，可以进行等比例缩放。

8.修改打印分辨率和网频

在Illustrator中打印时，使用默认的打印机分辨率和网频，速度和效果又快又好。如果要修改打印分辨率和网频，可以单击"打印"对话框左侧列表中的"输出"选项，然后在"打印机分辨率"下拉列表中选择所需选项。

9.打印分色

在印刷图像时，印刷商通常将图像分为4个印版（称为印刷色），分别用于图像的青色、洋红色、黄色和黑色四种原色。在这种情况下，要为每种专色分别创建一个印版。当着色恰当并相互套准打印时，这些颜色组合起来就会重现原始图稿。

如果要打印分色，则可以在"打印"对话框左侧列表中选择"输出"选项，然后将"模式"设置为"分色（基于主机）"或"In-RIP分色"，为分色指定药膜、图稿曝光和打印机分辨率，最后单击"打印"按钮进行打印。

10.印刷标记和出血

标记是指为打印准备图稿时，打印设备需要精确套准图稿元素并校验正确颜色的几种标记。出血则是指图稿位于印刷边框、裁剪线和裁切标记之外的部分。在"打印"对话框中，单击左侧列表中的"标记和出血"选项，可以添加标记和出血，如图11-34所示。

图 11-34

在"标记"选项组中，可以选择需要添加的印刷标记的种类，还可以在西式和日式标记之间选择。在"出血"选项组中的"顶""左""底"和"右"文本框中输入相应数值，可以指定出血标记的位置。

11.3.2 叠印

默认情况下，在打印不透明的重叠色时，上方颜色会挖空下方的区域。叠印可以防止挖空，使顶层的叠印油墨相对于底层油墨显得透明。选择要叠印的一个或多个对象，如图11-35所示，在"属性"面板中选择"叠印填充"或"叠印描边"选项，即可设置叠印，如图11-36所示。设置叠印选项后，执行"视图"|"叠印预览"菜单命令，使用"叠印预览"模式来查看叠印颜色的近似打印效果，如图11-37所示。

图 11-35

图 11-36

图 11-37

> **延伸讲解**
>
> 如果在100%黑色描边或填色上使用"叠印"选项，那么黑色油墨的不透明度可能不足以阻止下边的油墨色透显出来。为避免透显问题，可使用四色（复色）黑色，而不要用100%黑色。

11.3.3 陷印

在进行分色版印刷时，如果颜色互相重叠或彼此相连处套印不准，便会导致最终输出时各颜色之间出现间隙。印刷商会使用一种称为陷印的技术，在两个相邻颜色之间创建一个小重叠区域（称为陷印），从而补偿图稿中各颜色之间的潜在间隙。

陷印有两种：一种是外扩陷印，其中较浅色的对象重叠较深色的背景，看起来像是扩展到背景中。另一种是内部陷印，其中较浅色的对象重叠陷入背景中的较深色的对象，看起来像是挤压或缩小该对象。

如果要创建陷印，可以选择对象，然后执行"路径查找器"面板菜单中的"陷印"命令，如图11-38所示。

图 11-38

11.4 创建Adobe PDF文件

便携文档格式（PDF）是一种通用的文件格式，这种文件格式可以保留在各种应用程序和平台上创建的字体、图像和版面。Adobe PDF是对全球使用的电子文档和表单进行安全可靠的分发和交换的标准。Adobe PDF文件小而完整，任何使用免费Adobe Reader软件的人都可以对其进行共享、查看和打印。

11.4.1 PDF兼容性级别

在Illustrator中可以创建不同类型的PDF文件，并且可以通过设置PDF选项来创建多页PDF、包含图层的PDF和PDF/X兼容的文件，也可以通过执行"文件"|"存储为"菜单命令，选择Adobe PDF文件格式来创建。在"存储Adobe PDF"对话框左侧列出了各类预设选项，如图11-39所示。

图 11-39

在创建PDF文件时，需要确定使用的PDF版本。另存为PDF或编辑PDF预设时，可通过切换到不同的预设或选择兼容性选项来改变PDF版本。

除非指定需要向下兼容，一般都将使用最新的PDF版本，最新的版本包括所有最新的特性和功能。但是，如果要创建将在较大范围内分发的文档,应考虑选取Acrobat 5版本,以确保所有用户都能查看和打印文档。

11.4.2 PDF的压缩和缩减像素采样选项

在Adobe PDF中存储文件时,可以压缩文本和线状图,并且可以压缩和缩减像素取样位图图像。根据需要进行设置,压缩和缩减像素取样可减小PDF文件大小,并且损失很少或不损失细节和精度。选择"存储Adobe PDF"对话框左侧列表中的"压缩"选项,如图11-40所示。

图 11-40

在不同颜色模式图像"压缩"选项的下拉列表中的选项是相同的。压缩决定使用的压缩类型包括ZIP压缩、JPEG压缩、JPEG2000、CCITT和行程压缩。在不同颜色模式图像下的选项下拉列表中都包含了4种插值方法。

各插值方法说明具体如下。

- 不缩减像素取样:缩减像素取样指减少图像中像素的数量。如果在Web上使用PDF文件,则可使用缩减像素取样以允许更高压缩;如果计划以高分辨率打印PDF文件,则不要使用缩减像素取样。
- 平均缩减像素取样至:平均采样区域的像素并以指定分辨率下的平均像素颜色替换整个区域。
- 双立方缩减像素取样至:使用加权平均决定像素色,通常比简单平均缩减像素取样效果好。
- 次像素取样:在采样区域中央选择一个像素,并以该像素色替换整个区域。

11.4.3 PDF安全性

"存储Adobe PDF"对话框中的选项与"打印"对话框中的选项部分相同,但是"存储Adobe PDF"对话框中除了PDF的兼容性外,还包括PDF的安全性。在该对话框左侧列表中,选择"安全性"选项后,即可在对话框右侧显示相关的选项,如图11-41所示。通过该选项的设置,能够为PDF文件的打开与编辑添加密码。

图 11-41

当创建PDF或应用口令保护PDF时,可以选择以下选项。

- 许可口令:用于指定要求更改许可设置的口令。如果勾选前面的复选框,则此选项可用。
- 允许打印:用于指定允许用户用于PDF文档的打印级别,包括"无""低分辨率(150dpi)"和"高分辨率"选项。
- 允许更改:用于定义允许在PDF文档中执行的编辑操作,包括"无""插入、删除和旋转页面""填写表单域和签名""注释、填写表单域和签名"和"除了提取页面"选项。
- 启用复制文本、图像和其他内容:勾选该复选框,表示允许用户选择和复制PDF的内容。
- 为视力不佳者启用屏幕阅读器设备的文本辅助工具:勾选该复选框,表示允许视力不佳的用户用屏幕阅读器阅读文档,但是不允许他们复制或提取文档的内容。
- 启用纯文本元数据:勾选该复选框,表示允许用户复制和从PDF提取内容,只有在"兼容性"设置为Acrobat 6或更高版本时,该选项才可用。

11.5 课后习题

11.5.1 课后习题——导出PSD格式文件

素材文件路径	课后习题\素材\11.5.1
效果文件路径	课后习题\效果\11.5.1
在线视频路径	第 11 章\11.5.1 课后习题——导出 PSD 格式文件.mp4

本习题将练习在Illustrator中如何将项目导出为PSD格式的文件。在Illustrator软件中完成对象的绘制后,执行

"文件"|"导出"|"导出为"命令，可选择将项目导出为PSD、JPG、SVG等多种格式的文件，这就大大方便了软件之间的交互编辑。完成效果如图11-42所示。

本习题主要练习如何将切片后的图像优化保存。具体操作为：在Illustrator软件中制作好切片后，在菜单栏中单击执行"文件"|"导出"|"存储为Web所用格式"命令。完成效果如图11-43所示。

图 11-42

图 11-43

11.5.2 课后习题——存储Web所用格式

素材文件路径	课后习题 \ 素材 \11.5.2
效果文件路径	课后习题 \ 效果 \11.5.2
在线视频路径	第 11 章 \11.5.2 课后习题——存储 Web 所用格式 .mp4

第12章 荷塘锦鲤插画

第4篇 实战篇

本实例将通过Illustrator与Photoshop软件的搭配使用来绘制一幅荷塘锦鲤插画。在该插画的绘制过程中，将重点使用到Illustrator软件中的钢笔工具、旋转工具和路径查找器，同时还将利用到Photoshop软件中画笔的图层模式和选区隔离来呈现特殊的颗粒质感。

素材文件路径	素材\第12章
效果文件路径	效果\第12章
在线视频路径	第12章\荷塘锦鲤插画.mp4

12.1 绘制锦鲤

在Illustrator中新建空白文档，利用工具面板中的"钢笔工具"可以自由绘制出想要的形状。使用"路径查找器"面板中的各类工具按钮，可以对图形进行分割和组合。

Step 01 启动Illustrator CC 2018软件，执行"文件"|"新建"菜单命令，创建一个大小为800px×600px的空白文档，设置其"颜色模式"为RGB，"栅格效果"为"高（300ppi）"。

Step 02 绘制池塘。使用"钢笔工具"在文档中勾勒出图12-1所示的形状，为其填充深蓝色（#262559），不添加描边。

Step 03 使用"钢笔工具"在图形上方绘制出锦鲤的身体，为其填充黄色（#ffe4d2），不添加描边，并使用"直接选择工具"调整各个锚点，完善形状，如图12-2所示。

图 12-1　　　　　图 12-2

Step 04 使用"钢笔工具"在鱼身上方绘制两条线段，如图12-3所示。

Step 05 同时选择绘制的两条线段与鱼身主体形状，单击"路径查找器"面板中的"分割"按钮将所选对象进行分割，如图12-4所示。

图 12-3　　　　　图 12-4

> **延伸讲解**
>
> 使用"钢笔工具"绘制线条前，一定要将填充色去掉，否则后期分割形状时会出错。同时分割前要注意对象的选择先后顺序，先选中线段，再按住Shift键选中被分割形状主体，单击"分割"按钮即可将形状进行切割。

Step 06 上述操作后，右击分割好的图形，在弹出的快捷菜单中选择"取消编组"命令，此时在图层面板中分别得到了鱼头、鱼身和鱼尾3个部分，如图12-5所示。

Step 07 分别为鱼头填充深一点的黄色（#ead1c1），为鱼尾部分填充浅一点的黄色（#fff5ee），使层次更加分明，如图12-6所示。

图 12-5　　　　　　图 12-6

Step 08 因为鱼尾部分是卷曲的，所以还需要勾勒出一个卷曲形状。使用"钢笔工具" ，在鱼尾形状上方绘制卷曲形状，如图12-7所示。

Step 09 同时选择鱼尾及卷曲形状，单击"路径查找器"面板中的"分割"按钮 将所选对象进行分割，如图12-8所示。

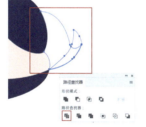

图 12-7　　　　　　图 12-8

Step 10 右击分割好的图形，在弹出的快捷菜单中选择"取消编组"命令，删除多余的部分，并使用"直接选择工具" ，微调形状，然后为卷曲部分图形填充深一点的颜色（#f4eae4），如图12-9所示。

Step 11 选择鱼身部分复制一层，这里为了方便观察可以暂时将其他部分隐藏。然后使用"钢笔工具" ，在复制的鱼身上方绘制一条线段，如图12-10所示。

图 12-9　　　　　　图 12-10

Step 12 同时选择线段及复制的身体部分，单击"路径查找器"面板中的"分割"按钮 将所选对象进行分割，如图12-11所示。

Step 13 删除下半部分，并为上半部分填充亮一点的颜色（#ffeed4），如图12-12所示。

图 12-11　　　　　　图 12-12

Step 14 恢复其他图层的显示，将图形放置在鱼身上方，此时图形效果如图12-13所示。

Step 15 使用"椭圆工具" 和"钢笔工具" ，在锦鲤上方绘制一些红色（#ea2626）和黑色的斑点，效果如图12-14所示。

图 12-13　　　　　　图 12-14

Step 16 同时选中锦鲤形状与绘制的斑点，然后在工具面板中切换为"形状生成器工具" ，在按住Alt键的同时单击超出鱼身的多余部分，即可将其删除，删除多余形状后的效果如图12-15所示。

Step 17 使用"椭圆工具" 和"钢笔工具" 绘制鱼鳍及其花纹，如图12-16所示。

图 12-15　　　　　　图 12-16

Step 18 将鱼鳍部分的形状摆放至最底层，如图12-17所示，并调整颜色及位置，得到的图形效果如图12-18所示，绘制完成后可以全选所有的锦鲤形状图形，按快捷键Ctrl+G进行编组，方便管理。

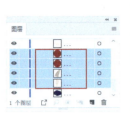

图 12-17　　　　　　图 12-18

12.2 绘制荷花及荷叶

绘制好作为主体物的锦鲤图形后，画面的中心就大致确立了。接下来还需要绘制一些荷花及荷叶元素来填补画面的空缺，使画面呈现更加饱满和丰富的视觉效果。

12.2.1 绘制荷叶

Step 01 使用"椭圆工具" ○，创建一个浅黄色（#ffe76e）无描边的椭圆形，如图12-19所示。

Step 02 选择上一步绘制的椭圆对象，执行"对象"|"路径"|"偏移路径"菜单命令，在弹出的"偏移路径"对话框中修改"位移"为-5px，如图12-20所示。

图 12-19　　　　　　图 12-20

Step 03 单击"确定"按钮，修改得到的内圆颜色（#ffeb76），效果如图12-21所示，按快捷键Ctrl+G将两个椭圆形编组。

Step 04 使用"椭圆工具" ○，创建一个黄色（#ffde55）无描边的圆形，如图12-22所示。

图 12-21　　　　　　图 12-22

Step 05 使用"钢笔工具" ✎，在圆形上方绘制一个三角形，如图12-23所示。

Step 06 选择圆形，按Shift键加选三角形，然后在"路径查找器"面板中单击"减去顶层"按钮 ❏，如图12-24所示。

图 12-23　　　　　　图 12-24

Step 07 使用"直接选择工具" ▷，分别选中开口处的两个锚点，然后在控制面板中调整"圆角半径"为5px，把减去顶层后的形状边缘调整得圆润一些，效果如图12-25所示。

Step 08 选择图形对象，执行"对象"|"路径"|"偏移路径"菜单命令，修改图形"位移"为-5px，然后将得到的形状颜色修改为绿色（#cdd860），并将两个图形编组，如图12-26所示。

图 12-25　　　　　　图 12-26

Step 09 用同样的方法，在文档中绘制其他荷叶图形，注意图层的前后排列关系，效果如图12-27所示。

Step 10 复制一层池塘图形置于顶层，然后同时选择该形状与所有的荷叶形状，执行"对象"|"剪切蒙版"|"建立"菜单命令，将水池形状外多余的荷叶形状去除，如图12-28和图12-29所示。

图 12-27　　　　　　图 12-28

图 12-29

210

延伸讲解

除了使用剪切蒙版功能删除多余部分，还可以采用上文提到的"形状生成器工具"来删除多余部分。

12.2.2 绘制荷花

Step 01 使用"矩形工具"，在文档中绘制一个大小为11px×11px的橘色（#f5810f）无描边正方形，如图12-30所示。

Step 02 在对象选中状态下，双击"旋转工具"，在弹出的"旋转"对话框中调整"角度"为45°，并单击"确定"按钮，如图12-31所示。

图 12-30　　　　　　　图 12-31

Step 03 切换为"星形工具"，在画板上单击拖动，按↑方向键或↓方向键可调节角的个数。这里需要在矩形上方绘制一个黄色（#ffcd29）无描边的等边三角形，如图12-32所示。

Step 04 选择等边三角形，切换为"旋转工具"后按住Alt键将锚点拖动至正方形中央处，在弹出的"旋转"对话框中修改"角度"为36°，然后单击"复制"按钮，如图12-33所示。

图 12-32　　　　　　　图 12-33

Step 05 按快捷键Ctrl+D进行连续旋转复制，得到的图形效果如图12-34所示。

Step 06 使用"椭圆工具"，在橘色矩形下方绘制一个黄色（#ffcd29）无描边的圆形填满空隙，然后全选图形，单击"路径查找器"面板中的"合并"按钮，将图形合并到一起，如图12-35所示。

图 12-34 　　　　　　　图 12-35

Step 07 使用"椭圆工具"绘制一个浅黄色（#ffecd3）无描边的长条椭圆形，然后使用"直接选择工具"，将最下方的锚点上移，并选中最上方的锚点，在控制面板调整"圆角半径"为2px，得到的图形效果如图12-36所示。

Step 08 切换为"旋转工具"后按住Alt键调整旋转中心点，在弹出的"旋转"对话框中修改"角度"为36°，然后单击"复制"按钮，如图12-37所示。

图 12-36　　　　　　　图 12-37

Step 09 按快捷键Ctrl+D进行连续旋转复制，得到第2层花瓣，将其合并后放置在第1层花瓣下方，效果如图12-38所示。

Step 10 使用"星形工具"绘制一个粉色（#febda9）无描边的等边三角形，然后使用"直接选择工具"调整各个锚点，并选中最上方的锚点，在控制面板中调整"圆角半径"为2px，得到图形效果如图12-39所示。

图 12-38　　　　　　　图 12-39

Step 11 用同样的方法，切换为"旋转工具"后按住Alt键调整旋转中心点，在弹出的"旋转"对话框中修改"角度"为36°，然后单击"复制"按钮，如图12-40所示。

Step 12 按快捷键Ctrl+D进行连续旋转复制，得到第3层花瓣，如图12-41所示。

图 12-40 　　　　　　　图 12-41

Step 13 将3层花瓣组合,并进行适当的大小和旋转调整,最终得到的花朵效果如图12-42所示。

Step 14 将花朵移动摆放到合适的位置,并再复制一朵出来以丰富画面,如图12-43所示。

图 12-42　　　　　图 12-43

12.3 营造颗粒感

在Illustrator中完成矢量图形的绘制后,可以将其导入Photoshop中进行特殊效果的添加及绘制,使画面效果更加精细和完善。

12.3.1 为选区内容绘制颗粒

Step 01 启动Photoshop CC 2018,新建一个大小为1280px×720px的透明文档。

Step 02 在Illustrator CC 2018中逐个选中图层面板中每一层对应的图形内容,并将每一图层进行命名,方便观察。举例说明,在Illustrator中选中"水池"图形,按快捷键Ctrl+C进行内容复制,如图12-44所示。

Step 03 切换至Photoshop窗口,按快捷键Ctrl+V进行内容粘贴,在弹出的对话框中选择"智能对象"选项,如图12-45所示。

图 12-44　　　　　图 12-45

Step 04 单击"确定"按钮,即可将"水池"图形导入Photoshop中,如图12-46所示。

Step 05 用同样的方法将Illustrator中的剩余图层分别导入Photoshop中,并对图层进行重命名,如图12-47所示。

图 12-46

图 12-47

Step 06 使用"魔棒工具"单击"水池"图层对应的图形,建立一个同等形状的选区,如图12-48所示。

图 12-48

Step 07 在"水池"上方新建一个空白图层,然后在该新建图层选中状态下,切换为"画笔工具",并在控制面板中选择Photoshop自带的"柔边圆"画笔,设置"模式"为"溶解",将画笔"流量"降低到2%,然后在图层中根据光影关系,为"水池"绘制黑色的颗粒效果,如图12-49所示。

图 12-49

> **延伸讲解**
>
> 除了可以使用"魔棒工具"建立图形选区，还可以通过在图层面板中，按住Ctrl键单击对应图层的缩略图，快速圈出图形选区。

Step 08 再次使用"魔棒工具"单击锦鲤图形，建立选区后在"锦鲤"图层上方新建一个空白图层作为颗粒效果图层，继续使用柔边圆颗粒画笔绘制颗粒效果，如图12-50所示，这里可以通过调节画笔大小和不透明度来调整颗粒大小和密集程度，同时要注意画笔颜色和图形颜色的搭配。

图 12-50

Step 09 使用同样的方法，为荷花和荷叶图形添加颗粒效果，如图12-51所示。

图 12-51

12.3.2 添加纹理细节

Step 01 为了使荷叶效果更加细腻，可以为图形添加一些纹理颗粒效果。先使用"钢笔工具"绘制一些纹理形状，如图12-52所示。

Step 02 使用同样的方法，建立图形选区后新建空白图层，使用柔边画笔溶解模式涂抹纹理形状，绘制出颗粒感的纹理效果，如图12-53所示，绘制完成后可以隐藏或删除纹理形状层。

图 12-52

图 12-53

Step 03 用同样的方法，绘制一些鱼鳞效果使锦鲤更加细腻。使用"椭圆工具"在锦鲤上方绘制一些圆形，如图12-54所示，为了方便观察可以将"锦鲤"图层先隐藏。

图 12-54

Step 04 再次建立图形选区并新建空白图层，使用柔边画笔溶解模式涂抹圆形，绘制出颗粒感的鱼鳞效果，如图12-55所示，绘制完成后可以隐藏或删除圆形图层。

图 12-55

Step 05 在"水池"图层上方，使用"钢笔工具"绘制一些白色网状线段，如图12-56所示。

Step 06 同样的,在建立形状选区后使用白色柔边画笔溶解模式进行涂抹,绘制出颗粒状态的网状线段,并降低图层透明度至40%,效果如图12-57所示。

Step 07 将素材文件夹下的"星光.png"素材导入项目,摆放在网格交叉处装饰画面,效果如图12-58所示。

Step 08 得到满意效果后,即可导出图片文件,查看荷塘锦鲤插画的最终效果,如图12-59所示。

图 12-56

图 12-58

图 12-57

图 12-59

第13章 2.5D 场景活动海报

2.5D插画近年来发展势头迅猛,作为插画的一种创意性表现形式,它相较纯扁平风的插画会更加生动有趣,而绘制方法又比3D建模要简单得多。如今,2.5D风格的作品被广泛应用于海报、专题页、banner、闪屏和网页设计等,随手打开的App页面上都能看到2.5D插画的身影。

本章将详细讲解如何使用Illustrator软件绘制出一款2.5D场景活动海报。

素材文件路径	素材\第13章
效果文件路径	效果\第13章
在线视频路径	第13章\2.5D 场景活动海报.mp4

13.1 绘制主体图形

在Illustrator中新建空白文档,利用工具面板中的形状工具组合绘制出画面的主体图形,并通过赋予不同的颜色来营造图形的立体效果。

13.1.1 绘制立方体

Step 01 启动Illustrator CC 2018软件,执行"文件"|"新建"菜单命令,创建一个大小为1000px×600px的空白文档,设置其"颜色模式"为RGB,"栅格效果"为"高(300ppi)"。

Step 02 使用"矩形工具" 绘制一个与画板大小一致的矩形作为背景,为其填充渐变色,并调整渐变中心至左上角位置,具体如图13-1和图13-2所示,绘制完成后将背景层锁定。

图13-1   图13-2

Step 03 使用"矩形工具" 绘制一个浅紫色(#e9cdf9)无描边的矩形,然后使用"自由变换工具" 调整矩形各边,使其呈现出透视状态,如图13-3所示。

Step 04 使用"钢笔工具" 绘制正方体的另一个面,并填充偏灰一点的紫色(#d2b7ea),如图13-4所示。

图13-3

图13-4

Step 05 使用"钢笔工具" 绘制第3个面,并填充稍深一点的紫色(#bb93e2),如图13-5所示。

215

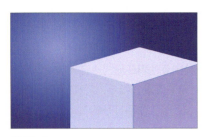

图 13-5

13.1.2 绘制窗户

Step 01 使用"矩形工具" ,在画板外的空白处绘制一个紫色（#e9cdf9）矩形,再使用"椭圆工具" ,在其上方绘制一个同色系的圆形,将两个图形进行拼合可以组成窗户的形状,如图13-6所示。

图 13-6

Step 02 同时选中上述绘制的两个图形,然后在"路径查找器"面板中单击"联集"按钮 将形状组合在一起,并为该形状填充渐变色,如图13-7所示。

Step 03 使用"钢笔工具" ,在图形上方绘制一个三角形,并为其填充渐变色,如图13-8所示。

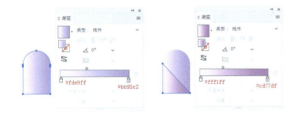

图 13-7　　　　　　图 13-8

Step 04 全选图形,按快捷键Ctrl+G进行编组,这样一个窗户就绘制完成了。使用"自由变换工具" 调整形状,使其呈现出透视状态,并摆放至合适的位置,如图13-9所示。

图 13-9

Step 05 选择编组的窗户形状,复制一个摆放在它旁边的位置,如图13-10所示。

图 13-10

Step 06 同时选择两个窗户进行复制,然后右击图形组,在弹出的快捷菜单中选择"变换"|"对称"命令,弹出"镜像"对话框,默认"垂直"设置,如图13-11所示。单击"确定"按钮,即可获得另一个面的窗户,效果如图13-12所示。

图 13-11　　　　图 13-12

13.1.3 绘制楼梯

Step 01 使用"圆角矩形工具" ,绘制一个无填充颜色、描边为紫色（#8a64b5）且描边粗细为3pt的圆角矩形,如图13-13所示。

Step 02 切换为"直接选择工具" ,选中圆角矩形左下角的锚点,如图13-14所示。

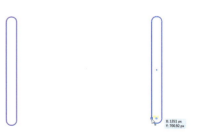

图 13-13　　　　图 13-14

Step 03 按Delete键删除所选锚点,将得到如图13-15所示的形状。

Step 04 将形状移动至文档的合适位置,并复制一个摆放在其侧边,组成楼梯的两个扶手,如图13-16所示。

图 13-15   图 13-16

图 13-21

Step 05 使用"钢笔工具" ,在扶手形状中间绘制同色系和等粗细的线段,要注意透视关系,效果如图 13-17 所示。

Step 06 将绘制的形状分别进行命名和编组,方便后期的图层管理,如图 13-18 所示。

13.2.2 绘制电脑

Step 01 使用"圆角矩形工具" 绘制一个深蓝色(#5948dd)无描边的圆角矩形,如图 13-22 所示。

图 13-22

图 13-17   图 13-18

Step 02 使用"圆角矩形工具" ,在图形上方绘制一个颜色稍浅(#6657e8)的圆角矩形,如图 13-23 所示。

Step 03 使用同样的方法,搭配使用不同的形状工具或"钢笔工具" 绘制其他的修饰元素,效果如图 13-24 所示。

13.2 基本装饰图形绘制

通过上述操作,画面的主体楼房已成型,接下来依旧使用图形工具组合绘制不同的装饰图形,包括电脑、出租车、手机、糖果等。由于篇幅有限,这里仅详细介绍几款较为复杂的图形绘制方法,通过熟练掌握各类图形工具的使用,可以绘制出更多丰富有趣的组合式图形。

13.2.1 绘制楼房

Step 01 使用"矩形工具" 绘制一个紫色(#a770e8)无描边的矩形,如图 13-19 所示。

Step 02 使用"圆角矩形工具" ,在矩形上方绘制一个深紫色(#a820b7)的圆角矩形,并复制多个同样的圆角矩形,将其摆放至合适的位置,效果如图 13-20 所示。

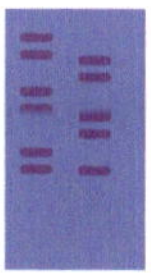

图 13-23   图 13-24

13.2.3 绘制底座

Step 01 使用"矩形工具" 和"圆角矩形工具" ,绘制组合图形,拼凑成电脑的底座。然后同时选择最外侧的矩形及底座部分的图形,在"路径查找器"面板中单击"联集"按钮 将图形组合,如图 13-25 所示。

图 13-19   图 13-20

图 13-25

Step 03 将上述图形全选,按快捷键 Ctrl+G 进行编组,然后摆放至合适的位置,如图 13-21 所示。

Step 02 将绘制的电脑图形全选编组,然后摆放至合适的位置,效果如图 13-26 所示。

图 13-26

13.2.4 绘制出租车

Step 01 使用"矩形工具"▢，绘制一个紫色无描边的矩形，然后使用"直接选择工具"▷选中矩形下方的两个锚点，再切换为"自由变换工具"⌴，按住Alt键将底部锚点向两头扩展，得到梯形，如图13-27所示。

Step 02 打开标尺，拖出一根参考线。使用"钢笔工具"✒在图13-28所示的两处位置分别添加锚点。

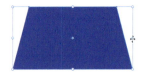

图 13-27　　　　　　图 13-28

Step 03 使用"直接选择工具"▷选中最下方的两个锚点，再切换为"自由变换工具"⌴，按住Alt键向内拖动两个锚点，如图13-29所示。

Step 04 使用"直接选择工具"▷选中最上方的两个锚点，向内拖动，使形状出现圆角，如图13-30所示。

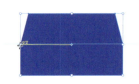

图 13-29　　　　　　图 13-30

Step 05 使用"椭圆工具"⬯在形状的一侧绘制一个同色系的圆形，如图13-31所示。

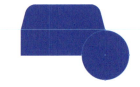

图 13-31

Step 06 使用"直接选择工具"▷将圆形左侧和下方的锚点选中，按Delete键删除锚点，得到如图13-32所示的形状。

Step 07 使用"钢笔工具"✒将形状进行填补，效果如图13-33所示。

图 13-32　　　　　　图 13-33

Step 08 右击上一步绘制的形状，在弹出的快捷菜单中选择"变换"|"对称"命令，在弹出的"镜像"对话框中选择"垂直"项，并单击"复制"按钮，如图13-34所示。

Step 09 将复制所得的图形摆放至另一侧，车身的大致形状就完成了。使用其他图形工具绘制出租车上的车窗和车轮等修饰元素，图形效果如图13-35所示。

图 13-34　　　　　　图 13-35

Step 10 将出租车元素进行编组，摆放至合适的位置，如图13-36所示。

图 13-36

13.2.5 绘制手机

Step 01 使用各类图形工具组合绘制出如图13-37所示的形状。

Step 02 在图形选中状态下，使用"自由变换工具"⌴调整图形，使其呈现透视状态，效果如图13-38所示。

图 13-37　　　　　　　图 13-38

Step 03 选中手机最外层的圆角矩形，复制两层放置在图形下方，并适当加深形状的颜色，效果如图13-39所示。

Step 04 选择复制的两个圆角矩形，利用"混合工具"使图形产生厚度效果，然后拼合至手机下方，效果如图13-40所示。

图 13-39　　　　　　　图 13-40

Step 05 将手机元素进行编组，摆放至合适的位置，如图13-41所示。

图 13-41

13.2.6 绘制糖果

Step 01 使用"矩形工具"和"椭圆工具"绘制一组如图13-42所示的组合形状。

图 13-42

Step 02 保持图形的选中状态，单击"路径查找器"面板中的"减去顶层"按钮，如图13-43所示。

Step 03 使用"椭圆工具"在图形的两端分别绘制两个椭圆形，如图13-44所示。

图 13-43　　　　　　　图 13-44

Step 04 将底层图形复制一层摆放在图形顶层，然后同时选择顶层图形及两个椭圆形，右击，在弹出的快捷菜单中选择"建立剪切蒙版"命令，如图13-45所示。

Step 05 在糖果图形上方绘制修饰元素星星，然后对图形进行编组，摆放到画面之中。用同样的方法，使用各类形状工具搭配绘制出其他装饰图形，并进行排列组合，效果如图13-46所示。

图 13-45　　　　　　　图 13-46

13.2.7 绘制云朵

Step 01 绘制云朵。搭配使用"椭圆工具"和"矩形工具"绘制出云朵的形状，效果如图13-47所示。

Step 02 在云朵图形选中状态下，单击"路径查找器"面板中的"联集"按钮，如图13-48所示。

图 13-47　　　　　　　图 13-48

Step 03 用同样的方法绘制更多的云朵图形，并将其摆放到画面之中，效果如图13-49所示。

图 13-49

13.2.8 绘制彩带

Step 01 使用"钢笔工具"绘制如图13-50所示的形状。

Step 02 去掉形状的填充颜色，将其描边色更改为渐变色，具体如图13-51所示。

图 13-50　　　　　图 13-51

Step 03 复制描边,并使两条描边中间产生一段间隔,如图13-52所示。

Step 04 双击"混合工具" ,在弹出的"混合选项"对话框中修改"指定的步数"为20,如图13-53所示。

图 13-52　　　　　图 13-53

Step 05 单击"确定"按钮后,按住Shift键分别点选两条描边,即可得到图13-54所示的彩带效果。

图 13-54

Step 06 利用"钢笔工具" 及"矩形工具" ,分别绘制出锯齿状的修饰元素与彩色矩形,分布在画面之中,效果如图13-55所示。

图 13-55

13.3 添加文字及云雾

在Illustrator中绘制好所有的图形元素后,这款2.5D场景活动海报就大致完成了。接下来还需要为画面添加说明性文字,并通过Photoshop软件优化画面的视觉效果。

Step 01 使用"文字工具" T,在文档中分别输入文字"购物狂欢"和"HIGH翻天",然后在"字符"面板中修改字体为汉仪字研卡通体,设置"字体大小"为75pt,描边和填充为白色,文字效果如图13-56所示。

图 13-56

Step 02 选择"购物狂欢"文字,复制一层,并将其填充颜色修改为粉色(#f89cff),描边色依旧为白色,将其叠加在白色文字上方,效果如图13-57所示。

图 13-57

Step 03 使用同样的方法,选择白色"HIGH翻天"文字,复制一层放置在其上方,并修改填充颜色为粉色(#f89cff),效果如图13-58所示。

图 13-58

Step 04 完成文字添加后，启动 Photoshop CC 2018，新建一个大小为 1000px×600px 的透明文档，结合第 12 章所学内容，将 Illustrator 中的图像粘贴至 Photoshop 中，并转换为智能对象，如图 13-59 所示。

图 13-59

图 13-60

Step 05 将素材文件夹中的"云朵.psd"文件打开，将其中的"云1"和"云2"图层拖入海报项目中，放置在背景层上方，效果如图13-60所示。

Step 06 在 Photoshop 中将所有图层进行合并，然后执行"图像"|"调整"|"亮度/对比度"菜单命令，在弹出的对话框中调整"亮度"为 20，"对比度"为 30，单击"确定"按钮后得到的最终效果如图 13-61 所示。

图 13-61

附录

Illustrator CC 2018快捷键总览

工具快捷键			
选择	V	直接选择	A
群组选择	Shift	魔棒工具	Y
套索	Q	钢笔工具	P
增加节点	+	减少节点	-
转换锚点工具	Shift+C	字体工具	T
文字修饰工具	Shift+T	直线段工具	\
矩形工具	M	椭圆工具	L
画笔工具	B	铅笔工具	N
符号画笔工具	Shift+B	画板工具	Shift+O
橡皮擦工具	Shift+E	剪刀工具	C
旋转工具	R	镜像工具	O
缩放	S	宽度工具	Shift+W
变形工具	Shift+R	自由变形	E
形状生成器	Shift+M	实时上色工具	K
实时上色选择工具	Shift+L	透视网格工具	Shift+P
透视选区工具	Shift+V	网格工具	U
渐变工具	G	吸管工具	I
混合工具	W	符号喷枪工具	Shift+S
柱状图工具	J	切片工具	Shift+K
抓手工具	H	缩放工具	Z
填色/描边	X	默认填色/描边	D
互换填色/描边	Shift+X	渐变	.
颜色	,	无	/
切换屏幕模式	F	显示/隐藏所有面板	Tab
显示/隐藏工具箱	Shift+Tab	增加直径	]
减小直径	[	切换绘图模式	Shift+D

文件菜单快捷键			
新建	Ctrl+N	从模板新建	Shift+Ctrl+N
打开	Ctrl+O	从 Bridge 中浏览	Alt+Ctrl+O
关闭	Ctrl+W	存储	Ctrl+S
存储为	Shift+Ctrl+S	存储副本	Alt+Ctrl+S
恢复	F12	置入	Shift+Ctrl+P
打包	Alt+Shift+Ctrl+P	文档设置	Alt+Ctrl+P
文件信息	Alt+Shift+Ctrl+I	打印	Ctrl+P
退出	Ctrl+Q		

编辑菜单快捷键			
还原	Ctrl+Z	重做	Shift+Ctrl+Z
剪切	Ctrl+X	复制	Ctrl+C
粘贴	Ctrl+V	贴在前面	Ctrl+F
贴在后面	Ctrl+B	就地粘贴	Shift+Ctrl+V
在所有画板上粘贴	Alt+Shift+Ctrl+V	拼写检查	Ctrl+I
颜色设置	Shift+Ctrl+K	打开键盘	Alt+Shift+Ctrl+K

视图快捷键			
在 CPU 上预览	Ctrl+Y	GPU 预览	Ctrl+E
叠印预览	Alt+Shift+Ctrl+Y	像素预览	Alt+Ctrl+Y
放大	Ctrl++	缩小	Ctrl+-
画板适合窗口大小	Ctrl+0	全部适合窗口大小	Alt+Ctrl+0
实际大小	Ctrl+1	显示/隐藏边缘	Ctrl+H
显示/隐藏画板	Shift+Ctrl+H	显示/隐藏模板	Shift+Ctrl+W
显示/隐藏标尺	Ctrl+R	更改为全局标尺	Alt+Ctrl+R
显示/隐藏界定框	Shift+Ctrl+B	显示/隐藏透明度网格	Shift+Ctrl+D
显示/隐藏文本串接	Shift+Ctrl+Y	显示/隐藏渐变批注者	Alt+Ctrl+G
显示/隐藏参考线	Ctrl+;	锁定/解锁参考线	Alt+Ctrl+;
建立参考线	Ctrl+5	释放参考线	Alt+Ctrl+5
智能参考线	Ctrl+U	显示网格	Ctrl+"
对齐网格	Shift+Ctrl+"	对齐点	Alt+Ctrl+"

窗口快捷键			
信息	Ctrl+F8	变换	Shift+F8
图层	F7	图形样式	Shift+F5
外观	Shift+F6	对齐	Shift+F7
属性	Shift+F11	描边	Ctrl+F10
渐变	Ctrl+F9	画笔	F5
符号	Shift+Ctrl+F11	路径查找器	Shift+Ctrl+F9
透明度	Shift+Ctrl+F10	颜色	F9
颜色参考	Shift+F3		